KB107775

필(必)환경도시

Biophilia in der Stadt

오염된 도시에서도 바이오필리아를 실현할 수 있다

| 서 평 |

녹색 폐와 자연에 둘러싸인 푸른 행성 도시
그 설계와 전망에 대한 감탄과 찬사

클레멘스 아르바이는 자연이 도시 주민에게 놀라운 치유 효과를 준비해놓았다는 사실을 재미나고 알아듣기 쉽게 설명한다. 자연이 소중한 보화를 제공한다는 것을 분명히 알려주고, 어디서 그것을 찾을 수 있는지까지 보여주니 얼마나 좋은가. 이런 깨달음을 준 그가 고마울 따름이다.

–게랄트 휘터 Gerald Hüther_독일 최고의 뇌과학자, 괴팅겐 대학교 신경생물학 교수

자연의 보전과 지속가능성을 기반으로 한 신자연운동의 개척자 클레멘스 아르바이는 이 책에서 그다음 단계를 완성한다. 새로운 형태의 도시에서 자연과 긴밀한 관계를 맺으며 살아가는 완전체적인 인간의 모습을 구현해준다. 자연과 공생 관계인 인간, 나아가 모든 생물의 다양성과 건강의 엔진이 될 미래도시를 제시한 그의 열정에 깊이 감탄한다.

–리처드 루브 Richard Louv_환경 저널리스트, 《자연에서 멀어진 아이들》《지금 우리는 자연으로 간다》《자연의 원리》《비타민 N》의 저자

대도시에서도 생태적 미래를 설계하는 것이 가능할까? 저자는 그 가능성을 상세히, 미래 지향적으로 펼쳐 보인다.

–마크 베코프 Marc Bekoff_시카고 대학교 진화생물학 교수

자연의 치유력으로 둘러싸인 도시 생활에 관한 새로운 관점을 열어준다. 폭포는 우울증에 효과적이고, 토양은 심신을 치유하며, 숲 공기는 면역체계를 증가시킨다. 도시의 바이오필리아 효과는 이미 과학적으로 입증됐다. 모든 사람이 무료로 사용할 수 있다. 의사나 약사의 처방도 필요 없다. 우리는 어떻게 도시 생물학자가 될 수 있을까? 미래도시 계획을 성공시킬 수 있는 레시피는 무엇일까? 이 책이 그 해답을 제시한다.

–아르민 에달라트 Armin Edalat _약학박사, 《DAZ》 편집장

전반적인 사회 변화에 귀중한 공헌. 미래의 친환경 도시는 문화적 업적이다.

–크리스티안 슈베르트 Christian Schubert _인스브루크 의과대학 의학 및 정신신경면역학 교수

도시의 삶을 주체적으로 변화시킬 수 있는 강력한 비전을 제시한다. 다량의 정보와 사실을 바탕으로 지속가능한 도시계획의 새로운 벤치마크가 되어줄 책.

–알로이스 코글러 Alois Kogler _그라츠 대학교 심리학 교수

현대 도시 문명이 자연과 화해하는 방법을 제시한다. 도시와 자연의 구분을 해체함으로써 도시 거주자들에게 자연적 다양성이 제공되는 미래를 과학적으로 이해하게 한다. 미래의 도시는 바이오필리아 메트로폴리스가 되어야 한다.

–울프 디터 스톨 Wolf-Dieter Storl _민족학자, 저자

Original title: Biophilia in der Stadt:
Wie wir die Heilkraft der Natur in unsere Städte bringen
by Clemens G. Arvay, with a preface by Gerald Hüther

필(必)환경도시

Biophilia in der Stadt

오염된 도시에서도 바이오필리아를 실현할 수 있다

클레멘스 아르바이 지음 | 박병화 옮김

율리시즈

뉴욕의 소녀에게도 자연은 필요하다.[1]

마크 휠터호프 Mark Hoelterhoff, 심리학자, 영국 컴브리아 대학교 교수

계속 이런 식으로 살 수는 없다

우리가 알 만한 신랄한 느낌의 유머 가운데 다음과 같은 이야기가 있다. 외계 행성이 지구를 만나 말했다. “얼굴이 몹시 안 좋군.” 그러자 지구가 대답했다. “글쎄, 나에겐 인간이 있잖아.” 이 말을 들은 외계 행성은 “그럼 곧 끝나겠네”라는 말을 남기고 계속 궤도를 날아갔다.

정말 인간이 수백만 년 동안 지구에서 생겨난 생명의 다양성에 갑작스럽게 완전한 종말을 안겨준다는 말이 맞을까? 혹시 자연 생명계와의 관계를 상실한 사람들에게만 해당하는 말이 아닐까? 어쨌든 간에 관계를 상실한 사람의 숫자는 수 세대 전부터 걱정스러울 만큼 증가하고 있다. 이들은 거의 모두 도시에 산다. 한때 생생하고 다양한 생명이 있던 공간은 그사이 산업 성장과 비대화, 생산구조로 인해 깡그리 변했고 바로 그곳에서 관계를 상실한 사람들이 살아간다.

바보가 아닌 이상 계속 이런 식으로 살 수 없으리라는 것은 누구나 안다. 어쩔 수 없이 최초로 화성 여행을 준비하는 사람들이 있는 것도

다 이런 이유 때문이다. 어떤 사람들은 별생각 없이 자신이 걸터앉은 나뭇가지가 자신을 받쳐주기 바라면서 동시에 그 가지를 톱으로 자르는 짓을 한다. 사람 대부분은 인간이 얼마나 자연에 종속된 존재인지를 전혀 모른다. 더는 자연과 관계없다는 생각으로 우리가 파괴하는 바로 그 자연에 우리 자신이 종속되었다는 사실을 깨닫지 못한다는 말이다.

클레멘스 아르바이가 이 책을 쓴 것은 이처럼 자연에 무지한 수많은 사람 때문이다. 이런 시도를 해줘서 그에게 얼마나 고마운지 모르겠다. 화성 여행을 준비하는 사람들은 그의 메시지에 어울리는 청중이 아니다. 자연과의 관계에 무지한 자들은 아무리 말해도 먹혀들지 않을 것이다. 그러나 도시에 살면서 자연과의 연결고리를 상실할 위험에 빠진 사람들은, 대부분 다시 자연과 결합하고 생명의 다양성에 관심을 돌릴 자세를 얼마든지 갖출 수 있다. 설득력 있는 논의가 전제되기만 한다면.

21세기 뇌과학자들은 사람의 머리 꼭대기, 즉 뇌에서는 고령에 이르기까지 새로운 네트워크가 만들어지고 새로운 연결이 이루어지며, 그와 더불어 새로운 학습경험이 뿌리내릴 수 있다는 아주 중요한 사실을 확인했다. 하지만 그런 구조 변화의 과정은 인간이 그들의 생명을 중요한 것으로 존중할 때만 일어난다. 바로 이 대목에서 아르바이는 자연이 도시 주민에게 놀라운 치유 효과를 준비해놓았다는 사실을 재미나고 알아듣기 쉽게 설명한다.

지금까지 '뮈코리차 Mykorrhiza'라는 말을 그저 새로 결성된 걸 밴드의 이름으로만 알아 온 사람은, 이 말이 건강에 이로운 기능을 하는 땅속의 균근이라는 것을 알면 놀라서 입을 다물지 못한다. 바로 이거다! 기쁨을 주는 변화는 어느 것이든 놀람으로 시작하는 법이다. 우리에게 최대의 매혹을 제공하는 것은 살아 있는 자연의 기적이다. 이런 깨달음을 준 아르바이가 고마울 따름이다.

그러나 우리가 그 놀라움을 몸에서 스스로 경험하지 못한다면 우리를 놀라게 하는 모든 지식이 무슨 소용 있겠는가? 이 책은 자연이 소중한 보화를 제공한다는 것을 분명히 알려주고, 어디서 그것을 찾을 수 있는지까지 보여주니 얼마나 좋은가. 우리가 도시의 아스팔트와 콘크리트에서 온갖 작고 자연스러운 생명의 공간으로 눈을 돌리기만 하면, 도시 한복판이든 바로 문밖이든 어디서나 그 보물을 찾을 수 있다는 말이다. 그것을 기꺼이 보는 법을 배운 사람은 자신의 오성과 결합할 뿐 아니라 자신의 감정이나 자연과도 일체화할 수 있다. 이런 도시 주민은 자연의 생명 공간이 도시에 그치지 않고, 나아가 저 바깥세상과 세계 도처로 확대되도록 주의를 기울이게 된다.

따라서 외계 행성이 지구에게 위로 삼아 "곧 끝나겠네"라고 한 말은 갈수록 많은 인간이 자연과의 연결고리를 재발견할 때 지구가 다시 건강해질 수 있음을 의미한 것이 분명하다.

게랄트 휘터

2018년 봄, 괴팅겐에서

| 차례 |

II. 도시의 바이오필리아

III. 생명애가 가득한 미래도시

우리는 타고난 바이오필리악이다

2017년 봄, 나는 이 책을 쓰기 위해 도시에서 바이오필리아 biophilia (생물과 생명을 뜻하는 bio와 애착을 뜻하는 philia를 결합한 말로 생명과 자연에 대한 사랑을 의미한다-옮긴이) 효과를 찾으려는 모험을 시작했다. '바이오필리아 효과'란 인간의 신체적 건강과 정신적 평안에 지극히 긍정적인 효과를 주는 자연 체험을 뜻한다. 이 효과는 현대적인 방법으로 또 과학적으로 입증된다. 나는 이에 관해서 이미 이전에 출간한 책들을 통해 보고한 적이 있다. 바이오필리아 효과는 도시에서 발생하는 고질적인 악성질병을 퇴치하거나 도시 주민의 젊음을 되찾아주는 생물학적 화장법을 유행하게 할 수도 있다. 도시 숲은 아이들의 두뇌 발달을 촉진하는 잠재력을 지녔다. 나는 이 책에서 이 모든 것을 되짚어볼 것이며 동시에 최근 몇 년간 내게 빈번히 제기된 의문, 즉 '도시 주민은 어떻게 자연의 치유력을 누릴 수 있는가?', 달리 말하면 '우리는 어떻게 도시에서 바이오필리아를 경험할 수 있을까?'라는 물음에 답하게 될 것이다.

독일계 미국인으로 위대한 정신분석가이자 인도주의자인 에리히 프롬은 이미 누구에게서나 혹은 적어도 거의 모든 사람에게서 자연에 대한 사랑을 발견할 수 있음을 알았다. 동식물의 활기찬 생명과 성장, 그림같이 아름다운 풍경은 마법처럼 우리를 매혹하고 행복하게 한다. 사람들은 누구나 자신의 경험으로 바이오필리아가 어떤 느낌인지를 안다. 예를 들어 해마다 봄이 찾아오면 초목에 새 생명이 싹트고 천지에는 봄꽃이 만발하는데 그때의 행복감 같은 것 말이다. 이때가 되면 수많은 도시민은 교외의 숲이나 꽃피는 공원을 찾는다. 이것도 바이오필리아 효과다. 프롬은 1964년에 쓴《인간의 마음 *The Heart of Man*》이란 에세이에서 사람들은 내면에 있는 생명애를 활성화할 때 활기를 되찾고 건강을 유지한다고 말했다.[2] 이런 일은 우리가 자연과 접촉을 유지하는 동안 일어난다.

인간은 타고난 '바이오필리악 Biophiliac', 즉 타고난 자연 예찬가다. 물론 사회구성원으로서 자연을 파괴하기는 하지만(이것은 먼 인류의 역사로 거슬러 올라간다), 개개의 인간은 보통 자연을 아주 좋아한다. 앞으로 이 책이 보여주겠지만, 이런 모순은 해소될 수 있다. 나는 생활 속에 자연을 되살리고 자연을 생활공간으로 끌어들일 때 무엇보다 도시에서 개인이나 사회의 지속적인 치유가 가능하다고 확신한다. 인간은 자연의 존재이며 이 사실은 영원히 변하지 않는다. 인간 종種은 지루하도록 긴 진화 과정에서 동물과 식물, 생태계와 지속적으로 교류하는 상호작용을 통해 발전해왔다. 인간은 세포 하나하나에, 그리고 정신 깊숙한 곳에 자연의 필적을 달고 다닌다.

모든 인간은 '호모 사피엔스'로 태어남으로써 사는 곳이나 하는 일과 관계없이 건강하고 생태적으로 온전한 생활공간에 접근할 권리가 있다. 자연과의 접촉은 우리를 건강하게 해주고 치료를 뒷받침해주지만, 반대로 자연과의 격리는 신체적으로나 정신적으로 우리를 병들게 하기 때문이다. 이런 주장의 과학적인 증거, 즉 생물학, 의학, 심리학, 사회학의 공인된 연구방법론에 근거를 둔 증거들이 늘고 있다. 예컨대 도시 주민이 집 주위에 나무를 심을 때 심혈관질환의 위험이 감소한다는 것이 증명되었다. 또 숲 지역에서 암 발병률이 떨어진다는 통계 덕분에 도시에 숲을 더 많이 조성해야 한다는 강력한 주장이 제기된다.

자연에서 산책하면 인간의 면역체계에 아주 긍정적인 효과가 있지만, 도심에서 산책할 때는 그 효과가 없다.[3] 현재 시골 지역보다 도시에 사는 아이들에게 천식 환자가 여덟 배나 많다.[4] 도시 주민은 도시 규모에 따라 정신병에 걸릴 확률이 68~77퍼센트가 더 높다. 도시에 사느냐, 시골에 사느냐의 여부는 유전적 요인보다 통계상으로 조현병에 더 큰 영향을 준다.[5] 또 자연과의 접촉이 이른바 정신질환의 치료를 뒷받침하는 데 비해 도시화로 인해 우울증에 걸릴 위험은 증가한다.

바이오필리아 효과는 도시 주민의 신체적, 정신적 건강을 보호하는 데 도움을 준다. 도시녹화는 공격 성향을 약화하고 도시권에서 좀 더 평화롭게 공존하도록 유도한다.[6] 폭력과 전쟁, 몹시 충격적인 사건의 피해자들은 도시의 원예 요법 시설에서 혜택을 볼 수 있다. 그리고 이주민과 원주민 간에 이루어지는 공동생활은 통합 원예시설을 통해 뚜렷하게 개선된다.[7]

이 책은 자연과 건강의 관계를 자세하게 다루면서 도시 주민이 자연의 치유 효과를 누리려면 무엇을 할 수 있는지를 보여줄 것이다. 이를 위해 우리가 도시를 떠날 필요는 없다. 나는 대중교통 수단으로 접근할 수 있는 자연 접촉 수단만을 설명할 참이다. 또 독일어권뿐 아니라 세계지역에서 수없이 많은 구체적인 예를 제시하려고 한다. 건강을 보호하는 '삼림욕'은 독일의 모든 대도시에서 언제라도 가능하기 때문이다. 삼림욕은 중국의 오랜 전통으로 본디 '센린유'라고 하는데, 그 기원은 2,500년 전까지 거슬러 올라간다. 이 기원은 서구에 알려지지 않았지만, 반대로 '신린 요쿠'라는 이름의 변종이 일본에서 유럽과 미국으로 전파되었다. '신린 요쿠'는 중국어를 일본어로 번역한 것으로 불과 30년밖에 안 됐다. 이 책을 통해 삼림욕 본연의 유래와 관련한 많은 것을 경험하면서 삼림욕을 위한 최대의 공식 리조트도 알게 될 것이다. 그곳은 (주제에 걸맞은) 수백만 명이 사는 대도시 타이베이 교외에 있다.

그 밖에 나는 어떻게 하면 바이오필리아 효과를 독일 대도시에 뿌리내리게 할 수 있는지, 어떻게 하면 도시를 우리의 신체적·정신적 건강에 유익한 생태계로 만들 수 있는지, 동시에 지구 건강에 이바지하게 할 수 있는지 그 구체적인 계획을 제시할 것이다. 또한 도시와 자연 간의 외형적인 모순을 해소할 것이다. 미래의 생명 친화적인 도시는 마치 녹색의 유기적 혈관 같은, 내가 명명한 '바이오필리아 회랑'으로 둘러싸이게 될 것이다. 흰개미로부터 어떤 건축술을 배울 수 있는지, 어떻게 미래의 마천루를 건축할 수 있는지도 다룬다. 진화적으로 단련된 우리 뇌가 흰개미의 관점에서 긴장 해소와 재생의 방법으로 우리 자신을 변화시키도록 말이다.

또한 신경생물학적 인식을 토대로 주거 및 사무복합 건물이 어떻게 자연의 모범에 따라 색깔과 형태가 변해야 하는지를 설명할 것이다. 그를 통해 혈중 스트레스 수치를 낮출 수 있기 때문이다. 미래의 바이오필리아 도시에서는 실내와 실외의 경계가 희미해질 것이다. 이런 방법으로 우리는 수십만 년 전부터 우리의 유기체가 훤히 꿰뚫고 있는 자연의 자연스러운 리듬에 다시 맞추게 된다. 시간생물학Chronobiologie은 우리의 생물학적 시계가 다시 균형을 찾을 때 훨씬 더 건강해진다는 것을 보여준다.

주택 외관은 수직 정원으로 뒤덮이고, 천연 건축재료는 도시에서 르네상스를 경험할 것이다. 유기농은 미래의 대도시에서 농업기업의 압력을 받지 않고 '정말로' 지속 가능한 유기농업이 되는 피난처를 발견할 것이다. 도시는 나아가 꿀벌을 구제하는 길을 보여줄 것이다. 이로써 도시 생활을 악마처럼 묘사하려는 것이 아님을 알게 될 것이다. 도시는 만남의 장소로서 활발한 문화생활과 다양한 교양을 쌓을 기회, 훌륭한 인프라 구조를 갖추었다. 내 관심사는 도시와 자연의 장점을 서로 결합해서 대도시를 맥박이 뛰는 자연의 생생한 네트워크로 연결하는 것이다.

에리히 프롬은《인간의 마음》에서 우리가 자연과 멀어질 때 병이 생기고 사회가 병든다고 썼다. 이처럼 우리의 뿌리와 등을 지는 해로운 행위를 '바이오포비아Biophobie'로 불렀다. 이것은 생명애의 힘과는 반대로 파괴적이어서 흡사 지크문트 프로이트가 죽음의 충동으로 묘사한

'타나토스Thanatos'와 비슷하다. 그러나 다행히 이 책은 그 반대를 다룰 것이다. 다시 말해 지구상의 대도시와 소도시에 펼쳐지는 녹색 미래와 자연의 치유 효과를 주제로 삼겠다는 말이다.

I

숲의 치유력 삼총사

의학 실험실로서의 폭포

물은 여행할 때, 그 자체가 길이 된다는 점에서 완벽한 여행자다.[8]

메흐메트 무라트 일단 Mehmet Murat Ildan, 터키 작가

2017년 6월, 몹시 더울 때였다. 태양은 열광적인 바이오필리아 예찬론자인 나를 남부 유럽으로 유혹했다. 나는 세계적으로 으뜸가는 생태계의 한 곳인 크로아티아의 플리트비체 호수 국립공원에 가고 싶었다. 생물학자이자 친親발칸파인 내게 1949년에 생긴 이곳의 의미가 큰 이유는 남동 유럽에서 가장 오래된 국립공원이기 때문이다. 플리트비체 호수는 유네스코 세계자연유산이기도 하다. 이곳에서 나 자신이 '치유 효과를 주는 자연의 삼총사'로 부르는 독특한 자연의 세 가지 힘을 찾아보고 싶었다. 생물을 활성화하는 이 세 가지 자연 물질은 생태적으로 건강한 삼림지대에서 늘 발견할 수 있으며, 나중에 설명하겠지만, 다른 자연경관에서도 볼 수 있다. 이들 물질은 인체 기관이나 세포, 면역체계에 미치는 측정 가능한 자연의 의학적 영향이라는 측면에서 바이오필리아 효과의 토대를 형성한다.

나는 빈Wien에서 세 시간 동안 자동차를 운전한 끝에 크로아티아로 넘어갔다. 이때부터 아우토반 휴게소마다 터키 소스를 넣은 반죽 요리인 부레크가 나오는 것을 보고 내가 서부 발칸 지방에 왔음을 실감했다. 크로아티아의 수도인 자그레브를 지나 계속 남쪽으로 차를 몰았다. 어차피 도시의 바이오필리아를 찾으려면 돌아오는 길에 자그레브에 들러야 했다. 두 시간 뒤 나는 구릉이 많은 카르스트 지형의 중부 크로아티아에 도착했다. 플리트비체 호수는 연방국가인 보스니아와 헤르체고비나의 국경에서 멀지 않으며 2만 3,000헥타르 넓이의 빽빽한 숲속에 자리 잡고 있는데 그 크기는 230제곱킬로미터에 해당한다. 그곳의 나무 가운데 가장 오래된 것은 수령이 700년 정도 된다. 또 이 숲은 멸종위기에 놓인 늑대와 스라소니, 불곰, 검독수리 같은 종의 보금자리이기도 하다.

하늘은 새파랗고 구름 한 점 보이지 않았다. 국립공원 바닥에 발을 디뎠을 때는 한낮의 햇빛이 반짝이며 비출 때였다. 한 길로 들어서니 그 유명한 '매달린 호수'로 내려가는, 바위가 많은 가파른 비탈길로 이어졌다. 천연 테라스를 형성하듯 나란히 혹은 아래위로 이어진 호수는 동시에 크고 작은 수많은 폭포와 연결되어 있었다. 물은 에메랄드빛으로 반짝였다. 첫 번째 골짜기로 내려가는 동안 나는 호수를 바라보며 그 놀라운 광경에 감탄을 금하지 못했다. 더 밑으로 내려가자 자연 그대로의 전원에 파묻혔고, 혹이 난 듯한 떡갈나무와 서양너도밤나무가 나를 둘러쌌다. 줄기가 흰 나무들은 군데군데 바위가 깔린 척박한 땅에서 더는 높이 자라지 못했다. 하지만 내 머리 위로 바위가 돌출한 곳에서 꼿꼿이 자란 유럽소나무 세 그루는 마치 '그들의' 골짜기를 감시하듯 우뚝 솟아 있었다.

나는 돌이 많은 좁은 길을 따라가다가 한 폭포 옆에서 발을 멈추었다. 폭포는 그 위에 있는 호수의 물을 절벽으로 떨어뜨렸다. 자유 낙하하는 물은 거칠고 사납다. 폭포는 거품을 만들면서 은빛 색깔로 변한다. 하지만 호수 안을 들여다보면 고요한 물의 몸통은 수정처럼 투명해서 바닥까지 선명하게 드러난다. 호수가 에메랄드빛을 띠는 것은 미세한 조류 때문이다. 호숫가에는 반쯤 물에 잠긴 이끼가 석회석 성분의 땅에서 자라고 있었다. 이와 똑같은 이끼를 물이 끊임없이 떨어지는 절벽에서도 볼 수 있었다. 이 원생식물은 습기를 좋아해서 강력한 물줄기뿐 아니라 졸졸 흐르는 시냇물에도 즐겨 몸을 적신다.

폭포 주변 공기는 촉촉하고 적당히 서늘했는데, 나로서는 그렇게 더운 날에 더 바랄 나위가 없었다. 몇 번이고 심호흡한 뒤, 상쾌한 공기가 내게 활력을 불어넣어 주고 있음을 확인했다. 다른 사람들도 폭포나 사납게 흐르는 급류에서 마시는 공기가 자신에게 아주 좋게 작용하고 있음을 직관적으로 느꼈다고 표현한 예가 많았다. 이를 '정화작용'이나 '해방감'으로 묘사하는 사람도 많았고, '급류 요법'으로 말하는 사람도 있었다. 어떤 사람들은 폭풍 속에 밀려오는 파도가 사정없이 해안에 부딪힐 때면 언제나 상쾌함을 주는 바다의 공기라고 말한다. 인간에 대한 자연의 치유 효과, 즉 바이오필리아 효과를 말할 때 늘 그렇듯이 이때도 갈수록 많은 과학적 인식은 사람들 다수가 직관적으로 느끼는 것을 증명해준다. 다시 말해 폭포와 강, 바다는 건강촉진 작용을 하는 물질을 공기로 방출한다는 것이다. 최근의 현대적인 연구는 몇 년 동안 인체 기관과 세포, 인간 심리에 미치는 다양하고 뛰어난, 그리고 수많은 긍정적 효과를 증명했다. 그 효과는 '의학 실험실로서의 급류'에서 나온다. 나는 작은 구두 상자 크기의 음이온 측정기를 꺼내 폭포에 가까운 공중에 대보았다. 잠시 후 계기판에는 시시각각 변하는 수치가 나타났는데, 평균값은 대략 5만 정도였다.

폭포 플라스마:
저항력을 높여주는 '우주의' 영약

폭포 부근에서는 지상에서 희귀한 값진 물질이 생성된다. 숲의 치유력 삼총사 중 하나에 해당하는 물질이다. 물의 입자가 공기를 통해 또는 바닥이나 주변 암벽에 부딪히며 마찰을 통해 분산될 때, 이른바 '폭포수 효과'가 발생한다. 이때 아주 자연스럽게 전기의 힘이 방출되는데, 우리는 이를 의식적으로는 인지하지 못한다. 이 현상은 폭포뿐 아니라 자연의 하천이나 해안 등 물이 공기를 통해 입자를 마음대로 발산하는 곳이면 어디서든 일어난다. 또 큰비가 내릴 때도 폭포수 효과가 생긴다. 단, 인위적으로 조절되는, 곧게 뻗은 죽은 하천은 이런 전기 효과를 일으키지 못한다.

자연스럽게 형성된 전기의 힘은 음전하를 띤 산소 입자의 대규모 생성으로 이어진다. 화학자들은 이것을 '음이온'이라 부른다. 폭포 주변이라면 지상 어디에서나 음이온이 밀집 상태로 존재한다. 내가 플리트비체 호수에서 잰 측정기 수치는 5만을 가리켰다. 이는 공기 1세제곱센티미터당 음이온의 수를 말한다. 수직 낙하하는 폭포 부근이라면 공기 1세제곱센티미터당 수치가 7만인 경우도 흔하다.[9] 유난히 규모가 큰 폭포라면, 그 이상 올라갈 수도 있다. 예컨대 유럽 최대 폭포로 오스트리아 호에타우에른 국립공원에 있는 총 385미터 높이의 크리믈러 폭포를 적절한 측정 시간에 재보면 공기 1세제곱센티미터당 30만을 가리킬 때도 있다.[10] 이 차이는 내가 수행한 현장 조사에서 볼 수 있듯이 천차만별이다. 폭포 가까이에서 잰다면 공기 1세제곱센티미터당 떠 있는 음이온의 수가 언제나 수만 개는 된다. 폭포가 없는 숲이라면 평균 1세제곱센티미터당 5,000개 정도다. 이만해도 도시 공기 중에 있는 것보다는 훨씬 높은 밀도라고 할 수 있다.

폭포 주변에서 대량으로 감지되는 음이온은 별을 구성하는 것과 동일한 물질에 속한다. 천체물리학자들은 이를 '플라스마'라고 말하는데, 전기를 띠는 입자의 혼합물질이다. 실제로 우리는 플라스마를 무엇보다 우주를 통해서 안다. 태양 전체와 다른 모든 별은, 액체와 고체와 기체 외에 제4의 물질 상태로 표현하는 플라스마 상태로 존재한다. 플라스마의 예를 하나 더 들자면 태양풍이 있다. 이는 태양에서 끊임없이 방출되는 입자가 실린 흐름이다. 태양과 별의 플라스마는 폭포에서처럼 무해한 자연의 산소 입자가 아니라 주로 헬륨과 수소로 구성된다. 우주에는 플라스마가 흘러넘친다. 과학자들은 우주에서 가시적인 물질은 99퍼센트 이상 플라스마로 구성되어 있다고 생각한다.[11] 번개도 플라스마로 이루어졌다. 지표면에서는 불에서만, 그리고 거친 급류의 전류 효과를 통해서만 우리에게 완전히 무해한 형태로 자연 상태의 플라스마가 생성된다.

이리하여 2017년 6월, 나는 플리트비체 호수의 폭포에서 나를 둘러쌌던, 그리고 내게 활력을 느끼게 해준 이 물질의 이름을 찾아냈다. 그것은 바로 '폭포 플라스마'다. 물론 이는 내가 붙인 이름으로 과학에서 통용되는 개념은 아니다. 그럼에도 불구하고 이 명칭은 전기를 띤 입자의 혼합물질을 '플라스마'로 부른다는 점에서 물리학적으로도 적절하다고 할 수 있다.

폭포 플라스마는 그 음이온 덕분에 우리가 숨을 쉬고 나서 짧은 순간, 그러니까 폐에 도달하기 전 이미 건강에 긍정적인 영향을 준다. 연구에 따르면 플라스마에 포함된 음이온은 코점막과 접촉할 때, 그곳에 전기에너지를 방출하면서 섬모운동을 촉진한다. 섬모의 중요한 기능은 인체의 기도를 정화하고 병원체와 질병을 유발하는 먼지와 유해 물질을 유기체의 운반장치에 실어 목구멍으로 내보내는 것이다. 이런 식으로 병원체와 유해 물질은 폐로 들어가 인체를 해치는 것을 저지당한다. 이것들이 목구멍에 도달하면 우리는 그것을 삼켜서 소화관을 통해 몸 밖으로 배출한다. 위산은 병원체를 죽인다. 세균은 종종 장에까지 침투하지만, 장에서는 림프 조직의 방어 세포가 '유해한' 세균과 '무해한' 세균을 구분하고 위험한 병원균은 걸러낸다. 폭포 플라스마가 섬모운동을 촉진하면, 섬모는 더 능률적으로 활동하며 기능을 더 완벽하게 충족한다.[12] 따라서 폭포 플라스마의 음이온은 일상적인 활동 중에 인체의 면역체계를 떠받치는 것이다.

섬모의 기능은 폐기 가스와 미세먼지, 담배 연기를 통해 방해받는 때가 많다. 다시 말해 섬모의 운동 속도가 느려진다. 이는 환경오염의 결과로, 만성화한 기침과 기도 염증 발생의 원인 중 하나가 된다. 도시 주민은 자동차와 공장에서 쏟아져 나오는 폐기 가스와 미세먼지에 유난히 잘 노출된다. 폭포와 하천, 바다의 파도는 해로운 도시 공기를 상쇄하는 균형추 구실을 한다. 나중에 자연의 급류를 어떻게 인구 밀집 지역으로 다시 불러들일지도 설명하겠다. 그것은 과거에 우리가 지나치게 하천을 조절하고 운하를 건설함으로써 도시에서 추방했던 것이다.

폭포가 천식을 치료하다

천식과 만성 알레르기 비염은 지난 수십 년 간 산업화한 국가에서 특히 대도시에서 비약적으로 증가했다. 6세 아동이라면 이미 도시 아이들의 15퍼센트가 천식 환자다.[13] 알레르기는 도시 초등학생일 때 시골 지역보다 전체적으로 세 배나 발생 빈도가 높다.[14] 유해 물질이 섞인 도시 공기와 천식의 상관관계는 1996년에 미국 조지아 주의 주도 애틀랜타에서 열린 하계 올림픽 기간에 아주 두드러지게 나타났다. 이 도시의 인구는 40만 명이다. 17일간 진행된 국제 스포츠 경기에서 도시 교통량은 22퍼센트 감소했다. 많은 사람이 경기장에 있거나 텔레비전으로 경기를 시청했기 때문이다. 그 결과 애틀랜타의 오존 농도는 22.5퍼센트 떨어졌고 의사의 치료가 필요한 아이들의 급성천식 발생 건수는 올림픽 기간에 44퍼센트나 감소했다.[15] 이러니 도시의 미세먼지와 폐기 가스가 병을 부르지 않는다고 어떻게 장담하겠는가?

2009년 모차르트의 고향 잘츠부르크에 있는 파라켈수스 의과대학 연구진은 앞에서 언급한 크리믈러 폭포에서 중간 단계의 천식과 알레르기성 호흡기질환을 앓는 8~14세 아동 54명을 대상으로 임상시험을 수행했다.[16] 아이들은 3주간 큰 폭포 부근의 호텔에서 묵었는데 무작위로 두 집단으로 나누었다. 한 집단은 매일 한 시간씩 폭포 가까이에 머무르게 했고 나머지는 똑같이 호에타우에른 국립공원에서 지내되 폭포에서는 적어도 6킬로미터 이상 떨어진 곳에 머무르게 했다. 그러자 두 집단에 속한 아이들 모두 천식 증후군이 눈에 띄게 줄었다. 단, 폭포에서 머무른 집단이 단순히 숲에서 머무른 집단보다 더 뚜렷하게 감소했다. 폐 기능도 모든 아이가 향상되었고 염증의 진행 상태는 임상시험 기간 중 40퍼센트나 약화했다. 이상은 매우 긍정적인 결과로, 천식의 경우 자연에서의 체류가 전반적으로 건강을 촉진한다는 것을 알 수 있다.

사납게 물이 쏟아지는 폭포에 6킬로미터 이내로 접근하지 못한 숲 집단의 아이들은 다시 시내로 돌아온 뒤 2개월이 지나자 시험 이전의 상태로 돌아갔다. 천식은 재발했고 폐 기능은 다시 악화했다. 염증의 진행 정도 역시 다시 악화했다. 전체적으로 볼 때 부정적인 결과는 아니었다. 숲의 효과가 2개월은 유지된다는 것을 의미했으니 말이다. 정말 인상적인 것은 폭포가 장기간의 효과를 준다는 것이었다. '폭포 아동들'에게는 자연 체류의 긍정적인 효과가 시내로 돌아온 뒤 4개월 동안 지속되다가 그 뒤에야 차츰 줄어들었다. 이는 폭포의 자연요법이 주는 효과 지속 기간이 두 배에 이른다는 뜻이다.

이 모든 결과에서 비교적 오랜 기간에 걸쳐 자연 체류를 할 때, 천식과 알레르기성 호흡기질환은 언제나 치료 효과를 보며, 자연이 면역체계에 강력한 효과를 준다는 것을 알 수 있다. 자연요법이 폭포 부근의 체류와 연계될 때 효과 지속 기간이 훨씬 더 길다는 것도 알 수 있다. 폭포 플라스마의 음이온이 높은 습도와 조합을 이루면 놀라울 정도로 강한 건강 잠재력이 생긴다. 그러므로 우리는 생활공간에 무조건 이런 환경을 조성하도록 고려해야 한다. 바이오필리아 효과에 관한 이러한 예는 현재 도시와 시골의 차이가 얼마나 큰지, 일상생활에서 더 많은 바이오필리아를 경험하는 것이 도시 주민에게 얼마나 중요한지를 아주 인상적으로 보여준다. 만일 우리가 대도시에서 물과 자연의 치유력을 규칙적으로 누릴 수 있다면, 천식과 알레르기성 호흡기질환에 시달리는 사람들은 지속해서 건강 증진 효과를 볼 것이다. 그뿐만 아니라 모든 도시 주민의 면역체계가 전반적으로 호전할 것이다. 이비인후과 질환이나 폐 질환을 치료하는 도시의 병원은 앞으로 환자들이 시간을 보낼 수 있도록 자체 폭포를 설치해야 한다. 도시에서 새로운 급류를 위한 잠재력은 도로 밑 깊숙한 곳에 묻혀 있다. 지구의 도시 대부분이 복개와 건축으로 크고 작은 수많은 하천을 운하로 만들거나 수도관으로 가두어 놓았기 때문이다. 이제 지표면에는 옛날의 생태계를 떠올리게 하는 것이 더는 보이지 않는다. 미래에는 이들 하천이 다시 햇빛을 보도록 밖으로 드러나야 한다. 도시구역과 병원 부근에 새 하천과 폭포가 생기도록 말이다. 이런 방법으로 우리는 지속적인 형태의 건강한 음이온을 다시 도시로 불러들일 수 있을 것이다.

동물에게도 효과가 있을까?

방금 언급한 폭포에 관한 임상 연구는 두 번째 실험으로 이어졌다. 이것은 동물실험이라서 눈물을 머금고 하는 보고일 수밖에 없다. 하지만 바이오필리아 효과를 관찰한 결과가 흥미로웠으므로 나는 동물실험을 무시하면 안 되겠다고 결심했다. 잘츠부르크의 파리스로드론 대학과 파라켈수스 대학 연구진은 실험용 쥐들을 중간 단계부터 중증 단계까지 천식에 걸리게 했는데, 내 보기에는 별로 생명애와 관계된 연구라고 할 수는 없었다. 이들 쥐의 한 그룹은 3주 동안 매일 한 시간씩 크리믈러 폭포 어귀의 우리에서 노출된 상태로 지냈고, 다른 쥐 그룹은 총 3주 동안 잘츠부르크 도심에 있는 파리스로드론 대학에서 지냈다.

아이들과 마찬가지로 매일 폭포 부근에서 지낸 천식 걸린 쥐들은 증상이 뚜렷이 호전되고 폐 기능도 개선되었다. 천식 증상이 심할수록 (백분율로 측정할 때) 질환에서 회복되는 정도도 강했다. 사람과 마찬가지로 폭포의 효과는 수주에서 수개월간 지속되었다.[17] '폭포의 쥐들'과 달리 '도심에서 지낸 쥐들'은 호전 현상을 보여주지 못했는데, 이들은 실험의 큰 피해자였다.

이 동물실험을 묘사하기로 한 까닭은 무엇보다 이를 통해 폭포의 치유 효과를 플라세보 효과로 볼 가능성을 배제하기 위해서다. 둘째, 이 결과로 알 수 있는 것은 바이오필리아 효과의 치유력이 동물이나 사람에게 똑같다는 것이다. 나는 바이오필리아 효과가 장차 수의학에도 전파되기를 바란다. 셋째, 이 연구는 요즘 크게 주목받는 호흡기 건강과 관련해 도시와 자연의 차이를 극명하게 보여준다. 미래의 도시에서는 이런 차이가 바뀌어야 한다. 그럼에도 불구하고 폭포와 하천, 바다의 치유력을 증명하기 위한 더 이상의 동물실험이 불필요하다는 것을 여기서 지적하고 싶다. 엄선된 과학적 방법에 기초한 긍정적인 연구 결과가 이미 많이 있기 때문이다.

그사이 실내공기에 건강한 음이온을 풍부하게 만들어주는 기계가 등

장했다. 이 기계는 자연스러운 물의 힘이 아니라 전기로 작동한다. 그런데도 제작업체에서는 흔히 폭포 연구에서 얻은 효과를 제품 광고에 이용한다. 물론 폭포 플라스마가 인간의 면역체계와 호흡기에 미치는 효과를 증명하는 연구 결과는 세계적으로 얼마든지 있다. 하지만, 지금까지 전기로 작동되는 실내의 '음이온 기계'가 폭포 플라스마에서 나오는 음이온과 똑같이 인체의 긍정적인 효과를 위해 의학적으로 이용된다는 연구는 본 적이 없다. 전문가들은 현재의 기술로 만든 기계로 이 물질을 모방하는 것은 아무리 제작업체가 광고한다고 해도 폐 질환의 호전이나 면역력의 개선에 효과가 없음을 보여주었다.[18] 그라츠 의과대학의 병리학자이자 시간생물학자인 막시밀리안 모저Maximilian Moser 교수는 독일어권에서는 최초로 폭포의 건강 증진 효과를 연구하고 이를 전기를 생산하는 이온의 효과와 비교한 학자다. 그는 자신의 과학논문에서 "전기에서 발생하는 음이온은 그 효과에서 물의 분산으로 만들어지는 음이온과 전혀 비교가 안 된다"라고 결론 내렸다.[19] 여기서 다시 분명해지는 것은 인간은 기술로 자연을 대체할 수 없다는 사실이다. 자연의 건강 증진 효과는 우리가 생태계를 한 번 파괴한 뒤에는 단순히 산업특허로 얻을 수 있는 것이 아니다. 폭포수 효과는 (자연의 모든 것이 그렇듯이) 우리가 모방하기에는 너무도 복잡하다.

폭포가 주변에 생성하는 음이온의 엄청난 농도는 실내 생성기로는 절대 흉내 낼 수 없다. 그뿐만 아니라 우리는 자연의 플라스마와 더불어 폭포가 주변에 극히 미세한 형태로 내뿜는 폭포의 습도를 받아들인다. 보통 폭포 부근의 습도는 무척 높은데 심할 때는 100퍼센트 가까이에 이른다. 음이온은 공기 속에서 흔히 지극히 미세한 물방울에 달라붙는다. 이때 이른바 '전기 에어로졸', 즉 아주 미세하게 떠다니는 물의 입자가 음이온을 나른다.

음이온은 앞에서 말한 대로 섬모의 운동과 기능을 촉진한다. 동시에 점막을 축축하게 만드는데 이로써 병원체와 유해 물질의 제거를 추가로 돕는다. 이때 유기체의 운반물질에 윤활유가 칠해지기 때문이다. 이러한 자연의 혼합작용 물질 외에, 마찬가지로 인체의 건강을 증진하는 식물계의 활성화 물질과 토양미생물이 있다. 이것들이 숲의 치유력 삼총사를 구성하는 나머지 두 가지 물질이다. 나중에 다시 설명하겠지만 이들 역시 도시 공기를 풍요롭게 만들어주기 때문이다.

음이온은 인체의 면역체계와 호흡기에 긍정적인 효과를 주는 것 말고도 확실하게 입증된 건강 증진 효과가 더 있다. 바로 심리적 안정과 정신적 성취능력과 관련한 것이다.

폭포는 부작용 없는 항우울제

"일반적으로 음이온은 뇌의 산소 공급을 개선해주고 이는 높은 집중력과 피로 해소, 정신적 에너지의 증가로 이어집니다." 노스캐롤라이나 샬럿의 응용인지과학센터 연구실장 피어스 하워드Pierce Howard는 온라인 잡지《Web-MD》에서 이렇게 말했다.[20] 이 신경심리학자는 한발 더 나아가 음이온을 일종의 천연 환각제라고 쓰기도 했다. 하워드의 말에 따르면, 사람 셋 중 둘은 공기 중 음이온에 심리적으로 유난히 긍정적인 반응을 보인다고 한다. 음이온 입자는 사람들에게 행복감과 홀가분한 느낌을 불러일으킨다. 하워드는 이런 심리 상태를 "음이온은 우리가 마치 구름 위를 달리는 듯한 느낌을 줄 수 있다"[21]라고 표현한다. 그의 말이 사실일까?

이런 주장은 과학적인 실험으로 뒷받침된다. 뉴욕 컬럼비아 대학교의 한 연구에서는 임상 우울증 증상이 공기 중 음이온을 통해 현저하게 저하되기도 했다. 심리학과 정신의학 교수인 남니 고엘Namni Goel은 주우울증, 즉 심각한 우울증에 시달리는 피실험자들을 수주간 규칙적으로 음이온이 실린 공기로 치료했다. 환자들은 인위적으로 만들어져 실험실에서 조절하는 음이온을 들이마셨다. 한 집단에는 다른 집단보다 농도가 더 높은 음이온을 공급했다. 고엘의 직원들은 실험 참여자의 심리적 건강 상태를 계속해서 지켜보았다. 여기서는 국제적으로 공인된 우울증 진단표준을 적용했다.[22] 일주일이 지나자 이미 환자 상태가 평균 25퍼센트 개선된 것으로 나타났다. 그 이후 낮은 농도의 음이온을 마신 참여자의 정신 상태는 더 눈에 띄게 개선되지 않았다. 이와 반대로 높은 농도를 마신 다른 집단의 정신 상태는 실험 5주 차까지 50퍼센트나 개선되었는데, 지극히 주목할 만한 결과다. 연구진은 이 실험을 사계절 내내 수행했는데, 긍정적인 결과는 계절과 무관하다는 것이 입증되었다. 실험 참여자들도 스스로 느낄 만큼 정신 상태가 몰라보게 개선되었다고 말했다. 케임브리지 대학교는 학교 자체 전문지에 관련 연구 결과를 발표하기도 했다.[23] 연구팀장인 남니 고엘은 "음이온은 만성 우울증 치료에 효험이 있다"라고 결론지었다.[24]

미시간 주 앤아버의 사설연구소 에피드스타드EpidStad의 의학자인 도미니크 알렉산더Dominik Alexander는 음이온의 심리적 효과에 관한 다수의 연구를 수행하고 그 결과를 평가했다. 그 역시 공기 중 음이온이 우울증에 효과가 있고 공기 1세제곱센티미터당 농도가 높을수록 더 강력한 효과가 나타난다는 결론에 이르렀다.[25]

따라서 음이온의 높은 농도는 낮은 농도보다 인간의 정신에 더 강력한 긍정적 효과를 낸다고 볼 수 있다. 하지만 세계의 어떤 실험실도 자연의 폭포 플라스마에 존재하는 지극히 높은 농도의 음이온을 모조하여 실험할 수 있는 곳은 없다. 그러므로 우리는 순수한 폭포의 심리적 잠재력은 실험실에서보다 훨씬 크다고 추정할 수 있다. 특히 그 효과는 앞에서 말한 대로 자연에서 전기 에어로졸, 식물생산물, 미생물, 그 밖의 활성화 물질 등으로 이루어진 다양한 음이온 칵테일이 우리에게 영향을 줄 때 더 뛰어나다. 고도로 복잡한 이 '칵테일 효과'를 기술을 동원해 만든 기계로 모방할 수는 없다. 그렇기는 해도 여러 차례의 실험을 통해 드러난 사실은 기계를 통해 만들어낸 실내의 음이온일지라도 어느 정도까지는 심리적인 효과를 불러일으킬 수 있다는 것이다. 단, 이런 음이온이 면역체계와 폐 기능 등에 미치는 의학적인 효과를 낸다는 것은 확인된 적이 없다. 앞서 말했듯이 이 효과는 자연의 하천에서만 입증되었다. 공기 중에 음이온의 수치가 지속해서 증가할 때 인간의 집중력은 더 좋아지고 더 쉽게 논리적인 결론에 다가간다. 더욱이 인간의 언어 표현 능력도 개선된다. 빈 의과대학교 공중위생센터의 한스-페터 후터 Hans-Peter Hutter 교수가 동료와 함께 진행한 과학실험에서 이를 증명했다. 실험 참여자들은 음이온을 공급받지 않을 때보다 음이온의 영향을 받을 때 해당 심리 테스트에서 더 높은 점수를 받았다.[26] 후터는 이 결과를 다음과 같이 결론지었다. "이 연구는 높은 농도의 공기 중 음이온이 활성화의 힘을 주고 활력과 성취 능력을 높이는 효과가 있음을 보여주었다. 게다가 자율신경계와 심혈관계에도 긍정적인 효과가 있음을 입증했다."[27]

인도에서도 이와 유사한 증거가 나왔다. 심리학자인 치트라 안드라데Chitra Andrade는 동료와 함께 뭄바이에서 참여자들을 두 집단으로 나누어 실험을 수행했다. 한 집단은 실내공기를 통해 전기 생성기로 만든 음이온을 마셨다. 나머지 집단은 마찬가지로 생성기를 사용했지만 위장일 뿐이었다. 즉, 이들은 음이온을 마시지 않았다. 이로써 연구진은 실험 참여자의 기대 행동이 플라세보 효과를 통해 실험 결과 왜곡으로 이어지는 것을 배제할 수 있었다. 안드라데는 공기 중에 음이온이 더 많을 때 기억력이 두드러지게 개선됨을 증명했다. 피실험집단은 음이온의 영향을 받을 때 해당 테스트에서 창의력이 올라간다는 것을 증명했고, 사고력 과제에서 비교집단보다 더 빠르고 더 쉽게 문제를 해결할 수 있었다. 이런 인식은 무엇보다 우리가 일하는 공간 구조에 관해 아주 중요한 의미가 있다. 따라서 이후 장에서는 어떻게 물과 자연의 힘을 도시와 도시건축 구조와 통합할 수 있는지 제안할 것이다.

도시의 공기는 인체에 얼마나 해로운가

나는 공기 측정과 현장 조사를 통해 도시와 공업지구에는 폭포 플라스마에서 다량 발견되는 건강한 음이온의 함유량이 유난히 적다는 것을 밝혀냈다. 도시의 음이온 측정값은 폭포에서 측정한 수치를 훨씬 밑돌뿐만 아니라 숲이나 그 밖의 자연 풍경 수치에도 못 미쳤다. 이것은 도시의 폐기 가스가 공기의 음이온을 묶어버리기 때문인데, 그 결과 음이온은 전하를 잃는 동시에 활발한 건강 증진 효과도 잃는다. 컴퓨터를 비롯한 전자기기, 모니터, 길거리의 네온사인도 '음이온 포식자'다. 이것들은 소중한 입자를 빨아들이고 입자의 전하를 빼앗는다. 이 현상은 스스로 전기 성질을 띠는 경향이 있는 플라스틱이나 다른 합성수지 표면에서도 발생한다. 그런 표면은 민감한 음이온을 끌어들이고 전기화하는 효과를 통해 음이온을 제거한다. 더구나 콘크리트 표면은 음이온을 집어삼키거나 쓸모없는 것으로 만든다.

숲에는 1세제곱센티미터당 평균 5,000개의 음이온이 들어 있는데, 도시의 음이온 수치와 비교할 때 여러 배에 해당한다.[28] 숲의 생태계에서 음이온은 폭포나 급류, 조약돌 위를 졸졸 흐르는 시냇물을 통해 만들어진다. 이런 곳에서 음이온의 농도는 5,000을 훨씬 웃돈다. 그러나 하천이 없는 곳이라 해도 숲의 공기가 음이온을 축적하기 때문에 폭포 플라스마를 함유하게 된다. 숲의 음이온은 무엇보다 강력한 뇌우가 발생할 때 생긴다. 악천후와 강수량은 전기마찰을 통해 발생하고 결정되는데, 이때 산소 입자는 폭포에서와 똑같이 음전기를 띠면서 음이온이 된다. 누구나 비 온 뒤 유난히 상쾌했던 숲 공기를 경험해봤을 것이다. 이때의 공기는 우리에게 힘을 주고 육체적·정신적으로 유난히 활력을 불어넣는다. 이것은 무엇보다 공기 중의 음이온 농도가 비가 오지 않은 날보다 높은 데서 오는 현상이다. 폭풍과 번개가 잦을수록 숲에는 더 많은 음이온이 발생한다. 숲 생태계의 특징은 이곳의 음이온이 (도시와 반대로) 폐기 가스나 미세먼지, 광고 조명, 콘크리트와 합성수지로 인해 파괴되지 않는다는 점이다. 숲은 숲 내부의 입자가 머물도록 관리하는데, 나무의 수관樹冠이 이 물질을 잡아두고 증발을 막아주기 때문이다. 이렇게 해서 숲의 공기는 비가 올 때마다 건강한 플라스마를 축적하고 상대적으로 높은 농도를 지속해서 유지되게 만든다. 내가 숲에서 측정한 1세제곱센티미터당 음이온 농도는 언제나 최소 3,000이 나왔다. 이로써 우리는 도시의 나무 심기, 나아가 도시의 숲이라는 중요한 논란에 부딪힌다. 도시의 나무와 숲은 비가 올 때, 음이온 생성을 촉진할 뿐만 아니라 그곳에 있는 나무의 수관을 통해 음이온을 잡아두기까지 하는 것이다.

급류 지역과 비교하면 도심 구역은 숲과 비교할 때보다 차이가 훨씬 더 벌어진다. 내 기억에 따르면, 폭포에서는 농도가 7만까지 올라갔고 특별히 큰 폭포일 때는 심지어 공기 1세제곱센티미터당 음이온 수가 30만까지 측정된 적도 있었다. 자연환경과 가까운 하천이나 해안 지역에서 공기 1세제곱센티미터당 농도는 보통 수천에서 수만에 이른다. 도시와 공업지구에서는 공기 중 음이온 농도가 1세제곱센티미터당 약 200~300으로 떨어진다. 자연과 비교하면 도시에는 음이온이 없는 것이나 다름없다. 분명히 이것도 도심 구역이나 흔히 공업지구에서 만성 호흡기질환과 면역력 약화, 우울증이 증가하는 이유의 하나일 것이다. 게다가 도시에서는 자연환경보다 공기 중에 음이온 대신 양전기를 띤 입자가 많이 발견되는데, 이것을 양이온이라 부른다. 유해 물질뿐 아니라 양이온도 코점막 섬모운동의 속도를 떨어뜨리면서 그 기능을 악화한다.[29] 이로 인해 병원체와 유해 물질이 폐로 들어오고 다시 폐에서 혈관으로 밀려든다. 양전기를 띤 양이온이 대도시를 지배하면서 우리의 건강 상태를 악화하는데, 이 말은 양전하가 나쁘다는 뜻은 아니다. 다만,

도시의 음이온과 양이온 비율이 심하게 균형에서 벗어났다는 말이다. 이 문제는 지금까지도 정치인과 건강전문가들의 주목을 받지 못하고 있고, 수많은 정책 결정권자는 이 현상을 전혀 모르고 있다.

미세먼지와 폐기 가스가 인체에 해롭다는 것은 널리 알려졌다. 그러나 우리가 자연과 떨어져 지내는 것이 실제로 얼마나 인체에 해로운지는 바이오필리아 연구를 통해 이제야 비로소 서서히 알려지는 중이다. 우리는 공업지구와 도시의 콘크리트 황무지로 인해 갈수록 음이온이나 건강한 천연 물질에서 멀어지고 있으며 이로 인해 문명병이 활개를 친다. 건강과 자연, 질병과 탈자연 간의 복잡한 관계는 예컨대 기후변화처럼 뜨겁게 전개되는 논란보다 훨씬 중요한 문제다. 우리가 생활하고 일하는 방식이 건강을 지키거나 되살리는 데 필요한 지구의 천연 물질을 잡아먹는다. 동시에 우리는 우리 자신의 생활공간을 유해 물질과 유독 물질, 소음, 엄청난 인공조명으로 오염하고 있다.

빛 공해를 보자. 최근 종양학의 연구 결과는 이런 조명시설이 전립선암이나 유방암 등 다양한 암 질환의 증가 원인임을 보여준다. 저녁 시간과 야간에 사용하는 도시와 주택의 인공조명은 인체 내의 생물학적 시계를 혼란스럽게 하고 호르몬 균형의 장애를 유발함으로써 암 발생에 유리한 환경을 조성한다.[30] 인체의 바이오리듬이 세포가 죽고 새로이 태어나는 과정을 조절하기 때문이다. 이 리듬이 방해를 받으면 새로운 세포가 만들어지는 대신 노화 세포가 종양으로 변할 위험이 커진다. 최근까지 이런 생각을 한 사람이 어디 있는가? 인간과 자연의 관계를 조명하는 전반적인 바이오필리아 연구는 인간의 대대적인 사고 전환을 촉구하는 유일한 경고인 셈이다. 하천 공학을 통해, 야생하천 길들이기를 통해, 그리고 환경오염을 통해 우리가 호흡하는 공기에서 떼어놓는 것은 절대 음이온뿐만이 아니기 때문이다.

이런 관점은 이제 시작일 뿐이다. 다음 장에서는 숲의 치유력 삼총사 가운데 두 번째 물질을 살펴볼 것이다. 이것은 현재 폭포나 하천과 음이온의 관계가 그렇듯이 건강 정책과 도시계획에서 별로 주목받지 못한다. 이것은 땅에서 나오는 물질이다.

땅에는 박테리아가 산다

땅에서 발견되는 박테리아가 정신적인 중병을 막아줄 수 있다는 주장이 억지로 갖다 붙인 것처럼 들릴지 모르지만, 박테리아는 신체적인 건강뿐 아니라 정신적인 건강에 큰 효과를 줄 수 있다.[31]

그레이엄 루크 Graham Rook, 유니버시티 칼리지 런던 미생물학 교수

서부 발칸으로 돌아가 보자. 음이온 측정기를 집어넣고 다시 심호흡한 뒤에 나는 플리트비체 호수의 폭포 사이로 난 길을 따라갔다. 골짜기에서 빠져나온 길은 낙원 같은 분위기가 깔린 수변 풍경의 물길로 나를 안내했다. 얼마 후 나는 터키석 빛깔로 반짝이는 숲의 호수를 배경으로 둔 숲 그늘에 이르렀다. 숲의 초목은 호숫가까지 바싹 내려와 있었고 높이 자란 잔디가 호수 둘레를 장식한 모습이었다. 뒤틀리기는 했어도 늠름한 자태의 떡갈나무 몇 그루가 호숫가로 길게 내뻗은 가지는 원시적인 성장 형태를 보여주었다. 밀림 한가운데에 와 있는 기분이었다. 맞은편 호숫가에는 수직에 가까운 가파른 암벽이 은신처처럼 외진 공간을 형성했고 여러 줄기의 폭포가 그 위에서 밑으로 흘러내렸다. 물줄기는 이끼가 깔린 바닥 위를 흘러가다가 바깥쪽 폭포로 떨어졌다. 주위를 둘러보니 소나무와 전나무가 몇 그루 있었는데, 이 나무들은 이

책 후반부에서 중요한 역할을 하게 될 것이다.

나는 숲 가장자리의 호숫가를 따라 걸었다. 이곳을 지배하는 것은 독특한 미기후微氣候(지표 부근의 기후-옮긴이)였다. 맞은편 호수의 암벽이 내가 서 있는 곳에 그늘을 드리웠다. 땅바닥은 축축했다. '매달린 호수'는 주로 맨땅에 둘러싸여 있었지만, 발밑으로는 부드럽고 깊이 깔린 썩은 흙의 감촉이 느껴졌다. 부식토층을 이루는 것은 썩은 나뭇잎과 도토리, 식물의 죽은 부분 그리고 침엽수 솔방울 몇 개였다. 이들 재료는 토양 생물에 의해 차츰 새로운 부식토로 변한다.

땅속에서 이루어지는 공생

나는 돗자리를 옆으로 밀고 손으로 부식토를 파보았다. 땅속에는 머리카락처럼 미세한 하얀색 실이 뻗어 있었다. 생물학자들이 '균사菌絲'라고 부르는 곰팡이의 본체로, 나무와 다른 식물의 뿌리를 휘감고 연결하여 서로 공생한다. 야생버섯은 주로 땅속 생명체이며 풍요롭게 갈라진 줄기망을 넓은 바닥으로 내뻗는다. 우리가 가을에 보는 버섯갓은 자체 포자를 퍼뜨리고 증식하기 위해 지상으로 뻗은 그 자실체일 뿐이다. 균류는 종종 수 킬로미터 떨어진 숲속의 나무를 그물 모양으로 연결하여 물을 공급해준다. 아주 멀리 뻗어 있는 자체 조직을 통해 땅에서 엄청난 양의 수분을 흡수할 수 있기 때문이다. 이에 대하여 나무는 균류 파트너에게 당액, 즉 광합성으로 만든 탄수화물을 공급한다. 생물학자들 사이에서 균근으로 표현하는 버섯과 식물뿌리와의 공생은, 토양의 건강한 우주에 대한 확실한 증표로 여겨진다. 즉, 토질 건강의 증표로서 가치를 인정받는다. 균근은 심지어 이런 공생을 국제적인 대중매체로 표현하도록 만들었는데, 영어로 '우드 와이드 웹Wood Wide Web'이라고 부른다. '숲의 인터넷'이라는 말이다. 가령 숲 생태계가 단합된 힘으로 해충을 막아내려고 나무들끼리 생물학적 메시지와 신호를 주고받을 때 도관 역할을 하는 것이 바로 균사이기 때문이다. 인간의 환경에서 차지하는 중요한 의미를 고려해서 균근으로 토양생태계 관찰을 시작하고자 한다. 이미 대학 시절부터 버섯과 식물이 만들어내는 생명공동체에 관심이 컸던 탓에 나는 시골과 도시 여러 곳을 찾아다녔다. 자연환경에 가까운 숲에서는 언제나 균근을 발견할 수 있었는데, 종종 숲으로 잘못 생각한 가문비나무 농장에서는 이러한 공생을 거의 발견한 적이 없다. 그러나 생태적으로 다양한 식물 종을 나란히 혼작하는 유기농 방식의 밭에서는 자주 발견할 수 있었다. 반면에 인습적인 단일재배 농장에서는 언제나 발견에 실패했다. 균근이 포함된 토양시료를 현미경으로 들여다보면 균사가 식물뿌리와 결합된 모습과 서로 물질을 주고받으려고 자라는 모습이 확연히 드러난다.

훼손되지 않은 숲 바닥과, 겉을 덮어 아스팔트를 깐 도시 바닥을 비교해보면, 우리가 보통 '생태계의 바닥'으로 볼 수 없는 도시 한복판에 살고 있음이 분명해진다. 나는 균근의 공생을 찾아 돌아다니다가 (놀랄 것도 없지만) 도시의 녹지대로 향하기도 했는데, 이런 곳에서는 도시 교외의 숲을 제외하면 예외적인 경우에만 공생을 볼 수 있었다. 콘크리트로 둘레를 친 도시의 나무는 균류와 거의 공생할 수 없고 균근을 통해 서로 연결망을 이루지도 못한다. 공원에서도 이런 공생 형태는 매우 제한적으로만 가능하다. 인습적인 공원시설은 복합적인 생태계가 아니기 때문이다. 나무들은 따로따로 서 있으며 무엇보다 미학적인 기준에 따라 선택된 탓에 자연의 역동성이라고는 찾아볼 수 없다. 공원의 수목 중에는 멀리 떨어진 지방의 기후에 어울리는 종이나 원예학의 이종교배로 나온 잡종도 많다. 야생의 자연환경에서라면 아마 생존할 수 없었을 것이다. 대부분의 공원에는 작은 숲 사이로 잔디밭이 넓게 펼쳐져 있는데, 그 위에 잔디 말고 다른 수목은 없다. 주기적으로 잔디 깎기를 할 때 새로 생긴 관목이나 어린나무는 보는 즉시 제거한다. 물론 상투적인 도시공원도 앞으로 보게 되겠지만 인체 건강에 어느 정도 긍정적인 효과를 주기는 한다. 그러나 그곳의 토양에는 훼손되지 않은 숲 바닥처럼 다층적이고 상호 연관성을 지닌 생태계를 이룰 기회가 주어지지 않는다. 따라서 풍부한 토양식물은 보이지 않고 균근도 아주 제한적일 수밖에 없다. 도시의 공원시설에는 철저하게 개별적이고 따로따로 배치된, 가령 나무섬(도시에서 나무들이 따로따로 자라는 장소-옮긴이) 같은 토양생태계가 자리 잡는데, 이곳에서도 온전한 토양식물이 자라는 경우가 많다. 이것은 특히 이스라엘 텔아비브에 있는 바르일란 대학교의 연구를 통해 알려졌다.[32] 우리는 용기를 갖고 공원시설을 '야생의' 장소로 만들어야 하며, 그를 통해 도시 토양에 더 많은 생명이 깃들고 무엇보다 더 많은 상호 연관성을 지닌 생태계가 들어서도록 해야 한다.

땅속에서 이루어지는 균류와의 공생은 식물 자체의 건강에 장점이 될 뿐만 아니라 인간의 건강에도 유익하다. 캐나다 브리티시컬럼비아 대학교의 생물학 교수 미란다 하트Miranda Hart와 캐나다 온타리오 주 알고마 대학교의 생물학 교수 페드로 안투네스Pedro Antunes는 어떻게 땅속의 균사가 식량 작물의 성분에 영향을 주는지를 연구했다. 이들은 균류 파트너가 있는 농작물이 균류 파트너가 없는 농작물보다 훨씬 더 많은 2차 식물생산물을 만든다는 사실을 확인했다.[33] 균류를 통해 성장이 촉진되는 식물 성분은 (우리가 그것을 섭취할 때) 인체를 튼튼하게 해준다. 예를 들어 그 속에는 혈압을 조절하고 혈중지질 수치를 개선하며 심근경색 위험성이 있는 동맥경화를 예방하는, 폴리페놀이 들어 있다. 균류와 식물의 공생은 예를 들어 카로티노이드처럼 우리가 먹는 음식물에 들어 있는 2차 식물생산물의 가치를 높여준다. 카로티노이드는 인체 세포 간 소통을 개선함으로써 인체의 면역체계를 최적화할 수 있다. 카로티노이드는 항산화 효과도 낸다. 이 말은 카로티노이드가 암을 유발할 수 있는 활성산소를 해롭지 않은 것으로 만든다는 뜻이다. 그 밖에 균류 공생은 심혈관질환을 막아주는 식량 작물의 플라보노이드 농도를 높여준다. 안투네스와 하트는 이런 연구 결과를 기반으로 인체 건강과 연관해서 다음과 같이 말한다. "비료 과다사용과 단일품종 재배 같은 관습적인 농업실태를 재고할 필요가 있다. 이로 인해 토양 유기체의 기능과 다양성이 손상되기 때문이다."[34]

밭과 정원에서 자라는 균근은 영양 공급을 통해 만성질환을 몰아내는 데 이바지할 수 있다. 바로 도시 정원사들은 좁은 땅일지라도 의도적으로 균근의 생성을 뒷받침하는 혼합재배 방식과 균류 파트너를 도시로 불러들일 기회를 활용할 수 있다. 앞으로 설명하겠지만, 도심은 식품의 유기농 경작을 위한 거대한 잠재력을 지녔다. 나아가 앞으로 도시 농가는 경제적 풍요를 누릴 것이며 도시 주민에게 건강한 지역 식품을 공급하는 중요한 역할을 하게 될 것이다. 도시의 유기농 농장은 지상에서 토양 균류와 다른 소중한 유기체를 위한 생식세포가 될 것이다.

이렇게 되면 농작물과 마찬가지로 숲의 나무도 자연스럽게 균류 파트너로부터 긍정적인 영향을 받는다. 생물학 교수인 마누엘라 조반네티 Manuela Giovannetti는 피사 대학교의 연구팀과 공동으로 시행한 분석을 통해 균근이 보통 인체 건강에도 이로운 활성화한 식물 성분의 형성을 촉진한다는 것을 확인했다.[35] 이 연구팀은 또 '건강을 증진하는 식물 화학물질', 즉 식물에 의해 형성되고 식물의 생명에 중요한 역할을 하는 화학 분자를 언급한다. 숲의 공기가 그런 식물 화학물질로 가득 차 있다는 것이다. 뒤에 가서 숲의 치유력 삼총사의 세 번째 힘이 나올 때, 어떻게 숲에서 나온 식물 화학물질이 인체의 건강을 지탱하고 우리를 질병으로부터 보호하는지 자세히 다룰 것이다. 균근은 이 식물 성분의 생산을 촉진한다. 생태계와 인간의 건강을 위한 일종의 '조커(자유패)'라고 할 수 있다.

균근은 땅이 생명으로 가득 차 있다는 가시적인 증표다. 따라서 플리트비체 호숫가의 밀림 같은 숲에서 그에 해당하는 균사의 감촉을 느꼈다는 것은 내게 많은 의미가 있었다. 그때 나는 내 발밑에 또 다른 바이오필리아 효과가 있음을 확신했다. 그것은 대도시에서 찾아보기 힘든 것으로 우리가 자연과 접촉할 때 나타난다. 다만 균근의 몸체와는 반대로 이 추가된 효과를 육안으로 볼 수는 없었다. 박테리아였기 때문이다. 이것이 숲의 치유력 삼총사에서 두 번째 물질에 해당한다. 우리가 지금 관심을 쏟는 미생물은 1962년 오스트리아에서 쇠똥을 통해 처음 발견되었다. 쇠똥을 현미경으로 관찰하는데 매혹적인 개별 생물의 우주가 펼쳐졌다. 이때 '마이코박테리움 바케 Mycobacterium vaccae'로 박테리아 이름이 정해졌다. '바카vacca'는 라틴어로 암소라는 뜻이고, '미케스mýkēs' 는 그리스어로 '버섯'을 뜻한다. 쇠똥에서 발견된 이 세균은 세포배양에서 가시적인 구조로 자라나는 박테리아 속에 속한다. 생김새는 균근의 경우와 비슷하게 버섯의 실 같은 조직을 연상시킨다. 그래서 '마이코박테리움'이라는 이름이 붙었는데, 버섯 종의 박테리아라는 말이다.

자연에서는 '마이코박테리움 바케'(이후로는 읽기 편하게 '바이오필리아 박테리아'로 부르기로 한다)가 반추동물의 똥에서만 나오는 것은 아니다. 토질이 건강하기만 하다면 그것은 전 세계 흙에서 산다. 바이오필리아 박테리아가 자연의 모든 토양생태계에서 발견된다는 것은 과장이 아니다. 예컨대 풍부한 숲 바닥에서 지하 박테리아 우주의 이상형을 구현하는, 썩은 흙을 볼 수 있다. 내가 균근을 발견한 플리트비체 호숫가 주변 숲에는 확실히 바이오필리아 박테리아가 있었다.

토양 박테리아가 면역체계를 단련한다

먼저 바이오필리아 박테리아의 건강 효과와 관련해 가장 오래된 의학적 인식을 돌아보자. 오스트리아에서 발견된 이후 1970년대 들어 동아프리카에서는 또 하나의 선구적인 업적이 나왔다. 면역학자인 존 스탠포트John Stanfort와 그레이엄 루크가 의학적 수수께끼를 푸는 길을 열었다. 두 사람은 우간다 중심에 있는 키오가 호숫가에 사는 사람들이 우간다의 다른 지역 사람들보다 결핵으로 인한 사망률이 낮다는 사실을 확인했다. 그들의 면역체계는 무서운 전염병의 병원균에 더 잘 버티었던 것이다. 스탠포트와 루크는 동료들과 함께 키오가 호숫가 주변에 특정 토양 박테리아가 평균 이상으로 많음을 밝혀냈다. 바로 바이오필리아 박테리아였다. 이어 면역학 조사를 통해 이 토양생물과의 빈번한 접촉과 면역력 개선 사이에 상관관계가 있음을 증명했다. 땅에서 나오는 이 박테리아는 분명히 인체의 면역체계에 유난히 뛰어난 효과를 발휘한다. 위험한 병원균과 접촉할 때, 인체의 방어 능력이 향상하고 방어에 성공할 가능성이 커진다는 말이다.[36]

흥미로운 것은 전혀 해롭지 않은 바이오필리아 박테리아가 결핵 병원균과 동족이라는 사실이다. 동족 관계에 있는 양성의 균과 빈번하게 접촉하면 결핵으로 인한 사망이 줄어드는 이유를 이로써 설명할 수 있다. 2010년과 2011년에 청두 쓰촨 대학교 부속 서부중국병원의 면역학자 양 샤오얀Xiaoyan Yang은 다른 네 명의 중국 면역학자와 공동으로 '마이코박테리움 바케', 즉 바이오필리아 박테리아에 관한 13개 국제 임상연구를 수행했다. 학자들은 이 박테리아의 결핵균 방어기능이 의심할 여지 없이 증명되었다는 결론에 이르렀다. 그들은 나아가 약제와 접종의 형태로 이 토양 박테리아를 투여하면 앞으로 결핵 위험 지역에 사는 사람들을 보호할 수 있으리라는 생각까지 했다.[37] 생물학적으로 볼 때 바이오필리아 박테리아는 위험한 동족을 막아주는 효과를 내는 항체 형성을 자극하거나, 적어도 결핵을 막는 특정 항체가 만들어질 때까지 충분히 견디게 해주는 것으로 짐작된다.

이런 연관성에서 얻은 '바이오필리아를 토대로 한' 인식은, 자연 속 박테리아와의 주기적인 접촉이 전혀 해롭지 않다는 것이다. 오히려 이런 미생물은 인체의 면역체계를 아주 효율적으로 단련해준다. 인체의 면역체계에 들어 있는 힘의 균형은 토양 박테리아와의 훈련을 통해 더 잘 유지될 수 있다. 우리는 인체의 면역체계에서 일어나는 현상이 '좋은 것'과 '나쁜 것'의 싸움이 아니라 서로 다른 영향의 균형을 지속해서 잡아주는 과정임을 안다. 인간은 잠재적으로 병을 일으키는 바이러스나 박테리아와 끊임없이 접촉한다. 인체의 면역체계는 지속해서 이 같은 평준화를 위해 애쓴다. 이 훈련이 잘되고 균형이 이루어지면 병원체와 접촉하더라도 병에 걸릴 위험이 줄어든다. 이런 균형이 더 이상 이루어지지 않을 때, 즉 면역체계 내의 과정이 더는 균형을 취하지 못할 때 병에 걸린다. 바이오필리아 박테리아를 통한 단련은 균형이 유지되고 병원체가 통제를 벗어나지 않을 가능성을 높여준다. 현대 면역학자들은 평소 면역체계의 '강화'라는 말을 쓰지 않고 대신 '균형 잡기'로 표현한다. 인간에 미치는 자연의 효과와 관련해 이런 통찰이 아주 중요한 역할을 하는 이유는, 자연과의 접촉이 인체와 인체 기관에 건강하고 자연스러운 균형을 되살려주기 때문이다.

도시의 생활공간에 음이온이 부족한 것과 마찬가지로 도시 주민은 땅에서 나오는 바이오필리아 박테리아와 접촉할 기회가 별로 없다. 게다가 위생에 관해 완전히 잘못 이해하고 있다. 가령 아이들이 종종 '더러워지는' 일도 없고 진흙밭 놀이도 허용되지 않는다면 아이들에게 좋기는커녕 오히려 건강에 부정적인 영향을 준다. 아마 이런 이치는 이미 널리 알려졌을 것이다. 아이들의 면역체계가 단련되도록 땅이나 건강한 흙과 당연히 접촉하게 해야 한다. 이것이 무엇보다 유아기에 중요한 까닭은 이 시기 면역체계가 특별히 뛰어난 학습능력을 지녔기 때문이다. 미세먼지나 그 밖의 유해 물질 외에 요즘 도시에서 알레르기가 급증하는 이유의 하나는 아마도 틀림없이 토양 박테리아와의 접촉이 불충분하기 때문일 것이다. 2007년 폴란드 우치 대학교에서 진행한 연구는 도시 아이들의 알레르기 질환이 시골 아이들보다 세 배나 높게 나타난다는 것을 보여주었다. 천식의 빈도만 보더라도 도시는 시골보다 발병률이 여덟 배나 높은 것으로 나타난다. 연구팀장인 마렉 코왈스키 Marek Kowalski와 그 일행은 다음과 같은 결론을 내렸다. "우리의 연구 결과는 시골 아이들보다 도시의 초등학교 아이들에게서 알레르기 증상이 훨씬 더 자주 나타나고 있음을 확인해준다."[38]

의학적인 조사 결과, 바이오필리아 박테리아로 치료하면 (성인이나 아이들을 막론하고) 기존의 알레르기와 자가면역질환이 감소한다는 것이 입증되었다. 이 효과는 예를 들어 건선(마른버짐)에도 적용된다.[39] 많은 면역학자는 알레르기를 물리칠 수 있는 '농가 효과'라는 말을 한다.[40] 이것은 아이들이 (물론 성인도) 흙과 접촉해야 함을 뜻한다. 그런 습관을 통해 면역체계가 이로운 영향과 해로운 영향을 구분하고, 자연 물질에 과민하게 반응하는 대신 자제하는 법을 배우기 때문이다. 그러므로 우리에게는 유해 물질에 오염되지 않은 그리고 살아 있는 토양의 우주, 여전히 훼손되지 않은 건강한 생태계가 필요하다. 또한 최대 도심지와 인구밀도가 몹시 조밀한 대도시도 그곳이 어디에 있든, 생태계 활동이 활발한 '에코 핫스폿'이 필요하다.

물론 땅과 접촉한다고 해서 그대로 질병을 예방한다는 보장은 없다. 하지만 면역기능을 조절하는 바이오필리아 박테리아의 효과는 숱한 연구를 통해 입증되었으므로 의심할 여지가 없다.[41] 마찬가지로 인체의 면역체계에 중요한 것이 '마이코박테리움 바케'만이 아니라는 것도 의심할 여지가 없다. 훼손되지 않은 생태계라면 흙 속이나 나무, 나뭇잎, 돌과 이끼 사이, 버섯에 미생물이 우글거린다. 건강한 흙 속에는 수십만, 수백만 종의 다양한 박테리아와 균류, 그 밖의 유기체가 살고 있다. 과학이 땅속의 이 거대한 우주의 크기를 안 것은 이제 시작일 뿐이다. 우리는 흙이나 그 속에 사는 생명 형태와 접촉하는 것이 인간의 건강에 중요하다는 사실을 이제야 서서히 이해하기 시작했다. 자신 있게 말할 수 있는 것은 땅속에 사는 대부분의 미생물이 인체에 미치는 영향을 우리가 아직 모르고, 아직 발견되지 않은 수많은 미생물이 있다는 것이다. 바이오필리아 박테리아가 인체의 면역체계에 긍정적인 영향을 주는 유일한 토양생물이 아닌 것은 분명하다.

특히 매혹적인 것은 토양 박테리아와 인간의 정신 건강과의 상관관계다. 여기서 인간 유기체가 얼마나 복잡한지, 인간이 주변 환경과 얼마나 긴밀하게 접촉하고 있는지가 다시 한번 분명해진다. 이른바 '장-미생물-뇌 축'의 발견은 종합적인 바이오필리아 주제를 위해 중요한 의미가 있다. 이제 자연의 미소 식물이 인간의 정신 건강에 근본적인 영향을 주는 일종의 천연 항우울제라는 정체가 드러났다. 그런 의미에서 다음은 '장뇌'에 관한 매혹적인 탐험의 길로 떠나보기로 하자.

정신 건강까지 좌우하는 장 속 미생물

자연에서 이동하거나 땅과 접촉하면 흙이나 식물, 돌, 공기에서 나오는 미생물이 몸 안으로 들어온다. 미생물을 들이마시면, 코의 점막이나 섬모에 걸린다. 거기서 우리는 미생물을 삼키게 된다. 두 손으로 흙을 팔 때도 우리는 미생물과 접촉하며 부지중에 그것을 입으로 가져간다. 특히 아이들이 이런 방법으로 토양생물을 받아들인다. 자연에 머무를 때는 언제나 흙에서 나온 바이오필리아 박테리아가 우리의 소화관에 다다른다.

연구 결과, 살아 있는 많은 박테리아 종은 과거의 많은 연구자가 생각한 대로 삼킨 뒤에 대부분 위에서 죽는 것이 아니라 그중 상당수가 장까지 내려가고 거기서 운이 좋으면 미생물 주거의 형태로 남는다.[42] 이 말은 지속적으로 위 점막에 정착해서 구역질과 통증을 유발하는 이른바 '위의 악마'로 불리는 '헬리코박터 파일로리'처럼 해로운 세균뿐만 아니라 해가 없는 세균까지 위산을 견디고 살아남는다는 뜻이다.

미생물 실험의 틀에서 밝혀졌듯이,[43] 바이오필리아 박테리아도 산酸의 환경에 견딘다는 것을 벌써 눈치 챘을 것이다. 땅과 접촉하거나 자연에서 머무를 때면 바이오필리아 박테리아에 대한 이른바 '영양 섭취'가 이루어진다. 그것을 장으로 받아들인다는 말이다. 이것은 이미 앞에서 기술했듯이, 세균이 인체 면역체계에 영향을 미치는 과정의 하나이기도 하다.

인체의 장 속에 있는 세균이 인체의 저항력을 조절한다는 사실은 벌써 오래전에 알려졌다. 더욱이 생물학자나 의학자 중에는 장을 '면역체계의 중심'으로까지 표현하는 사람이 많다. 거기엔 충분한 이유가 있다. 인체 면역세포의 4분의 3은 장 점막의 림프 조직에서 발견된다. 인체 면역체계가 병원체를 축출하게 하는 모든 항체의 약 90퍼센트는 소장의 점막에서 형성된다. 장의 면역체계는 끊임없이 장으로 들어오는 유해 세균과 무해 세균을 가려내야 한다. 유해 세균이 방어 세포에 의해 죽는 동안, 유익한 세균은 장 박테리아와 인체 면역체계의 일부가 된다. 장 미생물은 인체를 위한 수많은 중요과제를 떠맡는다. 이들은 효소를 분비하는데, 이것은 소화관 내에서 영양분의 분해와 이용 과정을 엄청나게 가속하는 화학적인 촉매제 역할을 한다. 우리가 먹는 귀중한 성분의 많은 것은 우선 장 박테리아의 효소 덕분에 소화할 수 있다. 그뿐만 아니라 세균은 우리에게 비타민을 만들어주고 장에는 에너지가 풍부한 지방을 공급함으로써 장의 '연료'로 쓰이게 해준다. 앞에서 언급한 대로 세균이 인체 면역체계를 단련하는 이유는 그 체계가 끊임없이 유해한 세균과 무해한 세균을 가려내야 하기 때문이다. 이런 면역체계의 원리는 끊임없이 훈련하며 운동하는 사람이 훌륭한 성적을 내는 스포츠의 예와 같다.

그러므로 땅과 마찬가지로 사실 사람의 장은 다른 생태계와 네트워크를 이루는 복잡한 생태계라고 말해도 놀랍지 않다. 즉, 인체 외부의 생태계뿐 아니라 인체 내부의 생태계와 네트워크를 이룬다는 말이다. 자연 전체는 그런 생태계 조직으로 이루어졌고 인간은 이 네트워크에 포함된 존재라고 할 수 있다. 그러나 장 속의 미생물이 우리의 태도와 정신 건강에까지 영향을 미친다는 것을, 아이들의 경우에는 뇌 발달까지 통제한다는 것을 아는가? 장은 신경섬유의 촘촘한 네트워크로 뒤덮여 있다. 너무 촘촘해서 신경생물학자들이 '장뇌'로 부를 정도다. 그것은 머리에 있는 뇌에 이어 인체의 종합적인 신경계에서 두 번째로 큰 교차점에 해당한다. 우리는 장뇌가 뇌와 긴밀하게 협동작업을 하며, 면역체계와 소통하듯이, 뉴런 신호와 전달물질을 통해 끊임없이 뇌와 소통한다는 것을 알고 있다. 이때 장의 미생물은 복부를 지나는 미주신경에 생물학적 신호를 보내며 장뇌, 면역체계, 뇌 사이에서 벌어지는 협동작업에 가담한다.[44] 따라서 사람들 사이에서 흔히 쓰는 '육감'이란 말은 잘못된 것이 아니다(직감, 육감이란 뜻으로 쓰이는 독일어 'Bauchgefühl'은 본디 복부의 느낌, 배의 느낌이란 말이다-옮긴이). 신경생물학에서는 '장-미생물-뇌 축'이라는 개념이 통용된다.

사실 장의 미생물이 인간의 뇌에 미치는 영향에 관한 학문이라고 할 수 있는 신경미생물학Neuromikrobiotik은 아직 초보 단계다. 하지만 몇몇 연구 결과만 보더라도 인간의 정신 건강과 장 미생물이 밀접한 관계에 있음은 벌써 드러났다. 이 관계를 발견하자마자 이미 해군에서도 관련 계획이 등장했다. 미 해군은 2015년에 5,200만 달러를 들여 연구 프로젝트를 진행했는데, 장 박테리아를 통해 병사의 뇌에서 일어나는 스트레스 반응을 떨어뜨리는 방법에 관한 것이었다.[45] 병사들이 극단적인 긴장 상황에서도 어떻게 정신적으로 전투 능력을 유지하는지 알고 싶었던 것이다. 이것은 미심쩍은 의문을 제기한 것으로 사실 바이오필리아와는 아무 관계도 없다.

유럽 연합도 마찬가지로 인간의 정신 건강을 위한 장腸의 중요성을 연구하는 프로젝트에 900만 유로를 지출했다. 이 프로젝트에는 '나의 새 장My New Gut'이라는 명칭이 붙었다. 다행히 이 계획은 전쟁 수행이 아니라 실제로 인간의 건강을 목표로 삼는다. 다만 EU는 인간과 자연이 다시 하나가 되고 건강한 토양생물과의 접촉을 촉진하는 방법이 아니라 무엇보다 의약품 개발과 유럽 제약기업의 특허에 일차적인 관심을 둔다. 제약기업이 바라는 것은 미생물과 그 신진대사 제품을 미래의 의약품, 즉 차세대 신경정신 의약품으로 상품화하는 것이다. '정신세균학Psychobiotika(병원성 세균pathogene Bakterien과 활성 세균Probiotika이 인간의 신체나 정신 건강에 미치는 영향과 그 상호작용을 연구하는 학문-옮긴이)'도 그런 의도에서 나온 개념이다. 이런 접근방식은 비록 이 분야의 전반적인 연구가 키오가 호수의 바이오필리아 박테리아를 둘러싼 인식에서 비롯했다고 해도 바이오필리아와는 아무 관계가 없다.

키오가 호수에서 동료인 존 스탠포트와 함께 바이오필리아 박테리아가 결핵으로부터 사람을 보호할 수 있음을 확인한 면역학자 그레이엄 루크는 2016년에 런던 글로벌 대학교의 논문에서 세균이 인간의 육체적 건강뿐 아니라 정신적 건강에도 큰 영향을 미칠 수 있다고 주장했다.[46] 가령 바이오필리아 박테리아와 접촉하면 면역조절 효과를 통해 염증이 사라진다는 것이 증명되었다. 정신신경면역학Psychoneuroimmunologie-정신과 사회환경 및 면역체계의 상관관계에 관한 학문-에서는 수년 전부터 신체의 만성염증이 정신질환의 발병 위험성을 훨씬 높인다고 알려졌다. 이런 지식은 아직 역사가 짧은 이 학문의 기초에 속한다. 예컨대 염증의 진행 과정이 드러난 사람은 만성염증이 없는 사람보다 외상 후 스트레스 장애(PTSD)에 따른 반응이 더 크다.[47] 이와 반대로 정신적인 문제가 장기화할 때는 염증으로 이어질 수도 있다. 이런 현상은 특히 지속적인 스트레스에 적용된다. 다행히 이것이 전부는 아니다. 토양미생물은 여러 가지 면에서 인간의 정신에 긍정적인 영향을 주니 말이다.

토양 박테리아가 정신질환을 치료한다?

영국 맨체스터 대학교의 의학 교수 빌 디킨 Bill Deakin은 조현병 환자 200명을 대상으로 벌인 연구에서 자연의 바이오필리아 박테리아를 섭취하면 정신적인 건강 상태가 개선됨을 확인했다. 디킨은 자신의 연구 결과를 토대로 세균이 사람의 정신질환을 막아줄 수 있다고 본다. 이 생각이 맞는다면, 토양미생물과의 접촉 부족이 도시에서 조현병이 증가하는 한 가지 원인일 가능성이 아주 높다. 즉, 조현병이 발병할 위험은 시골에 거주하는 사람보다 도시 거주자에게 훨씬 크다고 할 수 있다. 이런 과학적 사실을 바탕으로 컬럼비아 대학교 공중보건학부의 정신과 의사인 에즈라 수서 Ezra Susser는 "도시에서 태어난 것이 문제인지, 도시에서 성장한 것이 문제인지는 말할 수 없지만, 도시 생활이 조현병의 위험성 증가와 어떤 관련이 있는 것은 사실이다"라고 결론 내린다.[48] 조현병의 위험성이라는 측면에서 볼 때 도시에서 사는지 아닌지가 유전적 요인보다 더 큰 의미가 있다. 도시에서 살지 않는다면 세계적으로 조현병은 35퍼센트 줄어들 것이다. 이뿐만 아니라 도시 규모가 결정적인 역할을 한다는 것도 입증되었다. 도심 규모가 클수록 그만큼 발병 위험성이 더 커진다.[49] 똑같은 원리가 다른 정신질환이나 우울증에도 적용된다. 스웨덴 룬드 대학교의 가정의학 교수 크리스티나 순드퀴스트Kristina Sundquist가 450만 명의 남녀와 관련해 진행한 연구에 따르면, 대도시가 주민들에게 정신질환의 위험성을 높인다는 것이 증명되었다. 대도시 주민은 시골 주민보다 우울증에 걸릴 확률이 12~20퍼센트 높고 정신질환에 걸릴 확률은 68~77퍼센트 높다.[50] 그 밖에 이미 조현병도 정신질환으로 간주하는 실정이다.

또 콜로라도 대학교 볼더 캠퍼스의 의학 교수 크리스토퍼 로리Christopher Lowry는 바이오필리아 박테리아로 실험을 하고 이 세균이 심신상관의 스트레스 반응을 약화해준다는 것을 확인했다. 그는 또 다른 작용기구Wirkmechanismus(작용 메커니즘. 약제가 대상 유해 동식물에 접촉하거나 침입하여 효과를 나타내는 화학적 작용의 과정과 원리-옮긴이)를 확인했는데, 미생물이 인체에 미치는 영향으로 세로토닌 수치가 유리하도록 균형이 잡히며 이것은 우울증뿐 아니라 불안장애와의 관계를 밝혀준다는 것이다.[51] 이 두 가지 정신질환은 세로토닌 분비장애와 관련이 있다. 뉴욕 세이지 칼리지Sage Colleges의 생물학 교수인 도로시 매슈스Dorothy Matthews와 심리학 교수인 수전 젠크스Susan Jenks는 실험을 통해 바이오필리아 박테리아와의 접촉이 불안장애에 효과가 있음을 확인했다.[52] 따라서 이쯤 되면 대도시에서 불안장애에 시달릴 위험이 시골과 비교할 때 도시 규모에 따라 21~39퍼센트 커진다고 말해도 더는 놀라지 않을 것이다.[53]

앞에서 인용한 정신과 의사 에즈라 수서가 말한, 시골보다 도시에서 사는 주민이 정신질환이나 우울증에 더 잘 걸리는 그 '어떤' 이유를 단 하나로 정리할 수 없음은 분명하다. 오늘날 바이오필리아 박테리아처럼 자연에 사는 미생물에 관해 우리가 아는 것을 종합해볼 때, 이 세균과 격리되는 것은 (그리고 일반적으로 토양미생물도 마찬가지로) 도시 주민에게 위험인자의 하나가 된다고 할 수 있다. 건강한 토양 박테리아와의 접촉은 정신질환에 걸릴 위험을 줄여주고 정신질환의 치료에도 도움을 준다. 폭포 플라스마 속의 음이온 역시 인간의 정신 건강을 증진해주므로 그것이 없는 도시는 우리에게 좋지 않다고 말할 수 있다. 훼손되지 않은 생태계에서 무수히 많은 자연 물질이 발견된다는 점을 고려할 때, 우리가 자연 파괴와 질병 혹은 자연 접촉과 치유의 상관관계에 관해 얼마나 이해가 부족한가 하는 느낌을 지울 수 없다. 음이온과 바이오필리아 박테리아를 통해 일단 내가 '바이오필리아 연구'라고 부르는, 인간과 자연에 관한 완전히 새로운 연구에서 첫걸음마를 떼었다. 이 첫 번째 관찰로 확실해진 것은, 질병은 뭔가 자연과의 격리와 관계있으며 건강은 자연과의 접촉으로 증진된다는 것이다. 현대적인 도시 생활은 우리에게 폐기 가스와 소음, 빛 공해, 스트레스 요인을 안겨줄 뿐만 아니라 우리를 인체와 인간 정신이 건강해지는 데 필요한 자연 물질과 떼어놓는다.

앞에서 언급한 두 연구자, 즉 도로시 매슈스와 수전 젠크스는 한 발 더 나가 바이오필리아 박테리아가 인간의 학습능력을 개선한다는 추정까지 한다. 이들은 주로 실험실에서 연구하기는 해도 미생물과 접촉하는 데 제약산업이나 약국이 필요하지 않다는 것을 인정한다. 매슈스는 과학잡지 《사이언스 데일리 Science Daily》에서 "마이코박테리움 바케는 사람이 자연에서 시간을 보낼 때 들이마시거나 삼킬 수 있는 자연의 토양 박테리아다"라고 단언한다.[54] 두 과학자는 바이오필리아 박테리아가 아이들의 뇌 발달을 촉진하는 효과가 있으며 노소를 막론하고 학습능력을 올려준다고 본다. 이 세균의 심리적 효과와 달리 그에 대한 결정적인 증거는 아직 없다. 하지만 매슈스는 지금까지의 연구와 관련해 확신에 찬 태도를 보이며 이렇게 말한다. "마이코박테리움 바케가 있는 학교에서 학습조건을 만들어내고 자연 속 시간을 확보할 때 불안이 줄어들며, 새로운 솜씨를 익히고 새로운 지식에 적응하는 학생의 능력이 개선된다는 생각을 하면 흥미롭다."[55] 이런 시각에 관해서는 뒤에 가서 도시 한복판에 있는 숲속 유치원과 학교라는 주제가 나올 때 다시 언급할 것이다.

탈자연화가 불러온 결과

의사이자 심리학자, 심리치료사인 크리스티안 슈베르트Christian Schubert는 바이오필리아 박테리아와 도시 주민의 의미에 관해 우리와 의견을 나누는 자리에서 "장 박테리아는 인간의 생활공간과 뇌 사이에 있는 생물학적 인터페이스다. 따라서 그것은 대도시와 뇌의 인터페이스이기도 하다. 그것은 우리에게 대도시 생활의 탈자연화를 '설명'해준다"라고 말했다.[56] 슈베르트는 정신신경면역학자이자 인스브루크 의과대학 교수이기도 하다. 그가 볼 때 질병과 건강은 어느 한 가지 요인으로 설명할 수 있는 것이 아니다. 그래서 복잡한 상관관계를 종종 부당하게 단순화하는 상투적인 의학 연구에 회의적인 반응을 보이며, 좀 더 인간에 방향을 맞춘 과학을 요구한다. 이 전문가는 인간의 정신 건강에 환경이 영향을 미친다고 해도 '전체적인 것'을 고려해야 한다면서 심리적 환경과 뇌, 면역체계 사이의 상관관계에 주목할 것을 요구한다.

슈베르트는 "실험실에서 측정된 현상을 실생활 영역으로 옮겨야 할 때 무엇보다 정신적인 상관관계를 살피는 것이 힘들다"라고 설명한다. 개별적인 요인으로 환원하고 다시 격리된 실험실에서 조사할 때 종종 피상적인 결과를 낳기 때문이다. 슈베르트는 땅에서 나오는 미생물이나 장 박테리아가 인간의 뇌에 일정한 작용을 하고 인간의 정신 건강에 영향을 준다는 것은 의심할 여지가 없다고 단언한다. "하지만 미생물은 항상 전체적인 체계 안에서 역할을 봐야 합니다. 미생물은 우리와 똑같이 생물권의, 즉 살아 있는 세계의 일부예요. 내가 볼 때 미생물은 자연 매개체입니다. 그것은 우리와 자연의 관계에서 무엇이 균형을 잃었는지 보여줍니다."

'자연 매개체'가 정확하게 무슨 의미인지 내가 다시 묻자, 이 정신신경면역학자는 미생물이 인체 내에서 일으키는 피드백 효과를 가리켰다. "혼란과 탈선의 토대라는 점에서, 또 일반적으로 자연의 생존양식에서 멀어지는 형태라는 점에서, 실력사회 속의 삶은 많은 사람이 볼 때 갈수록 의미를 상실한 것으로 드러납니다. 인간은 생산설비로 격하된 채 삶이 의미 있다는 느낌을 상실하게 되었습니다. 인간은 '작동해야' 하고 경제적으로 수확이 풍부해야 합니다." 슈베르트와 나는 우리 사회의 인간이 대부분 영양의 균형에서 벗어났다는 데 의견이 일치했다. 인간은 자기 자신이나 다른 사람들이 먹는 음식에 관심을 쏟을 시간이 없다. 우리는 더 이상 자연과의 관계를 돌보지 않는다. 슈베르트가 볼 때 이 모든 것은 '우리의 장 박테리아에 역으로 영향을 미치는 문화적 효과'다.

이 이론에 따르면, 예컨대 열악한 영양과 스트레스가 장의 생태계를 손상하고 그 결과 인체의 면역체계에 영향을 준다. 슈베르트는 우리가 건강한 토양미생물과 접촉할 기회가 너무 적은 것 역시 우리 사회의 탈자연화의 결과로 본다. 자연과의 접촉이 결핍됨으로써 장 세균의 구성과 신진대사 활동에 변화가 오기 때문이다. "그로 인해 인체의 면역체계는 예를 들자면 염증반응이라는 측면에서 영향을 받습니다"라고 슈베르트는 설명했다. "인체의 신경세포는 염증 정보를 받아들이고 그것을 뇌로 전달합니다. 거기서 이른바 '병 행동Sickness Behavior'이 나타납니다. 이것은 신체와 정신의 쇠약 상태로 우울증에 이르기까지 수동적인 특징과 결합합니다." 하지만 슈베르트는 이 병 행동에서 근본적으로 인간의 무결성이 공격받는 생존에 불리한 상황에서 에너지를 절약하려는 인체의 전략이 들어 있다고 본다. 가령 감염이나 사회적으로 과도한 요구도 이에 해당할 수 있다는 것이다. 여기서 슈베르트는 다음과 같은 결론을 내린다. "결국 장 미생물에 의해 촉발되는 병 행동은 자연에서 소외된 우리의 생활방식에서 연유하는, 그리고 우리를 정신적으로 병들게 하는 '사회적 염증'의 일부입니다."

그렇다면 장 미생물을 일종의 '사회의 거울'로 볼 수도 있지 않겠느냐는 내 질문에 크리스티안 슈베르트는 '거울'이나 '사회의 복사' 같은 개념은 어떤 직선성을 내포하고 있어서 꼭 들어맞지는 않는다고 대답했다. 대신 정신신경면역학에서는 '자연에 깃든 자가 유사모형'이라는 개념을 선호한다는 것이다. 인체의 장에서 발생한 염증의 진행 과정은 일종의 반향으로서 '문화나 사회 같은 고도로 복잡한 시스템 내부의 공명' 같은 것이라고 한다. 이 반향은 그 뒤에 인간의 정신에서도 재발견된다는 것이다. 그에 따라 장 박테리아는 도시 주민에게 자연과 낯설어진 대도시 생활을 주목하게 만든다고 한다. 다만 슈베르트는 인간과 미생물의 상호작용에는 내부와 외부 사이에 이동하는 정보의 일부만 있다고 강조한다. "인간은 자연 소외와 무의미해진 삶에 따르는 고통을 특히 언어나 문화를 통해 표현하지요."

나는 정신신경면역학 관점에서 볼 때 자연과의 접촉이 그런 고통에서 해방되는 데 이바지할 수 있느냐고 다시 자세하게 물었다. 슈베르트는 "인스브루크 의과대학에서 우리는 '건강 행동'이라는 개념을 만들었어요. 병 행동에 대한 대응개념이죠"라고 대답했다. "내가 볼 때 땅의 미생물과 접촉하는 것은 인체의 장 세균이 균형을 갖추도록 하는 방법입니다. 면역체계를 단련하고 그를 통해 뇌에서 진행되는 염증 과정을 약화하게 됩니다. 이것이 병 행동에 대한 대응현상으로서 건강 행동을 유발합니다." 이것은 다시 정신장애와 우울증을 퇴치하는 결과로 이어진다는 것이다. 하지만 슈베르트는 자연과의 접촉은 문제의 일면만을 보는 것에 지나지 않는다는 단서를 달았다. "우리는 탈자연화한 영양이나 자연 소외의 생활방식과 연관된 수많은 다른 분야에서도 문제를 자각해야 합니다. 매일 땅을 판다고 해도 동시에 패스트푸드로 배를 채우거나 스트레스와 유해 물질, 소음, 성과 달성에 대한 억압으로 가득 찬 생활을 한다면 쓸모가 없습니다."

숲, 진정한 자연의 약국

어쩌면 앞으로 의사들은 숲을 치료제로 처방하게 될 것이다.[57]

킹 리 Qing Li, 도쿄 일본의대 교수, 삼림의학 Waldmedizin의 선구자

다시 플리트비체 호숫가에 자리 잡은 밀림 같은 곳을 걷던 먼저의 얘기로 돌아가 보자. 유리처럼 투명한 물은 터키석 빛깔로 반짝였고 호숫가 위로 솟아나온 나무들의 수관이 잔잔한 수면 위로 반사되었다. 내 발밑에 있는 균근의 균사에서는 물과 영양소가 숲 바닥을 통해 천천히 흘렀다. 생물학적 신호가 넓게 퍼진 땅 밑 조직을 통해 나무에서 나무로 전달되었다. 땅 밑 깊은 곳에서는 뿌리들이 내 귀에는 들리지 않아도 딱딱거리는 소음을 냈다. 온전한 숲이라면 어디나 그렇듯이 낙원 같은 생태계도 일종의 거대한 소통 유기체로서 모든 것이 모든 것과 접촉하고 있었다. 최적화된 협동작업을 위해 서로 메시지를 주고받는 인체 기관과 비슷하게, 숲의 나무와 관목, 그 밖의 식물이나 버섯도 서로 소통한다.

하지만 식물의 소통은 딱딱거리는 뿌리의 소음과 숲 바닥을 통해 전

달되는 신호를 통해서뿐만 아니라 숲 공기에서 발견되는 일종의 '화학적 언어'를 통해서 일어나기도 한다. 식물 세계에서 이 언어는 다른 식물이 해석할 수 있는 의미를 지녔다. 이제 숲의 치유력 삼총사 가운데 가장 매혹적인 특징을 찾아보도록 하자. 삼림의학에서 핵심 역할을 하고 나아가 미래의 암 치료의학에 혁명적인 변화를 불러올 수 있는 물질을 찾는 것이다. 이는 도시 주민이 무조건 확보해야 하는 물질이다. 공기 중에 이것이 없으면 병에 걸리기 쉽기 때문이다. 이쯤 되면 이 물질이 우리가 들이마실 수 있는 뭔가와 관련되었다고 생각할 수 있을 것이다.

나무들의 언어, 테르펜

식물 간에 소통이 이루어진다는 것은 (요즘 미디어에서 묘사하는 것과 달리) 새로 발견된 사실이 아니다. 연구를 시작한 지 벌써 40년도 넘었다. 식물의 공동생활을 연구하는 분야인 식물사회학 Pflanzensoziologie 은 식물학도들에게는 기본 과목이다. 독일어로 가장 오래된 식물사회학 표준교과서의 하나는 이미 1971년에 나왔다.[58] 숲에서 나무와 나무 사이에 정보교환이 이루어진다는 것이나 식물이 상호 간에 또 환경의 영향에 반응한다는 것은 생물학자들이 알던 사실이며, 최근 몇 년간 이 주제를 놓고 공공연하게 야단법석을 떨기 한참 전부터 많은 산림관리인도 이를 알고 있었다. 생태계를 제대로 유지하려면 거기서 사는 주민 개개인이 어떤 형태로든 서로 소통하는 것이 불가피한 것과 같은 이치다. 나무의 '언어'는 사람의 언어와 똑같이 수백만 년의 진화 과정에서 형성되고 익혀온 것이다. 그것은 이해의 생화학적인 방식, 즉 식물 세계에서 특정 의미를 띠는 화학 분자를 토대로 한다. '화학적인 어휘'라고 말할 수 있을 것이다. 예를 들어 나무는 해충의 공격을 받으면 그에 대한 방어를 시작한다. 나무의 면역체계는 인간의 면역체계와 비슷한 방법으로, 즉 방어 능력을 활성화함으로써 침입자에 반응한다. 나무는 이 반응을 '의식적으로' 할 필요가 없다. 인간이 자신의 면역체계를 의식적으로 통제할 필요가 없는 것과 마찬가지다. 사람의 면역체계는 세포의 지혜를 통해 그리고 거대한 자연의 제어회로를 통해 통제되는 생물학적 과정이다. 나무도 사람과 똑같다. 이들의 방어물질은 대부분 테르펜Terpen이라는 화학물질군에 속한다. 그것은 식물의 2차 물질 가운데 최대 집단이라고 할 수 있다. 진화 과정에서 나무는 숲의 공기에 일정한 테르펜이 가스 형태로 쌓일 때 그것이 무슨 의미인지 '이해하는 법'을 배웠다. 그 의미는 "우리 중 일부가 공격받고 있다"라는 뜻이다. 나무 유기체는 다른 나무들의 구조 요청을 어느 정도 접수할 수 있고 테르펜의 암호를 해독할 수도 있다. 이뿐만 아니라 한 나무의 면역체계는 각각의 테르펜으로부터 해충의 종류에 관한 정보를 빼낼 수도 있다. 대항해야 할 공격자가 다를 때는 당연히 다른 테르펜이 형성되기 때문이다. 나무는 세대를 내려오며 각각의 테르펜을 올바르게 분류하는 법을 배웠고 해충이 쳐들어오기 전에 필요한 방어 조처를 취하는 법을 배웠다. 나무 유기체는 스스로 방어하고 그를 통해 전체 숲을 보호하기 위한 면역 방어를 활성화한다. 원칙적으로 한 나무의 면역체계는 숲의 네트워크에 속하며 어디서나 자신의 '안테나'를 내뻗는 일종의 감각기관으로 생각할 수 있다. 숲속 공기에 퍼진 특정 테르펜의 집중 상태로부터 나무나 다른 식물들은 생태계를 공격한 해충의 규모가 얼마나 되는지, 공격이 얼마나 심각한지를 판단한다. 심각한 공격은 공격이 미약할 때보다 해당 나무의 테르펜 생산량을 더 늘려준다. 그에 따라 다른 나무들도 면역 방어의 강도를 조절하며 침입에 효과가 있는 특정 테르펜을 발산하는 방식으로 스스로 반응한다. 이를 통해 의미를 담은 분자 형태의 메시지가 숲속 깊숙이 퍼져나간다.

식물의 소통은 그 방법으로 볼 때 인체 기관의 소통과 서로 비슷하다. 두 경우 모두 전달물질을 통해 그리고 복잡한 유기체의 다양한 부분을 서로 조율해주는 성질이 있는 생물학적 신호를 통해 생화학적 소통을 한다는 공통점이 있다. 나무의 경우, 숲을 상위의 유기체로 간주할 수 있다. 인체의 면역체계처럼 우리에게 영향을 주는 다양한 힘이 병이 생기지 않게 균형을 취하려고 하듯이 나무는 숲의 균형을 유지하려고 한다. 이 과정은 자연의 거대한 제어회로를 보여주는 매혹적인 예로, 이때의 회로는 너무 복잡해서 지금까지 우리가 이해하는 것은 기본 원리에 불과하다. 이 회로는 수백만 년 동안 진화해왔다. 식물 왕국의 경우, 15억 년 전까지 역사를 거슬러 올라간다. 최근의 고생물학적 인식에 따르면 아득히 먼 옛날, 최초의 단세포생물이 광합성을 '발명'했고 동시에 이산화탄소와 물, 태양 에너지에서 당분을 만들어내는 식물의 전통을 확립했다고 한다. 최초의 단세포생물은 단순한 조류 세포였다. 육지에서 식물이 생존한 것은 적어도 4억 7,500만 년 전부터다. 오늘날도 늪이나 웅덩이 주변, 숲 가장자리나 밭에서 '잡초'로 발견되는 쇠뜨기는 약 4억 년 전부터 살았지만 그때 이후로 하나도 변하지 않았다. 이 식물속屬에 속하는 속새 Equisetum arvense는 종종 도시의 잡초가 우거진 휴한지에서 자란다. 고생대 데본기의 생존 형태가 21세기 대도시의 현대적인 생활공간과 마주치는 것이다. 민간요법에서는 속새를 류머티즘이나 혈액 정화 혹은 신장이나 방광 이상에 이용하기도 한다. 실리콘이 축적되어 뼈대가 단단해진 이 식물은 망원경처럼 길쭉하게 자랄 수 있다. 이런 모습을 통해 태곳적 유물이라 할 식물은 우리에게 지구상의 초목이 초기에는 늪에, 후에는 석탄 숲에 살았다는 인상을 준다. 당시 쇠뜨기는 나무처럼 키가 컸다. 마찬가지로 데본기에는 균근(오늘날까지 숲에서 나무의 네트워크를 짜주고 수 킬로미터 떨어진 곳까지 영양분 전달을 가능하게 해주는 땅속 균류 조직망과 식물의 공생)도 발달했다. 따라서 숲이라는 생태계의 기원은 4억 년 전까지 거슬러 오른다. 숲 식물의 긴밀한 협동작업은 까마득히 오랜 기간에 걸쳐 발달하고 균형을 갖추었다.

당시 식물 왕국의 모든 상호작용을 훑어보기에 태고시대와 우리는 시간상으로 너무 멀리 떨어져 있다. 그러나 아주 확실하게 아는 것 하나는, 테르펜이 오늘날 식물의 소통이나 사회생활에서 핵심적 역할을 한다는 점이다. 테르펜은 해충의 침입을 막아줄 뿐만 아니라 경쟁식물을 멀리 떼어놓거나 그들의 발아를 방해하려 할 때 분비되기도 한다. 식물은 약탈동물을 쫓아낼 때나 병에 걸릴 위험을 가져다주는 주변의 바이러스와 박테리아를 죽일 때도 테르펜을 생산한다. 많은 생물학자는 이런 종류의 테르펜을 '피톤치드'라고 부른다. 즉, 항체 효과를 내는 식물의 물질이라는 말이다. 그러나 이 개념은 낡았다고 여겨 지금은 거의 쓰지 않는다. 그 밖에 나무는 테르펜으로 태양의 자외선을 막아주며, 예컨대 균류도 그들의 생식세포에 서로 길을 일러주기 위해 테르펜을 발산한다. 서로 다른 기능과 의미를 지닌 셀 수 없이 다양한 테르펜이 있다. 숲의 공기는 식물과 균류에서 나오는 활성화한 작용물질로 가득 차 있다. 테르펜은 나뭇잎과 줄기, 땅에서 기체 형태로 흘러나오고 땅 밑에서는 뿌리에서 발산된다. 심지어 흙 속의 박테리아도 테르펜을 발산하며 숲의 정보교환에 참여한다. 나무껍질은 기체 형태의 테르펜이 풍부하게 형성되는 데 원천 역할을 한다. 숲의 테르펜 농도는 여름에 가장 높고 겨울에는 떨어진다. 그래도 0으로 떨어지지는 않는다.

한 가지 물질이 숲에서 그토록 중요한 역할을 한다면, 인간에게도 영향을 준다고 추정할 수 있다. 인간 역시 숲의 존재이기 때문이다. 우리 조상은 사바나로 이주하기 전에 아주 오랜 시간을 숲에서 살았다. 직립보행도 우리 조상이 아직 숲에서 살던 시기에 초기 인류에게서 발달한 것으로 보인다. 이것은 최근의 고고학적 발견과 진화생물학적 인식을 보면 알 수 있다. 숲에 기원을 둔 인간 유기체는 숲의 공기에 포함된 식물생산물에 어떤 반응을 보일까? 숲의 테르펜과 나무의 언어는 앞에서 말한 대로 이미 오래전에 알려졌다. 이 물질이 인간에 대한 엄청난 건강 잠재력을 지녔다는 사실이 과학계에 알려진 것은 몇 년 되지 않았다. 먼저 알려진 곳은 일본이다.

삼림욕은 NK 세포를 증폭한다

나는 두 가지 개념을 현대 바이오필리아 연구, 특히 삼림의학의 열쇳말로 본다. 바로 '테르펜'과 '자연살세포natürliche Killerzellen(자연살생세포 또는 NK 세포라고도 한다-옮긴이)'다. '살세포'란 개념은 듣는 순간 위협적인 느낌을 줄지 모르지만 그런 인상은 잘못됐다고 할 수 있다. 이런 종류의 세포는 인간이 태어날 때부터 아주 중요하다. 자연살세포는 선천적인 인간 면역체계의 일부로, 이것이 없다면 인간은 살아남을 수 없을 것이다. 이 말은 자연살세포가 병원체가 침입했을 때 형성된 것이 아니라 병으로부터 우리를 지속해서 지켜준다는 뜻이다. 자연살세포는 백혈구의 특수한 형태다. 백혈구의 하위집단에 속하는 것으로, 척수에서 만들어진 뒤 거기서 혈액으로 보내진다. 자연살세포는 바이러스나 박테리아, 그 밖에 다른 침입자를 꼼짝 못 하게 통제하며 인체의 면역체계가 특수 항체를 형성할 때까지 그것들을 박멸한다. 이로써 병원체를 궁극적으로 제거하거나 아니면 더 이상 해를 끼치지 못하도록 그 수를 대폭 줄여놓는다. 자연살세포는 인체 방어 능력의 토대를 이룬다. 심지어 종양세포나 암세포를 인체에서 제거하기도 한다. 이런 수단을 통해 자연스럽게 발생하는 인체의 암을 막아준다는 점에서 큰 의미를 지니며, 암 치료에서도 중요한 역할을 한다. 즉, 자연살세포는 처음부터 존재하는 것으로 모든 종류의 병원체를 보이는 즉시 공격할 수 있다.

도쿄 일본 의과대학의 칭 리 교수는 세계적인 삼림의학의 선구자다. 이 책을 쓰기 위해 나는 그와 단독으로 의견을 교환했다.[59] 내가 어떻게 숲의 의학적 효과를 연구하게 되었느냐고 묻자, 리는 "내 연구 분야는 환경면역학 Umweltimmunologie 에 중점을 둔 환경의학 Umweltmedizin 입니다"라고 대답했다. 그리고 "나는 인체 건강에 영향을 미치는 모든 환경요인에 관심이 있어요. 그래서 숲이 인간에게 미치는 영향에도 흥미가 있죠"라고 덧붙였다. 2004년부터 2007년까지 일본 농림성은 숲이 인간의 건강에 미치는 치유 효과를 과학적으로 조사하는 연구 프로젝트를 수행했는데, 리는 삼림의학 분야 경험을 토대로 이 프로젝트의 연구팀장으로 참여했다. 여기서 얻은 인식으로 그는 숲의 엄청난 치유 능력을 주목하였고, 이때부터 삼림의학은 그의 핵심 연구 분야가 되었다.

킹 리는 환경의학자인 가와다 도모유키 Tomoyuki Kawada와 공동으로 수행한 수많은 연구에서 숲에 머무는 것이 도시 주민들에게 자연살세포를 대폭 늘려주고 활성화한다는 것을 밝혀냈다. 두 환경의학자는 삼림의학 연구를 위해 도쿄에서 수많은 실험 참여자를 모집했는데, 내가 보기에는 그때까지 수행된 연구에서 가장 중요한 것이라고 볼 수 있었다. 이들은 참여자들과 함께 도쿄 주변의 넓은 삼림 지역으로 출발했다. 인구 900만 명의 이 세계적인 대도시에는 도심에서 대중교통으로 갈 수 있는 거리에 자연보호구역이 있었다. 조사해보니 그중 가장 아름다운 곳은 도쿄 서쪽에 있었다. 예를 들면 이쓰카이치 선을 이용하면 바이오필리아 성향의 도시 주민은 도보로 미토 산까지 갈 수 있다. 숲이 드넓게 펼쳐져 있고 호수와 폭포까지 있는 산이다. 이는 음이온과 바이오필리아 박테리아, 테르펜이 풍부하다는 뜻이다. 이곳에 가고 싶은 사람은 무사시이쓰카이치 역에서 내려 거기서 직접 산으로 들어갈 수 있다. 접근하기 쉬워 가족 나들이에도 어울리는 지역이다. 도쿄에서 대부분 최신 차량이 딸린 급행 오메 선을 타고 미타케 역에서 내리는 사람은, 여기서부터 바위산인 히노데야마나 숲이 빽빽이 우거진 이와타케이시야마를 올라갈 수 있다. 세 번째는 주오 선으로 도쿄에서 멀리 떨어진 오기야마 산의 삼림지대로 연결해주는 노선이다. 산책로는 일본 수도의 서쪽 변두리에 있는 도리사와 역에서 시작한다.

리와 가와다는 숲에서 산책하기 전후로 도쿄에서 온 실험 참여자들의 혈액을 검사했다. 여기서 두 사람은 숲이 자연살세포를 크게 지원한다는 것을 확인했다.[60] 숲에서 하루를 보낸 뒤에 참여자들의 혈중 자연살세포는 40퍼센트 증가했다. 기본적인 방어 세포가 늘어났을 뿐만 아니라 실험분석이 보여주듯 활동도 더 활발해졌다. 그 밖에 혈중 중성 백혈구의 함유량이 증가했다.[61] 이것은 '응급처치 세포'로서 가능한 한 신속하게 혈류에서 벗어나고자 일종의 접착제를 이용해 혈관 내벽에 달라붙는다. 그러다가 어디서든 병원체가 몸 안으로 침입하면 중성 백혈구가 즉시 현장에 나타난다. 숲에서 하루 동안 체류했을 때의 긍정적인 효과는 도쿄로 돌아온 뒤에 다시 숲을 찾지 않아도 평균 일주일은 지속되었다. 이런 결과는 특히 도시의 바이오필리아와 관계가 깊다. 도시 체류와 삼림 체류가 인체의 면역체계에 미치는 효과에서 얼마나 차이가 큰지를 보여주기 때문이다. 하지만 이것이 전부가 아니다.

실험은 반복되었다. 이번에는 실험 참여자들을 도쿄 인근 숲으로 하루만 보낸 것이 아니라 이틀간 보냈다. 이때 자연살세포는 50퍼센트 증가했으며 더불어 활동력도 올라갔다. 이틀간의 체류는 하루 체류와 비교할 때 무엇보다 효과의 지속 기간에서 차이가 났다. 도시 주민들은 도쿄로 돌아온 뒤, 다시 숲을 찾지 않아도 한 달 동안 자연살세포의 수와 활동성이 증가한 것으로 기록상 확인되었다. 살세포 수준은 한 달이 지난 후에야 비로소 이틀간 숲에서 머물기 전의 기록인 '대도시 수준'으로 떨어졌다.

이에 따라 킹 리는 대도시 주민이 자신의 면역체계에 지속해서 효과를 내려면 적어도 한 달에 한 번씩 이틀간 숲에 머물러야 한다는 결론에 이르렀다. 물론 연속해서 이틀을 도시 부근 숲에서 머무를 수도 있다. 그렇다고 숲에서 밤을 보낼 필요는 없다. 온종일 돌아다니거나 운동할 필요도 없다. 숲의 공기를 들이마시거나 기체 형태로 숲에 있는 테르펜을 폐와 피부로 받아들이는 것만으로 충분하다. 여러 가지를 번갈아 할 수 있을 것이다. 가령 산책하거나 가만히 앉아 쉴 수 있고 버섯이나 산나물 채취 혹은 그루터기나 벤치에 앉아 책 읽기를 할 수도 있다. 아이들을 데리고 가면 숲속 빈터에서 함께 공놀이와 연날리기를 하거나 놀이터를 찾아볼 수 있으며, 전망대에 올라가거나 햇볕이 따사로운 곳으로 소풍 갈 수도 있다. 혹시 숲 주변에 식당이 있다면 잠시 이용할 수 있고 계절에 따라 빈터에 자리를 잡을 수도 있다. 도시 주변의 숲이라면 보통 분위기에 맞는 요리를 즐길 수 있다.

몇몇 아시아권 나라에서는 집중적인 숲 체험을 전통적으로 '삼림욕'이라고 부른다. 숲으로 들어가 건강을 증진하거나 병 치료를 돕는 것은, 예컨대 일본의 도시 주민에게 아주 인기가 높다. '신린 요쿠'는 1982년에 일본 농림성이 쓴 표현이다. 이와 똑같은 활동을 한국에서는 '삼림욕'으로 부른다. 하지만 건강을 지켜주는 삼림욕의 기원은 일본도 한국도 아닌 중국 문화에 있다. 삼림욕은 비교적 최근에 중국 문화에서 이웃 국가들이 차용한 개념이다. 중국어로는 '센린유'라고 하고 중국 문자로는 '森林浴'이라고 쓴다. 삼림욕의 기원이라고 할 센린유는 중국에서 기원전부터 시작한 오랜 발달의 역사가 있다. 이미 2,500여 년 전, 고대 기공氣功의 대가들은 부드러운 운동과 집중적인 호흡 수련을 통해 '숲의 기'를 끌어모았다. 삼림욕은 이 전통에 뿌리를 둔다. 중국의 전통 의술은 '기氣'라는 개념을, 자연과 모든 생명체에 파고들어 먼저 활기를 불어넣고 건강을 유지하게 해주는 일종의 생명 에너지로 이해한다. 인체 안에서 기는 '경락經絡' 체계의 형태로 조직되어 있다고 한다. 중국의 학설에 따르면 인체에서 최대의 에너지 중심은 '시아단티앤下丹田'으로 불리는 하복부에 있다. 전통적인 센린유의 호흡과 운동 수련은 숲과의 조화를 끌어내 수련자의 생명 에너지를 새롭게 해준다고 한다. 이 자연과학 이론에 따르면, 그때 숲의 기가 시아단티앤으로 수용된다는 것이다. 수련은 온몸과 신체 기관 그리고 정신이 균형을 이루는, 느리지만 집중적인 운동에 토대를 둔다. 센린유에서는 또한 온몸의 호흡운동을 하게 되는데 이때 소비된 공기와 유해 물질이 몸 밖으로 배출된다. 숨을 들이마실 때는 집중적인 호흡 기술 덕분에 활기찬 작용물질과 더불어 숲 공기가 폐 깊숙이 들어온다. 따라서 서양의학의 관점에서 보더라도 건강을 지켜주는 센린유의 효과는 이해가 된다. 나는 20여 년 전에 중국 전통 무술 챔피언인 리 시아오키Xiaoqui Li에게 배운 뒤로, 매일 숲이나 과수원에서 센린유와 기공 수련을 하고 있다. 남중국 출신으로 박사학위를 소지한 이 스포츠과학자는 그라츠 대학교에서 쿵푸와 태극권, 기공을 가르친다. 센린유가 신체와 정신에 미치는 긍정적인 효과는 나 자신의 경험으로 보증할 수 있다. 또 내가 도시 숲에서 진행하는 세미나에서도 센린유는 참가자들에게 언제나 효과 만점이다. 이 수련은 혈액순환과 세포의 산소 공급을 원활하게 해주고 경직된 근육을 풀어주며 숲과 조화롭게 결합한 느낌을 불러일으킨다.

공식적으로 최대의 센린유 휴양지는 '중화민국'이라 불리기도 하는 대만의 수도 타이베이 북쪽 구역 중간쯤에 있다. 대만은 거대한 중화인민공화국과는 별개의 독립국으로 자처하며 본토 중국과 끊임없이 갈등하는 관계에 있다. 어쨌든 휴양지는 인구 300만 명에 육박하는 대도시 타이베이에서 260번이나 303번 버스로 갈 수 있는 양밍 산 국립공원이다. 삼림욕 지정공원인 이곳은 113제곱킬로미터의 광활한 야생환경에 숲과 초지가 펼쳐져 있고 타이베이 경계 안에 있는 1,200미터 높이 화산인 치싱 산의 온천도 있다. 이런 예만 봐도 전통적인 삼림욕과 현대적인 대도시 문화가 얼마나 밀착할 수 있는지 분명히 드러난다.

삼림욕은 앞에서 언급한 대로 극동식의 운동 수련을 하지 않아도 건강증진 효과를 발휘할 수 있다. 단순히 숲에서 머무는 것만으로도 충분하다. 삼림욕을 할 때는 당연하지만 숲 공기를 아무리 많이 마셔도 나쁘지 않고 부작용도 없다. 따라서 여건이 허락한다면 자주 숲으로 가는 것이 좋다. 나는 개인적으로 기회가 생길 때마다 숲에 들어가거나 나무 밑을 찾는다. 요즘은 자동차를 몰고 가지 않아도 매일 숲을 찾을 기회가 얼마든지 있다. 도시 주민이라 해도 '제대로 된' 숲에서 삼림욕을 즐길 수 있다는 말이다. 이에 관해서는 곧 상세하게 다룰 것이다.

나무와 녹지대가 있는 평범한 공원의 효과도 과소평가해서는 안 된다. 리는 내게 "나는 일본 의과대학에서 의대생들을 위한 특별 프로그램을 진행하고 있어요"라고 말한 적이 있다. "매주 월요일 오후마다 여덟에서 열세 명의 학생이 나와 함께 도쿄 내의 공원으로 가서 두 시간 동안 도시 녹지대에서 삼림욕의 효과를 맛보고 있죠. 학생들은 삼림욕 전후로 설문지를 작성합니다. 이를 통해 대도시의 상투적인 공원도 인체 건강에 긍정적인 효과를 준다는 것을 입증할 수 있었습니다." 이처럼 공원의 효과는 무엇보다 신경정신 측면에서 설명할 수 있다. 여기저기 나무와 덤불이 있는 녹지대는 부교감신경계를 활성화한다는 것이 입증된다. 이 작용이 인체 기관과 세포를 갱생과 치유의 형태로 바꿔주는 '휴식 세포'다. 그 밖에 스트레스호르몬이 줄어들면서 긴장이 풀린다. 도심 공원에서 이러한 신경정신적인 효과가 두드러진다면, 활성화하는 작용물질이 풍부한 숲은 추가로 진정한 '자연의 약국' 기능을 한다.

숲속 공기는 천연 항암제

킹 리와 가와다 도모유키가 진행한 혈액검사에서는 삼림욕으로 자연살세포나 중성 백혈구가 증가하는 사실만을 보여준 것이 아니다. 숲에 머무를 때는 혈중 3대 단백질 수치가 늘어나는 결과도 낳았다. 암 발생을 막거나 종양을 제거할 때 인체 면역체계에서 중요한 역할을 하는 단백질이다.[62] 바로 퍼포린과 그라눌리신 그리고 이른바 '그란자임'의 세 가지다. 읽기 편하도록 앞으로는 '항암단백질'로 표기하기로 하는데, 그 기능에 딱 들어맞는 개념이라고 할 수 있다. 킹 리는 대화 중에 캘리포니아 스탠퍼드 대학교에서 연구하던 때를 떠올렸다. "2001년부터 2002년 사이 혈중 항암단백질 함량을 확실하게 파악하는 방법을 개발했어요." 또 자연살세포 속에 있는 단백질을 측정하는 데도 성공했는데, 이는 훗날 그가 삼림의학을 연구하는 데 도움이 되었다고 한다. 3대 항암단백질은 어느 정도는 암세포로부터 신체를 방어할 때 자연살세포의 무기로 쓰인다. 그러니까 암으로 번질 수도 있는, 잠재적으로 위험한 세포를 죽이는 데 투입된다. 이때의 세포는 이미 인체 내에서 돌연변이를 일으켜 세포의 자연사로 죽기를 거부하는 세포들이다. 예정된 세포의 사멸은 신체 기관의 갱생과 기능 유지를 위해 중요하다. 늙은 세포가 새 세포에 자리를 내어줌으로써 인체는 건강을 유지한다. 그러나 세포가 돌연변이로 내부의 생체시계를 뛰어넘을 때, 세포는 증식함으로써 종양으로 자라날 수 있는데, 종양은 변질된 DNA를 지닌 거친 암세포로 이루어졌다. 이 과정을 방해하는 것이 바로 자연살세포다. 자연살세포는 DNA 손상을 인식하고 위험한 세포를 감지하며 항암단백질의 도움으로 포문을 연다. 이를 확대한다면 조그만 투석기를 투입하는 것으로 상상할 수 있다. 항암단백질이 미세한 단백질 공의 형태로 세포막을 향해 발사되는데, 세포막은 위험한 세포의 외부 막에 해당한다. 그 막의 한 곳을 뚫고 들어가 위험한 세포를 독살한다. 말하자면 위험한 세포가 고분고분하지 않을 때 사멸하여 자리를 비우도록 강요하는 것이다. 인체에서는 이런 과정이 끊임없이 진행된다. DNA 손상은 지속적으로 수리되고 이미 언급했듯이 잠재적인 암세포는 제거된다. 숲의 테르펜은 항암단백질의 생성을 촉진하므로 숲의 공기는 항암물질로 표현할 수 있다. 이 물질은 암에 대한 인체 면역체계의 자연 방어 메커니즘을 지원함으로써 종양이 발생할 위험을 줄여준다.

항암단백질은 예방에 효과가 있을 뿐만 아니라 기존의 종양을 제거하기 위해 자연살세포에 의해 이용되기도 한다. 그러므로 규칙적인 삼림욕은 암 치료를 뒷받침하는 효과를 누릴 수 있다. 삼림의학은 보완 대체 의학으로, 다시 말해 전통 의학 치료에 대한 보완 기능으로 이해하면 된다. 삼림의학은 증거를 기반으로 한다. 설득력 있는 현대적 방법으로 얻은 과학적 인식을 토대로 한다는 말이다. 실험실에서 행하는 혈액검사를 그 예로 볼 수 있다. 삼림의학자인 킹 리는 또 다른 측면에서 자신의 인식에 대한 안전장치를 해놓았다. 예컨대 그는 비용이 드는 통계 연구를 수행하기도 했는데, 일본의 모든 현과 군을 망라했다. 즉, 도쿄와 요코하마, 오사카 같은 대도시의 도심 구역은 물론, 소도시와 시골 지역까지 통계에 포함했다. 리는 주민의 건강 자료를 평가하고 그것을 주민들이 사는 지형과 연관시켰다. 그 결과 통계적으로 볼 때 숲이 우거진 지역에서는 숲이 없는 지역이나 도시에서보다 암으로 사망하는 사람이 훨씬 적다는 사실이 밝혀졌다.[63] 빈 대학교의 비뇨기과 전문의인 마르틴 마르스찰레크Martin Marszalek와 슈테판 마더스바허Stephan Madersbacher가 1만 5,000명에 가까운 환자의 데이터를 평가한 최신 연구에서는 신장암 환자의 경우, 도시에 사는 사람보다 시골에 사는 사람의 생존확률이 더 높다는 것이 드러났다. 흥미로운 점은 이런 생존의 이점이 수술받지 않은 사람들, 즉 암세포에 대한 화학치료의 부작용을 견디는 대신 특별히 자연의 저항력에 의존한 환자집단에서 유난히 두드러졌다는 것이다.[64] 이것은 도시 환경이 시골 환경보다 인체 고유의 치유력과 재생력에서 약점이 있음을 보여준다. 그러나 나는 완벽을 도모하기 위해 주민을 위한 의료시설이 열악한 시골보다 오히려 의료혜택이 더 나은 도시 생활이 장점이 될 수 있음을 잊지 않고 있다.

시카고 대학교의 신경심리학자 마크 버먼Marc Berman의 연구에서는 대도시에 나무가 많을수록 도시 주민의 건강 상태가 극적으로 호전된다는 것이 드러났다. 심혈관질환이나 당뇨병, 암 같은 전형적인 문명병은 약물을 투여하는 것과 마찬가지로 도시에 나무를 심는 방법으로 감소하기도 한다.[65] 이처럼 도시의 바이오필리아를 위한 연구가 큰 의미를 지님에 따라 이에 관해서는 다시 상세하게 다루기로 한다.

도시 사람들에게 규칙적인 삼림욕은 다른 이유에서 보더라도 중요하다. 자동차와 공장 때문에 도시 공기에 엄청나게 축적되는 미세먼지와 환경오염 물질의 대부분은 인체에 활성산소를 형성하는 결과를 낳는다. 활성산소는 극단적으로 반응하는 화합물이자 미립자로서 자체의 결합대상을 찾는 과정에서 멋대로 날아가는 놀이용 원반처럼 인체 속을 질주하다 해를 끼칠 수 있다. 활성산소는 세포에서 DNA의 구성요소를 찢어내어 암 발생률을 높인다. 이러한 DNA 손상은 하루에도 수백, 수천 번씩 일어난다. 이 때문에 손상을 파악하고 병든 세포를 솎아내는 자연살세포와 항암단백질의 작업이 중요하다. 도시 생활은 활성산소를 발생시키는 오염물질에 더 노출되는 결과로 이어지고, 동시에 유해 물질이 없는 자연환경에 비해 균형추로서의 살세포와 항암단백질은 더 적다. 즉, 도시의 생활공간에서는 힘의 균형이 무너진다. 규칙적인 삼림욕은 이때 균형을 유지하도록 도와준다. 바로 여기에 문제의 핵심이 있다. 삼림의학은 인체의 면역체계에서 일어나는 과정에 균형을 잡아주는 방법이다. 그 결과 매일 우리 몸에 들어오는 바이러스와 박테리아, 오염물질, 활성산소 같은 수없이 많은 외부의 영향은 병을 일으키는 대신 인체의 방어 능력을 통해 통제받는다. 이런 시각에서 볼 때 숲의 공기가 인체의 면역체계를 '강화'하거나 자연살세포와 항암단백질의 혈중농도를 높여준다고 말하기보다 현대 산업사회의 삶과 도시 생활이 자연 상태보다 면역체계의 '약화'를 낳는다고 말할 수 있을 것이다. 이렇듯 인체가 약화하는 것은 자연과 분리된 생활에서 나오는 현상이다. 도심 생활과 산업의 영향은 우리에게서 자연의 생존공간을 차단했다. 우리의 일상생활에는 자연의 물질(음이온, 토양미생물, 숲 공기의 테르펜)이 없다. 진화의 측면에서 볼 때 인간은 자연에서 나왔고 자연과의 상호작용 속에서 발달해왔다. 인간은 타고난 바이오필리악이다. '호모 사피엔스' 유기체는 수십만 년 전부터 자연 물질의 영향 아래서 생존하며 기능을 유지하고 있다. 예를 들어 '호모 에렉투스'처럼 더 오랜 조상의 시간까지 헤아린다면, 우리가 테르펜이나 자연의 작용 물질과 상호작용해온 지는 200만 년은 될 것이다. '오스트랄로피테쿠스' 속처럼 더 초기의 인류로 거슬러 올라간다면, 인간이 자연의 생명세계로부터 영향받은 지는 400만 년도 넘는다. 인간은 상상할 수 없이 긴 시간 동안 자연에 '맞춰져' 왔다. 이 시간의 크기로 볼 때, 인간이 대도시에서 산 것은 '순간'에 지나지 않는다. 자연의 존재인 인간이 생명에 활력을 주는 자연의 물질과 분리됨으로써 병의 발생에 책임이 있다는 것은 의문의 여지가 없다. 사람들이 점점 더 파괴하는 자연의 생존공간으로부터 인간 유기체는 영향을 받지 못한다. 거기에 병을 유발하는 오염물질까지 있다.

나는 여기서 시골 생활이라 해서 자동으로 온전한 환경의 삶을 보장하지 않는다는 점을 지적하고 싶다. 유럽의 숲은 대부분 벌목되었고 오늘날 평지는 농업기업이 경영한다. 살충제와 비료가 환경을 오염하고 있으며 공장들은 도시와 똑같은 유해 물질을 시골에 배출한다. 광활한 삼림구역은 이제 생태균형을 찾아볼 수 없는 가문비나무 단일재배로 그 기능이 바뀌었다. 식물사회학Pflanzensoziologie(식생 또는 식물군락을 연구하는 식물생태학의 한 분야-옮긴이)이 심각하게 영향을 받고 공기 중에 테르펜 함량은 떨어지며 온전한 토양 생명이 실현되지 못하는 실정이다. 또 많은 지역에서는 시골 사람들에게조차 테르펜과 음이온, 바이오필리아 박테리아, 그 밖에 건강한 자연 물질이 부족하다. 이런 배경에서 앞서 언급한 삼림의학자 칭 리의 연구는 대도시뿐 아니라 삼림 벌목 지역에서도 암 사망률이 증가했음을 보여준다.

문제는 테르펜이다

칭 리가 나와의 대화 중에 말했다. "사람들이 삼림의학을 의심하면, 언제나 내 실험에서 나온 데이터를 보여줍니다. 그러면 지금까지는 누구든지 숲이 인체 건강에 긍정적인 영향을 준다는 사실을 이해했어요." 리는 자신의 성과를 여러모로 확인해주는 빈틈없는 안전조치를 취했다. 공교롭게 부근에 나무라고는 단 한 그루 없는 도쿄의 호텔이라 해도, 그는 인체의 면역체계와 거기서 쓰이는 항암 무기를 강화해주는 테르펜이 실제로 숲의 공기에서 나왔음을 증명할 수 있었다. 지구 어디서나 숲의 공기는 테르펜으로 가득 찼다는 것, 그리고 테르펜이 식물의 사회적 생활이나 면역체계에서 유래한다는 것은 이미 오래전에 알려졌다. 연구진은 삼림의학 연구가 진행되는 도쿄 부근의 삼림구역에서도 기체 형태의 테르펜을 발견했다. 일본 쓰쿠바 시의 임업 및 임산물 연구소에 근무하는 삼림생태학자 오히라 다쓰로Tatsuro Ohira와 마쓰이 나오유키Naoyuki Matsui는 숲을 누비며 어떤 종류의 테르펜이 특히 출현 빈도수가 높은지를 기록했다.[66] 리와 그의 연구팀은 정확하게 그것이 인체 면역체계와 관련해 삼림욕의 긍정적 효과를 내는 테르펜이라는 가설을 세웠다. 그리고 그 가설을 검증하기 위해 수많은 실험 참여자를 모집했다. 이때 도쿄의 호텔이 실험조건을 통제할 수 있는 실험실 기능을 했다. 연구팀은 참여자들을 동일한 시설을 갖춘 방에 연속해서 3일간 숙박하게 했다. 그리고 잠자는 동안 자동으로 가동하는 천장 증발기를 설치했다. 한 집단의 경우, 실내공기는 노송나무 줄기에서 식물성 정유 ätherische Öle가 증발하는 동안 테르펜이 축적되도록 했다. 숲에서 유난히 많이 발견되는 테르펜을 함유한 나무였다. 그 밖에 도쿄 주변의 실험구역에는 노송나무가 자란다. 나머지 한 집단은 밤 동안 실내공기에 플라세보로 수증기만 공급받았다. 매일 아침 의사들은 혈액검사를 하고 혈중농도를 실험 전에 측정한 수치와 비교했다. 여기서 (숲에서와 똑같이) 테르펜을 공급받은 집단에서 자연살세포와 중성 백혈구, 항암단백질이 밤마다 뚜렷하게 증가했다는 사실이 드러났다. 반대로 플라세보 집단은 변화가 없었다.[67]

킹 리는 이 결과를 좀 더 확실하게 뒷받침하기 위해 마침내 일본 의과대학의 실험실에서도 실험했다. 대화 중에 그는 기억을 떠올리며 다음과 같이 말했다. "나는 5일간 테르펜으로 시험관에 인체 면역세포를 배양했어요. 그리고 나서 자연살세포의 활동력이 테르펜을 통해 왕성해진 것을 확인했죠."[68]

두 가지 실험, 즉 호텔에서나 실험실의 세포배양에서 피넨과 리모넨이라는 화학적인 명칭의 테르펜이 시네올 다음으로 가장 효과가 뛰어나다는 사실이 입증되었다고 한다. 이 세 가지 테르펜은 가령 유럽소나무와 독일가문비나무, 전나무, 히말라야삼나무, 우산소나무, 실측백나무, 노간주나무, 로즈메리, 그 밖의 침엽수에서 나온다. 즉, 나무나 관목이 자라는 지구상의 모든 식생대에서 나온다고 보면 된다. 말하자면 숲의 공기에서 '세계화한' 테르펜이다. 하지만 인체 건강에 긍정적으로 작용하는 것이 이 나무들만 있는 것은 아니다. 앞에서 말한 대로 활엽수나 버섯 같은 다른 식물도 테르펜을 배출한다. 삼림의학 연구에서는 이소프렌 분자도 자연살세포와 항암단백질을 강화한다는 사실이 입증되었다. 이소프렌은 숲의 공기에서 나오는 모든 테르펜의 기본 단위이므로 나무가 배출하는 모든 테르펜은 다소간 인체에 건강 증진 효과를 일으키는 것이 틀림없다. 활성 작용을 하는 숲의 수많은 테르펜을 검사하려면 훨씬 더 많은 연구가 필요할 것이다. 어떤 경우를 막론하고 우리는 숲의 공기에서 나오는 '칵테일 효과'가 밀폐된 공간에서의 증발 장치와 비교할 때 말할 수 없이 크다는 전제에서 출발한다. 물론 앞에서 설명한 도쿄의 호텔 실험에서도 증발 장치를 통한 면역기능의 상승이 뚜렷한 것은 사실이다. 이 역시 학술적인 측면에서는 중요한 의미가 있지만, 다만 숲이 인체에 제공할 수 있는 수준에는 미치지 못했다. 내가 강조하는 것은 킹 리 연구팀이 실험에서 행한 대로 도시나 시골의 병원에서 증발 장치를 이용해 테르펜이 함유된 식물성 정유를 배출하는 것이 매우 중요한 의미가 있다는 것이다. 이 물질을 배출하는 나무는 무엇보다 유럽소나무와 독일가문비나무, 전나무로, 유럽과 북아메리카에서는 피넨과 리모넨이라는 이름의 테르펜이 가장 풍부하게 나오는 자연의 원천이라고 할 수 있다. 적송은 이 대륙에서 선두주자에 해당하는데, 특히 줄기나 잎, 솔방울에 고농도의 피넨을 함유하고 있다. 서양해송과 다른 소나무 속 식물 역시 식물성 정유의 테르펜이 아주 풍부하지만 적송에는 미치지 못한다. 나는 모든 소나무 속을 보통 '삼림의학의 귀부인'으로 표현하며 그중에서도 적송은 '삼림의학의 여왕'으로 부른다. 남유럽과 미국 남부에서는 히말라야삼나무, 우산소나무, 실측백나무도 지역적으로 테르펜의 원천이라고 할 수 있다. 그러므로 병실에는 식물성 정유의 증발 장치만이라도 갖춰야 한다. 대개 환자는 병실을 떠나거나 숲 지역으로 이동할 기회가 없기 때문이다. 증발 시설을 갖춘다면 환자는 밤에도 자연의 원천에서 나오는 테르펜을 흡수할 수 있을 것이다. 무엇보다 면역력이 약해진 환자나 면역기능 강화를 통해 치료확률을 높이는 환자들이 큰 혜택을 볼 수 있을 것이다. 암 환자는 말할 나위도 없다. 앞으로 삼림의학 연구를 위해 제기되는 중요한 문제는 면역기능에 크게 좌우되는 에이즈 양성판정을 받은 사람이 숲의 테르펜으로부터 얼마나 혜택을 보는가이다.

평소 나무와는 아무 관계도 없는, 세계 각처의 연구자들은 실험실 연구에서 삼림의학자들과 비슷한 결과를 얻었다. 이로써 삼림의학의 미래지향적 인식은 타 연구 분야에서도 지원받는 셈이다. 미국 내슈빌에 있는 밴더빌트 대학교의 암 연구가인 로슬린 토필 Roslin Thoppil과 마이애미의 라킨 보건과학연구소의 약학 교수 아누팜 비샤이 Anupam Bishayee는 삼림의학과는 전혀 무관하게 악성종양에 듣는 테르펜의 효과를 확인했다. 이들은 세계 곳곳의 연구센터에서 행한 실험을 분석하고 그 결과를 요약했다. 여기서 암 전문가들이 세포배양을 통해 종양에 듣는 식물 테르펜의 효과를 벌써 여러 번 입증했다는 사실이 드러났다.[69] 이것은 테르펜이 암세포를 죽이거나 세포 분열률을 낮추는 형태로 직접적인 효과를 내기도 한다는 것을 의미한다. 동시에 테르펜이 자연살세포를 활성화하거나 증식시킨다는 것도 실험실의 실험에서 증명되었다.[70] 세계적인 암 연구가들은 오래전부터 의학적으로 종양을 치료할 때 테르펜을 투여하고 있다. 삼림의학자들과 마찬가지로 암 연구가들도 리모넨과 피넨 같은 테르펜을 효과가 가장 뛰어난 것으로 보았다.[71] 종양학자들은 실험실 실험에서 리모넨이 유방암의 80퍼센트를 가라앉히거나 사라지게 한다고 기록했다.[72] 식물에서 배출되는 다른 테르펜과 마찬가지로 피넨과 리모넨은 피부암이나 신장암, 간암, 폐암 등 여러 종양 치료에서 효과를 발휘했다.[73] 이들 테르펜은 종양세포의 세포사를 유도하고 그 활동을 억제한다. 미래의 암 치료제로서 가능성을 인정받은 탓에 요즘 과학자들이 그 흔적을 집중적으로 추적하고 있다. 말하자면 암 연구가들 사이에서는 부작용이 없고 개발 내성을 유발하지 않는 효과적인 치료 방법으로 화학요법을 대체해야 한다는 점에서 폭넓게 의견이 일치한다. 암세포는 (항생물질에 저항하는 세균과 유사하게) 화학요법제에 내성이 생길 수 있기 때문이다. 모든 세포는 자체적으로 독을 내뿜는 일종의 초미세 '펌프'를 가동할 능력이 있다. 개별적인 종양세포는 이 펌프를 이용해 화학요법의 작용물질에서 다시 빠져나가는 법을 배울 수 있다. 이 세포가 치료 과정에서 살아남는다면 세포분열을 통해 거기에 새 종양이 생길 수 있고 이 종양에는 화학요법이 더 이상 통하지 않게 된다. 이와 같은 끔찍한 현상을 피하려면 새로운 약제를 개발해야 한다. 테르펜은 이런 개발의 출발점으로 진지하게 고려될 수 있다. 이미 테르펜 기반의 암 치료제가 투여되고 있다. 이 약제의 기본 물질이 바로 주목의 껍질과 잎에서 추출하는 택솔이라는 테르펜이다.[74] 현재 택솔은 알래스카 해안과 중부 캘리포니아에 자생하는 태평양주목이나 유럽주목에서 얻고 있다. 우리가 기체 형태로 숲의 공기에서 받아들이는,

그리고 인체 방어 메커니즘의 강화에 효과가 있는 대부분의 테르펜과 달리, 택솔은 약제로 고농도를 처방할 때 직접 종양세포를 해치기도 한다. 암세포의 세포분열을 억제한다는 말이다. 따라서 택솔은 (적정량을 투여할 때는) 의약 효과와 부작용을 지닌 화학요법제의 기능을 한다. 약학에서는 파클리탁셀이라는 이름의 작용물질이 유명하다.[75] 주목에서 추출하는 택솔은 특히 폐와 기관지, 췌장, 전립선, 난소 등의 종양에 투여한다. 유방암에 투여하는 경우는 특정 상태에서만 의미가 있다. 2007년 《뉴잉글랜드 의학 저널*The New England Journal of Medicine*》에 발표된 한 논문은 택솔이 전문용어로 'HER2 양성 유방암'으로 불리는 특정 유전형의 유방암에 특효가 있다는 사실을 보여주었다.[76] 여기서 문제가 되는 것은 환자의 약 20퍼센트에 해당하는 유방암으로, 빨리 자라고 몸 안에 급속하게 퍼지는 공격적인 형태의 암이다. 종양세포에 대한 유전적인 연구는 유방암 환자가 그런 종양에 시달리고 있는지, 아니면 더 빈번하게 나타나는 형태로서 덜 공격적인 'HER2 음성 유방암'에 시달리는지에 관한 정보를 제공한다.

택솔은 다양한 종류의 주목에 고농도로 함유된 탓에 생물학자들은 주목의 종에 따라 의학적으로 효과가 있는 테르펜의 이름을 붙였다. 이 테르펜은 과학적으로 '주목 속'이라는 이름이 붙는다. '택솔'이라는 명칭이 이미 오래전부터 나무에서 나오는 자연 물질로 불리기는 하지만, 세계적으로 유명한 제약회사의 상품명으로 보호받는 것이 놀랍지는 않을 것이다. 이런 배경에서 세계 각국의 생물학자와 의학자들은 '택솔'이라는 표현을 주목에서 나오는 테르펜으로 주저 없이 부르며 폭넓게 사용한다. 지금까지 그로 인해 법적인 문제가 불거진 적은 없다. 그러나 테르펜이 암 치료제가 되어 좀 더 광범위한 시장을 기반으로 장차 제약 기업을 위한 역할을 한다면 사정은 달라질 것이다.

지금까지 열거한 모든 실험은 도시 공기에 테르펜을 배출하면 도시 주민의 건강에 크게 이바지할 수 있음을 보여준다. 도시에 나무와 혼합림을 더 많이 심고 조성할수록 도시의 테르펜 농도는 더 높이 올라가고 그만큼 도시의 숲은 주민들에게 더 많은 테르펜을 흡수하도록 해줄 것이다.

식물성 테르펜은 염증을 억제하는 효과가 있다. 테르펜은 기관지염이나 염증성 폐 질환, 천식, 염증성 피부질환(피부염), 이비인후 점막의 염증, 고통스러운 관절염을 가라앉힌다. 흡연으로 인한 기도 염증도 테르펜 실험에서 똑같이 진정되는 것으로 나타났다. 따라서 도시의 폐기가스에서 나오는 미세먼지가 일으키는 염증도 테르펜을 통해 약화할 수 있다는 것이 쉽게 이해된다. 그 밖에 의학적으로 이용되는 삼에서 나오는 물질로 파킨슨병에 듣고 알츠하이머병에 도움 되는 것 역시 테르펜이다. 이것은 카리오필렌이라는 이름이 붙어 있다. 바질과 로즈메리, 오레가노, 캐러웨이, 정향 등에서 발견되는 이 천연 물질은 파킨슨병과 알츠하이머병 환자의 뇌 속에서 신경세포에 염증이 생기는 것을 막아주며 이를 통해 병의 진행을 늦춰준다.[77]

다양한 테르펜이 뇌와 온몸의 신경세포에 염증이 생기는 것을 막아주는 의학적 효과가 있음이 수많은 연구에서 증명되었다. 음이온과 바이오필리아 박테리아와 비슷하게 숲 공기의 테르펜도 염증 억제에서부터 정신질환의 완화에 이르기까지 다양하게 효과를 낼 수 있다는 말이다. 뇌 속의 신경염과 정신질환의 상관관계에 관해서는 이미 설명했다.

그 밖에 숲에서 산책하면 부신피질 속에서 DHEA(디하드로에피안드로스테론)라는 이름의 심장보호 물질이 더 많이 생산된다. 이 같은 남녀 성호르몬의 초기 단계는 혈관의 회복력을 높여주고 이를 통해 혈관은 관상동맥성 심장병을 예방하고 심근경색으로부터 우리를 보호해준다.[78]

자연의 팀 플레이어

자연에서는 모든 것이 모든 것과 결합하고 있다. 만물이 서로 영향을 준다. (내가 숲의 치유력 삼총사로 부르는) 음이온과 바이오필리아 박테리아, 테르펜은 각 효과를 통해 상호 지원한다. 비 온 뒤에 혹은 안개 낀 날씨에, 숲의 공기에서는 유난히 많은 테르펜이 퍼져나간다. 식물의 생명 과정이 풍부한 수분 공급을 통해 자극받고 나무가 더 활동적으로 되기 때문이다. 그 밖에 비와 안개는 숲의 공기에 음이온이 증가하도록 하고, 동시에 나무를 통한 테르펜 생산을 활발하게 한다. 따라서 습도가 높은 날씨는 숲의 의학적 작용물질 실험실을 위한 일종의 '모터' 구실을 한다. 또 습도는 토양미생물의 활동을 촉진하기도 하는데 이것은 나무의 건강은 물론 인체의 건강에도 긍정적인 기능을 한다. 축축한 땅에서 번창하는 균근은 숲의 식물들을 서로 네트워크로 연결해주고 물을 공급해줄 뿐만 아니라 식물을 통해 테르펜 배출을 늘려주기도 한다. 그런 다음 가스 형태의 테르펜이 증발해서 사라지지 않도록 수관을 통해 제자리를 지킨다. 숲의 '유기체'는 그것이 만들어내는 활성화 물질이 숲의 공기에 머물도록 관리한다. 이는 숲의 존재인 사람의 건강에 이롭다. 테르펜 농도는 땅 위 1~2미터 위치에서 가장 높기 때문이다. 이 높이는 정확하게 인체의 호흡기관이 자리한 공기층이다. 인간은 결국 숲의 공기에서 활성화 물질이 가장 풍부한 층을 호흡하는 것이다. 테르펜 농도는 숲 한복판에서 가장 높다.

도시에 나무 심기는 대도시에 테르펜을 부르기 위한 훌륭한 출발이다. 하지만 가로수나 공원의 나무는 삼림생태계 속에 축적되지 않는다. 이들 나무의 테르펜은 숲에서보다 빨리 날아간다. 숲에서는 지붕처럼 우거진 나무가 폐쇄된 구조라서 자체적으로 폐쇄된 미기후를 생성하고 이것이 촘촘히 쌓인 건강 물질을 풍부하게 만들어준다. 이런 이유로 앞으로는 공원의 나무나 가로수뿐만 아니라 도시 숲을 더 많이 조성하는 것이 중요하다.

인간생물학Humanbiologie의 최신 인식에 따르면, 인체의 면역체계는 복잡하고 소통 능력이 있는 감각기관으로 간주한다. 그것은 유기적 안테나 혹은 생물학적 레이더 시스템처럼 우리 주변을 끊임없이 감시한다. 흐리거나 비 오는 어느 봄날 러시아워 때 도시철도를 타고 먼지 낀 도심을 벗어나 녹지대로 나간다고 상상해보라. 그러고는 숲이 있는 교외의 한 정거장에서 내리는 것이다. 인체의 생물학적 레이더 시스템, 즉 면역체계를 지닌 상태에서 당신은 폭우가 내린 뒤에 안개 낀 봄날의 숲으로 들어간다. 이제 나무와 관목, 버섯, 미생물의 활동이 유난히 활동적인 환경이 펼쳐진다. 수관에서는 테르펜의 형태로 화학적 '무선통신'이 숲으로 송신된다. 식물 세계에서는 열심히 소통이 이루어지고 식물의 면역체계는 비에 젖은 주변 환경에 혹시 병원체가 없는지 유심히 살핀다. 당신의 면역체계도 이 생태적 네트워크로 자체 안테나를 내뻗는다. 이것은 복잡한 감각기관이지만 숲과는 아주 친숙하다. 면역체계는 진화의 역사를 거친 뒤 숲에서 완전히 '편안한' 느낌을 받으며 테르펜과 교류한다. 그것은 식물 자체와 비슷하게, 즉 방어력이 활성화하고 증강된 상태에서 반응한다. 자연살세포가 늘어나고 활동이 강화된다. 잠시 후에는 더 많은 항암단백질이 혈액 속에서 순환하며 중성 백혈구(응급처치 세포)도 늘어난다. 당신의 면역체계는 어떤 방식으로든 나무의 소통에 참여한다. 숲에서는 자연의 거대한 제어회로와 결합한다고 말할 수 있을 것이다. 이 자체도 자연의 일부다.

호흡할 때마다 당신의 폐로 더 많은 테르펜과 음이온이 흘러 들어간다. 바이오필리아 박테리아는 장에까지 들어가 활동하며 거기서 면역체계에 긍정적인 효과를 발휘한다. 섬모가 활동을 펼치고 기도의 점막을 청소한다. 숲의 치유력 삼총사 덕분에 몸 안에서는 염증이 줄어들고 폐가 정화된다. 도시의 폐기 가스와 미세먼지가 차단되는 동안 신선한 숲의 공기가 폐엽으로 흘러 들어간다. 당신의 몸은 본래의 자연 상태에 가까워진다. 유기체로서 균형을 잡는 것이다. 하지만 당신의 몸과 정신에서는 훨씬 더 많은 일이 일어난다. 숲은 쫓기듯 살아가는 대도시 생활과 질식할 것만 같은 학교와 직장의 일상, 사회적으로 부담을 주는 상황과 걱정거리를 떨쳐버리기에 완벽한 장소다. 숲은 스트레스에 쌓인 도시 주민을 이른바 '탈진증후군'이나 병을 유발하는 만성 스트레스 부담으로부터 보호해줄 수 있다. 자연은 새로운 아이디어와 새로운 문제 접근법을 위해 영감을 주는 곳이기도 하다.

나를 따라 대도시를 여행한다고 생상해보라. 앞으로 지구상의 대도시 어디서나 찾을 수 있는 삼림 지역과 천연 오아시스로 떠나는 여행이 될 것이다. 나와 함께 도시에서 삼림욕의 가능성을 타진해보고 대도시에 있는 숲속 유치원을 방문하는 것이다. 쫓기듯 사는 도시 생활로부터 지친 당신의 유기체가 자연의 치유력 덕분에 어떻게 긴장 해소와 재생의 형태로 변하는지 (세포 단위에 이르기까지) 이 여행에서 체험해보라. 도시의 바이오필리아가 즉시 살아 움직이는 것을 알게 될 것이다. 생명애가 넘치는 도시의 미래로 '시간 여행'을 떠날 준비를 하라. 도심에서는 '살아 숨 쉬는' 생태계와 생생한 하천이 흐를 것이며 마천루는 흰개미 집처럼 보일 것이다. 주택의 정면은 밀림처럼 초목으로 우거져 있을 것이고 건축가들은 도시를 설계할 때, 인체의 두개골 깊은 곳에 있는 R 복합체 Reptiliengehirn(인간의 뇌에서 가장 원시적인 부분인 '파충류의 뇌'를 말함-옮긴이)를 고려할 것이다. 도시 공기에는 활성화된 식물성 물질과 폭포 플라스마가 풍부하게 들어 있을 것이고 나무 심기로 건강보험료가 내려갈 것이다. 도시의 병원은 자체의 치유 삼림을 운영할 것이고 도시 주민은 누구나 온전한 생존공간과 건강한 녹색 직장의 권리를 누릴 것이다. 인간은 타고난 바이오필리악이기 때문이다. "자연과 분리될 때 우리는 퇴화한다. 자연과 더불어 살 때 우리는 편하게 산다." 미국의 환경운동가인 하워드 자나이저 Howard Zahniser(1906~1964)는 이것을 알았다. 그는 미국의 자연보호법이 만들어지는 데 결정적인 공헌을 한 사람이다.[79]

II

도시의 바이오필리아

도시 주민을 위한 삼림욕

인간이 자연과의 접촉에 의존하는 것은 인위적이고 구조적인 세계가 아니라 자연의 세계에서 진행된 인간 진화에 따른 결과다.[80]

스티븐 켈러트 Stephen R. Kellert, 예일 대학교 사회생태학 soziale Ökologie 교수

2017년 6월, 플리트비체 국립공원의 호수를 떠나 돌아오는 길에 나는 꼿꼿하게 뻗은 세 그루의 유럽소나무가 있는 곳을 다시 지나게 되었다. 호수의 바위 돌출부 위로 우뚝 솟은 나무들은 마치 '그들의' 골짜기를 지켜보는 것 같았다. 나는 이 침엽수가 가장 열심히 테르펜을 생산하는 나무에 속하며, 특히 소중한 피넨을 다량 배출한다는 사실을 잘 알고 있었다. 그래서 바위 가장자리로 가파르게 다져진 길로 올라가 3대 '삼림의학의 귀부인'이 있는 곳으로 향했다. 한 그루의 나뭇가지에 얼굴을 가까이 대고 심호흡해보았다. 식물성 정유의 강렬한 기운이 방향요법을 받을 때처럼 내 콧속에 퍼져나갔다. 또 솔방울 몇 개를 잡고 냄새를 맡아보았다. 역시 유럽소나무에서 나는 식물성 정유 냄새가 났다. 오후 늦은 시간의 햇빛이 바닥을 가열하고, 떨어진 솔방울과 솔잎과 껍질 조각의 식물성 정유를 액화하는 바람에 테르펜은 더 쉽게 증

발하면서 공기로 배출될 수 있었다. 이곳의 바닥은 기체 형태의 소나무 테르펜이 흘러나오는 일종의 '방향 카펫'이 되었다. 태양의 온기는 삼림의학자 킹 리가 도쿄의 호텔 실험에서 증발 장치로 실행했던 것과 똑같은 것을 만들어냈다. 나는 나무 둘레를 온통 가득 메운 식물성 정유의 상쾌한 향기를 감지했다.

전차를 타고 산속으로

플리트비체 호수로 여행을 다녀온 뒤, 나는 도시의 바이오필리아에 온 신경을 집중했다. 도시 답사를 시작하게 될 줄은 거의 생각지도 못했다. 돌아오는 길에 크로아티아의 수도인 자그레브를 지나오게 되어 있었다. 서부 발칸 지방의 대도시 가운데 하나로 시내 인구는 약 80만 명, 시 구역 전체 인구는 약 110만 명에 이른다. 이 기회를 이용해 자그레브에 잠시 머무르기로 했다. 그러고는 숲의 치유력 삼총사를 찾아 나서기에 적당한 곳을 물색했다.

이튿날 아침 구시가지의 반 옐라치치 광장에서 식사하는 동안 나는 지도를 들여다보았다. 북서쪽에 있는 메드베니차 산이 시내까지 이어진 것을 확인했다. 연봉으로 이어진 산맥의 남동쪽 줄기 전체가 시 경계 안에 있었는데, 시 경계는 정치적인 배경에서 산등성이를 따라 나 있었다. 지도는 그 구역을 삼림지대로 표시해놓았다. 나는 거기서 자그레브의 바이오필리아 효과를 찾아볼 생각이었다.

"실례지만, 독일어 하시나요?" 나는 테이블의 빈 잔을 치우러 온 종업원에게 물었다.

"조금요"라고 종업원이 부드러운 남슬라브 악센트로 친절하게 대답했다.

"이곳에 가고 싶은데요." 나는 손가락으로 지도에 표시된 북서쪽 교외의 메드베니차 산을 가리키며 기준점이 될 만한 곳을 찾았다. 내 시선이 마침내 산맥의 한 줄기를 형성하는 슬레메 산에서 멎었다. 나는 그곳을 가리키며 결심한 듯 말했다. "이 산에 가고 싶습니다. 그런데 대중교통으로 왔거든요."

"상관없어요"라고 종업원이 대답했다. 그는 대중교통망의 정거장 하나를 가리켰다. 반 옐라치치 광장은 도심 한복판의 환승센터라서 모든 전차 노선이 정차한다. "14번 전차를 타고 종점인 미할레바츠까지 가면 돼요." 종업원은 정거장 표시가 있는 지도상의 한 곳을 가리켰다. 놀랍게도 산기슭에 있는 정거장이었다.

"그게 끝인가요?" 내가 다시 물었다.

"네. 거기서부터는 걸어서 산으로 가면 돼요."

"아주 간단하군요!" 나는 친절한 종업원에게 고맙다고 인사하고 계산한 다음, 배낭을 둘러메고 정거장으로 갔다. 잠시 후 전차가 도착했다. 목적지까지 가는 데 30분 정도 걸렸다. 가는 동안 자그레브의 다양한 모습에 깊은 인상을 받았다. 전차는 몹시 아름다운 시립공원들을 지나갔는데 그 안에는 장미를 비롯한 꽃들이 한창이었다. 오스트리아-헝가리 제국 시절의 호화로운 건물들도 볼 수 있었다. 도심에서 멀어질수록 거리 풍경에 폐허가 된 주택이 많이 보였다. 1991~1995년에 있었던 '크로아티아 전쟁'에서 파괴된 후 미처 재건하지 못한 건물이었다. 교외로 더 멀리 나가자 도시 모습은 다시 바뀌었다. 조립식 건물의 수가 늘어났지만 예쁘게 지은 주택들도 보였다. 초현대식의 파란색 저상 전차가 교외로 나갈수록 1가구용 단독주택이 더 많이 보였다. 종점 직전의 거리에는 온통 그런 단독주택뿐이었다. 정원의 잔디밭에는 부분적으로 야자수도 자라고 있었는데, 유럽 대륙의 중심과 비교할 때 겨울이 더 따뜻하고 짧은 지중해의 영향을 받은 흔적이 뚜렷했다. 자그레브의 겨울은 비록 지중해의 해안만큼 온화하지는 않지만, 일정 기간에는 야자수가 영하의 날씨를 견딘다. 좀 더 북쪽이라면 정원의 야자수는 긴 겨울에 살아남지 못할 것이다.

플리트비체 국립공원의 호수를 찾았던 전날만큼 이날도 하늘이 구름 한 점 없이 푸르렀다. 종점인 미할례바츠에 내렸을 때, 벌써 바이오필리아 효과를 느낄 수 있었다. 식당 종업원의 말이 사실이었다. 전차는 환승하지 않고도 도심에서 곧장 메드베니차의 산기슭으로 나를 데려다주었다. 종점 바로 뒤에는 드넓은 녹지가 펼쳐졌다. 승차장에서 불과 몇 미터 떨어지지 않은 곳에서 숲이 우거진 비탈이 시작되었다. 전차는 완만하게 굽은 궤도를 달리며 녹색 배경과 뚜렷이 대조되는 파란색으로 반짝였다. 전차 궤도 주변은 잔디로 뒤덮여 있었다. 사방에는 여러 개의 산봉우리가 보였는데, 모두 메드베니차 산에 속하며 시 경계 안에 있었다. 나는 정거장에서부터 바로 슬레메 산의 트레킹을 시작했다. 140번 버스는 전차 정거장에서부터 산꼭대기까지 하루에도 몇 번씩 승객들을 태워 날랐지만, 나는 그대로 통과시켰다. 내 발로 직접 걸어가 자연에 잠기고 싶었기 때문이다. 처음 20분 동안 '도시 교외'에서 '순수한 숲'으로 풍경이 변하는 것을 경험했다. 그런 다음 삼림구역 한복판에 돌이 깔린 길이 나타나고 경사가 급해졌다. 바로 레우스테크 산책로였는데, 크로아티아의 산림관리인이었던 알빈 레우스테크Albin Leustek의 이름에서 따온 것이었다. 1890년생인 레우스테크는 자그레브에 살면서 메드베니차 산의 숲을 돌보고 유지하는 일에 정성을 쏟았다. 1947년에 사망한 뒤 평소 소원대로 자신이 애지중지하던 숲의 나무들 밑에 묻혔다. 그는 틀림없이 생명애가 흘러넘치는 도시인이었을 것이다. 장례식은 그가 알뜰히 살피던 장소에서 열렸고 오늘날까지 '산림관리인의 무덤'으로 알려져 있다. 그때부터 자연에 있는 이 안식처를 둘러싸고 신비로운 이야기가 상당수 만들어졌다. 많은 사람이 도시 교외 숲을 거닐다가 이 유명한 산지기의 유령을 보았다고 주장한다. 하지만 그것은 어디까지나 또 하나의 주장일 뿐이다.

레우스테크 산책로는 일정한 간격마다 빨간 원 안에 흰색으로 둥글게 그린 얼룩의 상징을 나뭇가지에 표시해놓았다. 슬레메 산에 오르는 동안, 나는 활엽수와 침엽수가 뒤섞인 혼합림 사이를 지나갔다. '삼림의학의 여왕'으로 불리는 적송이 곳곳에서 자라고 있었다. 또 거대한 떡갈나무 고목과 우아한 너도밤나무도 지나갔다. 산 밑을 끊임없이 흐르는 시냇물을 건넜고 그때마다 물이 바닥의 바위와 마찰하면서 음이온, 즉 폭포 플라스마가 숲의 공기로 배출되었다. 숲 바닥은 활엽수 낙엽과 다른 식물 부분들로 뒤덮여 푹신푹신했다. 그 밑에는 고농도의 유기물질이 담긴, 부식토층이 훼손되지 않은 상태 그대로 깔려 있었다. 균근이 지나가는 구역이 분명했고 바이오필리아 박테리아인 '마이코박테리움 바케'도 확실히 있었다. 햇빛에 노출된 장소에서는 유럽소나무에서 풍기는 식물성 정유 냄새가 진동했다. 그늘진 곳과 습한 곳에는 부식토와 버섯에서 나는 상쾌한 향기가 가득했다. 고지대에 오른 나는 멋지게 펼쳐진 자그레브 풍경을 만끽했다. 크로아티아 수도의 고층 건물들이 손에 잡힐 듯 가까운 곳에서 햇빛에 반짝였다.

정상 바로 앞까지 이동해도 시 경계를 벗어나지는 못했지만, 그렇다고 해서 바이오필리아 효과가 줄어든 것은 절대 아니다. 다만 이따금 그 아래 펼쳐진 시가지 풍경을 볼 때마다 도심의 혼잡과 가까운 곳에 있다는 생각이 들 뿐이었다. 그러나 동시에 문명과 멀리 떨어져 있다는 느낌도 있었다. 실제로 나는 도시에서 멀리 떨어져 있지 않으면서도 쫓기듯 사는 도시 생활에서 벗어나 있었다. 자동차 운전을 하지 않고도, 혹은 장시간의 기차 여행을 견디지 않고도 자연에서 여가를 즐길 수 있었다. 그리고 마침내 걸어서 산기슭으로 내려왔을 때는 다시 손쉽게 전차를 타고 곧장 도심으로 돌아갔다.

행복은 가까운 곳에:
도시의 녹색 허파

자그레브 시민들에게 가능한 것은 다른 대도시 주민들에게도 열려 있다. 몇 년 전 오슬로에서 빡빡한 일정을 소화해야 했을 때 중간에 휴식이 필요했다. 나는 지하철 5호선을 타고 환승할 필요도 없이 도심에서 오슬로 교외에 있는 송스반 호수로 곧장 갔다. 노르웨이 말로 '테 바네 T-Bane'라고 하는 지하철 종점의 역명도 송스반이었다. 3.5킬로미터 길이의 호숫가 산책로를 따라 호수를 한 바퀴 돌면서 접근하기 쉽게 조성된 길을 보고 깊은 인상을 받았다. 휠체어나 유모차로도 갈 수 있었고, 보통 통행이 어려운 지형을 힘들게 가던 사람들도 도보나 차로 편하게 간단히 접근할 수 있었다. 도로는 아스팔트가 깔린 대신 자연 친화적으로 조성되었다. 바닥재는 자갈과 모래, 점토를 고농도로 압축해 단단하게 다진 것이어서 주변의 전원적인 숲이나 호수 풍경과 잘 어울렸다. 나는 호수의 아름다움과 주변 숲의 화려함에 입이 딱 벌어졌다. 계절은 (북방의) 가을이었고 활엽수의 나뭇잎은 이미 빨간색이나 노란색으로 물들었다. 곳곳에서 자라는 자작나무의 껍질은 소관목류 사이에서 은빛으로 반짝였다. 침엽수 색은 잎이 황금빛으로 변한 낙엽송을 빼고는 진초록으로 빛났다. 하늘에는 구름 한 점 없었고 태양은 검푸른 색의 깊은 호수 위에 반사되었다. 인구 63만 명이 넘는 대도시의 변두리에 와 있다는 것을 실감할 수 없었다. 나는 심신을 완벽히 회복한 상태에서 지하철을 타고 다시 오슬로 시내로 돌아왔다. 해야 할 일을 위한 에너지가 충분히 확보돼 있었다.

베를린의 도시철도 7호선은 생명을 사랑하는 시민들을 도심에서 시 서부의 샤를로텐부르크-빌머스도르프 구역에 있는 그루네발트 언저리로 직접 데려다준다. 이곳은 전설적인 베를린의 '신사 도둑' 프란츠와 에리히 자스Franz & Erich Sass가 바이마르 공화국 시절에 보물을 파묻었다는 소문이 나도는 숲이다.[81] 자스 형제는 노련한 금고 털이범으로 은행가들에게 공포심을 안겨주었지만 대중에게는 환영받았다. 그들이 훔친 재물 일부를 돈이나 금의 형태로 가난한 사람들의 대문 앞이나 편지통에 놓아두었기 때문이다. 오늘날 도시철도 그루네발트 역 앞에 있는 도로 쉴트호른벡은 광활하게 펼쳐진 삼림구역으로 이어져서 도시의 삼림욕을 어렵지 않게 실행할 수 있다. 이 구역은 아주 넓어서 방문객들은 서로 방해받지 않으면서 편하게 다닐 수 있다. 도시의 바이오필리아 효과를 탐색하던 나는 2017년 여름에 베를린 그루네발트 깊숙이 들어가 한가로운 호수 토이펠스제에 이르렀다. 숲의 나무와 관목은 호숫가 바로 앞까지 무성하게 자라며 부분적으로는 호수의 수면 위로 가지를 뻗은 것도 있었다. 호반 구역은 뾰족한 녹색 잎을 하늘을 향해 수직으로 내뻗은 갈대숲에 뒤덮여 있었다. 나는 쓰러진 수양버들 줄기 위에 앉았는데, 여기저기에서 파릇파릇한 어린 새싹이 자라는 것으로 보아 죽은 나무는 아니었다. 내 좌우에서는 머리 위로 관목들의 가지가 공중에서 서로 부딪치며 자그마한 정자처럼 나를 둘러쌌다. 나는 이런 식으로 만들어진 동화 같은 자연공간에 머물렀다. 랩톱을 들고 간 덕분에 베를린의 녹지대 한복판에서 두 시간 분량의 글쓰기 작업을 마쳤다. 내 책은 대부분 자연에서 쓴 것이다. 고정된 직장에 얽매여 있지 않으므로 나는 종종 숲이나 호수 혹은 시립공원 같은 데서 글을 쓴다. 심지어 나무 위쪽 가지에 앉아 작업할 때도 있다. 작업시간을 삼림욕과 결합함으로써 더 많은 시간을 자연에서 보낼 수 있다. 숲의 치유력 삼총사나 휴식을 가져다주는 자연의 분위기가 글을 쓰는 동안에도 내게 영향을 주기 때문이다. 그 밖에 새로운 아이디어가 영감을 주고 전원에서의 작업이 사무실에서 작업할 때보다 더 큰 기쁨을 준다. 나는 이런 식으로 전 유럽의 수많은 시유림에 가본 적이 있으며 그 현장을 "일하며 파악했다." 우리는 더 많은 사무를 야외에서 봐야 하고 교사들은 숲이나 공원에서 학생들을 가르쳐야 한다고 나는 확신한다. 나중에 일하거나 공부할 때 바이오필리아 효과가 어떻게 기쁨을 주고 성취 능력을 높여주는지를 언급할 것이다.

베를린의 토이펠스제는 1960년 이후 13헥타르 정도가 자연보호구역에 포함되었다. 13헥타르면 13만 제곱미터에 해당한다. 호수는 길이가 약 260미터, 폭은 110미터에 이른다. 호수에서의 수영은 남쪽 호숫가에서만 허용된다. 이 호수에는 희귀동물 종이 서식하는데, 예를 들면 펄조개나 말조개 혹은 잉어와 친족관계에 있는 납줄개 같은 어류로서 독일과 오스트리아, 스위스에서 멸종위기 동물 종의 적색목록에 오른 것들이다. 토이펠스제는 토이펠스펜으로 불리는 보호 습지와도 경계를 이룬다. 이 늪은 약 2~3만 년 전 마지막 빙하기에 이곳에서 빙하기의 호수가 육지로 변한 뒤에 형성되었다. 이는 자연스러운 과정이다. 진행 중인 식물의 성장 과정과 새로운 바닥의 형성을 통해 많은 호수는 장시간에 걸쳐 가장자리부터 육지가 되고 마침내 늪이 남는다. 토이펠스제와 토이펠스펜은 도시의 자연 초지에 의한 재자연화가 훌륭하게 성공한 사례에 해당한다. 호숫가에는 1969년까지 급수시설이 있었는데, 오늘날에는 더 이상 흔적을 찾아볼 수 없다. 급수시설은 지하의 수면에 막대한 영향을 주기 때문에 습지가 메말라갔다. 전형적인 습지 초목은 완전히 사라졌다. 1980년대 들어 베를린 시의 정책으로 심정深井을 통해 늪에 다시 물을 공급하고 물을 가두는 사업이 시작되었다. 그리하여 고대의 생태계가 되살아났다. 먼저 나무들이 뿌리를 내렸는데, 예컨대 포플러나 자작나무처럼 전형적으로 습한 곳에서 발견되는 종들이다. 그사이 본래의 몇몇 습지식물도 다시 돌아왔다. 그중에는 잎사귀가 둥그런 끈끈이주걱도 포함된다. 육식식물로 두툼한 잎에 눈길을 끄는 빨간색의 끈끈한 솜털이 달린 모습이 특징이다. 끈끈이주걱은 이 솜털로 곤충을 잡은 다음에 소화한다. '육식'이라는 말은 식물의 왕국에서 하나의 식물이 광합성을 통해서, 땅으로부터 수분과 영양소를 받아들이는 수단을 통해서, 또 곤충을 통해서도 영양분을 흡수한다는 뜻이다. 멸종위기에 처한 두꺼비와 개구리, 메뚜기를 비롯해 거의 40종에 이르는 조류도 토이펠스펜으로 돌아왔다.

토이펠스제에서는 해발 120미터 높이에서 베를린의 멋진 전망을 볼 수 있는 토이펠스베르크 산으로 트레킹을 떠날 수도 있다. 동쪽으로는 베를린 도심 방향의 풍경을 볼 수 있고, 서쪽으로는 베를린 교외의 풍경이 펼쳐진다. 부근의 드라헨베르크 산에는 잔디가 자라는 사방이 트인 고원이 있어서 아이들과 함께 연을 날릴 수 있다.

베를린 시 경계 안에 있는 생물의 다양성을 지닌 이 거대한 자연의 다채로운 모습 앞에서 누가 대도시에는 바이오필리아 효과가 없다고 말하겠는가? 그루네발트는 독일 수도에 거주하는 350만 명의 시민에게, 테르펜과 음이온을 들이마시고 바이오필리아 박테리아와 접촉하며 자연에서 간단히 스트레스를 풀고 휴식하는 가운데 재생의 기운을 맛볼 충분한 기회를 제공한다. 이 모든 것이 베를린 도심에서 단 한 번의 도시철도 승차로 가능하다.

그루네발트의 남쪽에는 슐라흐텐제가 있다. 이 호수는 베를린 슈테글리츠-첼렌도르프 구역에 속하는데 역시 대중교통으로 갈 수 있다. 도시고속철도 1호선을 타면 도심에서 환승하지 않고 곧장 호반에 닿을 수 있다. 슐라흐텐제 역에서 내리면 아름다운 호수뿐 아니라 숲이 우거진 호숫가를 따라 9킬로미터 길이의 순환 산책로에서 트레킹을 할 수도 있다. 산책로 중간중간에는 식당과 놀이터, 숲속의 빈터 같은 공간이 있고 유모차를 끌고 가거나 휠체어를 타고 갈 수도 있다. 베를린 슐라흐텐제의 순환 산책로는 삼림의학의 선구자인 킹 리가 적어도 한 달에 두 번 하라고 추천한 삼림구역 종일 체류의 기회를 제공한다.

북쪽으로는 '크루메 랑케'라는 이름의 호수가 슐라흐텐제와 경계를 이루는데 지하철 3호선을 타고 갈 수 있다. 이 호수도 무장애(장애물이 없어서 유모차를 끌거나 휠체어로 갈 수 있는 시설-옮긴이)로 주위를 돌 수 있게 되어 있다. 이상의 두 호수에서는 테르펜을 생산하는 '귀부인'이라는 유럽소나무를 볼 수 있다. 독일의 여류작가 루도비카 헤제키엘 Ludovica Hesekiel이 19세기에 슐라흐텐제에 관해 쓴 시 한 편은 다음과 같은 말로 시작한다. "소나무는 고요히 잠자고, 호수는 잔잔하게 파란색으로 누워 있네."[82]

베를린 그루네발트에서 자라는 나무의 절반가량은 유럽소나무 종인데, 대부분이 '삼림의학의 여왕'이라는 적송이다.

도심의 삼림욕

도시에서 바이오필리아를 찾으려는 나의 노력은 베를린에서 계속되었다. 다음으로는 직업상 관련이 있는 드레스덴으로 관심을 돌렸다. 지도를 보면 시 경계 안에 5,000헥타르나 되는 거대한 삼림구역이 펼쳐져 있다. 그 넓이는 무려 50제곱킬로미터에 해당한다. 단일구역에 조성된 시유림은 드레스덴 전체 면적의 거의 6분의 1을 차지한다. 바로 이곳이 떡갈나무와 너도밤나무, 오리나무, 보리수, 자작나무, 독일가문비나무, 소나무 등 다양한 수종이 자라는 도시 경관지구인 드레스드너 하이데다. 따라서 드레스덴 한복판에서 '삼림의학의 여왕'을 만날 수 있다. 삼림을 구성하는 수종 중에는 앞에서 언급한 대로 암 치료제로 쓰이는 테르펜인 택솔을 얻을 수 있는 유럽주목도 자라고 있다.

경관지구로 지정된 드레스드너 하이데는 독일 최대 시유림의 하나다. 넓게 펼쳐진 이 삼림생태계에서 독특한 점은, 숲이 지리적으로 도시의 중심까지 뻗어 있다는 것이다. 드레스드너 하이데는 드레스덴 도심에서 북동쪽 교외까지 펼쳐져 있고 어느 방향에서건 대중교통으로 신속하게 접근할 수 있다. 도시철도 11호선은 나를 중앙역에서 곧장 드레스드너 하이데 경계로 데려다주었다. 빌헤미넨 거리에서 내리자 바로 눈앞에 숲이 있었다. 교통이 혼잡한 엘베 강 북안의 바우츠너 거리를 따라가면서 보니 곳곳에 드레스드너 하이데로 들어가는 진입로가 보였다. 나는 알브레히트 성 앞에 있는 바우츠너 슈트라세 130번지에서 숲으로 들어갔다. 거기서 도시 산책로의 연결망에서 뻗어 나온 길을 곧장 질러가면 14킬로미터 길이의 보도 끝 지점인 드레스덴 변두리의 라데베르크가 나온다. 이 길은 처음부터 끝까지 숲을 벗어나지 않기 때문에 인구 55만 명의 대도시 구역 한복판에 있다는 느낌이 전혀 들지 않는다.

드레스드너 하이데에 발을 들여놓은 지 몇 분 지나지 않았는데도 벌써 바이오필리아 효과가 모습을 드러냈다. 숲 한복판으로 이동하는 동안 도시의 소음은 차츰 줄어들고, 대신 새들이 지저귀는 소리가 커졌다. 나무 꼭대기 사이로 부는 조용한 바람은 내 마음을 가라앉혔다. 나는 가파른 절벽이 있는 작은 골짜기를 지나갔다. 밑에서는 암반 위를 흐르는 시냇물의 졸졸거리는 소리가 들렸다. 나는 한동안 물줄기를 따라가다가 조그만 폭포 하나를 만났다. 폭포 플라스마의 원천이자 건강을 증진하는 기운을 숲 공기로 흘려보내는 음이온의 원천이기도 했다. 그곳에서는 축축한 땅과 버섯, 나뭇잎, 침엽수의 향기가 났다. 공기에는 테르펜이 가득했고 유럽소나무가 자라는 숲 구역에서는 피넨의 식물성 정유 향기가 났다. 훼손되지 않는 부식토에는 바이오필리아 박테리아가 들어 있는 것이 틀림없었다. 대도시의 녹색 허파라고 할 건강한 숲에 발을 들여놓은 것이다. 삼림구역을 돌아다니며 잇달아 숲속 교차로를 지나칠 때마다 나는 마음속으로 드레스드너 하이데가 시유림의 모범이라고 단언했다. 도시 한복판의 이런 오아시스는 더 있어야 한다. 내 머릿속에서는 무수히 많은 도시의 삼림구역이 숲길의 연결망을 통해 서로 이어진 미래의 바이오필리아 도시 모습이 떠올랐다. 녹색 길이 시의 모든 구역과 동네를 가로지르는 모습이었다. 나는 미래도시의 이런 녹색 네트워크를 '바이오필리아 회랑'이라고 부르기로 결심했다. 이에 관한 아이디어는 뒤에 가서 더 자세하게 묘사할 것이다.

좁은 길로 들어서자 숲속 깊은 곳으로 이어졌다. 나는 커다란 너도밤나무 고목 앞에서 걸음을 멈추고 삼림욕에서 빠져서는 안 될 중국식 센린유의 호흡 단련을 시작했다. '숲의 기'를 끌어모으고 폐와 피를 테르펜으로 가득 채운 뒤 모든 감각을 동원해 생태계의 기운에 잠겼다. 이 활동은 '삼림욕'이란 개념을 확실하게 보여준다. 그런 다음 랩톱을 꺼내 한 시간가량 몇 가지 글쓰기 작업을 했다. 그때 노루 무리가 내 곁을 휙 스치고 지나갔다. 나무줄기에 조용히 앉아 있었으므로 노루들은 내가 있다는 것을 알지 못했을 것이다. 멀리 떨어진 황야에서 지내는 듯한 느낌이 들었던 그동안에도 나는 계속해서 드레스덴 시 경계 안에 있었다.

이튿날 나는 드레스덴 시내에서 도시철도 2호선을 타고 드레스덴 하이데의 서쪽 끄트머리에 있는 드레스덴-클로체까지 갔다. 역에서 몇 발짝 안 되는 곳에 삼림구역이 있었다. 나는 프리스니츠 계곡을 따라 걸었다. 계곡물이 돌과 암반 위로 거칠게 흘렀다. 마침내 드레스덴 사람들이 프리스니츠 폭포라고 부르는 곳에 이르렀다. 모든 폭포가 그렇듯이 천연의 '음이온 실험실'이었다. 계곡물 주위 공기는 습하고 신선했으며 공기를 마시자 활기를 느꼈다. 한동안 폭포 옆에 머무르니 몸이 가뿐해졌다. 프리스니츠 계곡물이 흐르는 곳에서, 특히 독일 중부 산악지방의 비교적 고지대에서 자라는 독일가문비나무와 단풍나무와 마주쳤다. 프리스니츠는 드레스드너 하이데 최대의 하천이다. 거기서는 사이에 있는 계곡으로 몇몇 지류가 갈라져 흐른다. 프리스니츠와 그 지류는 몇 군데 늪에 물을 공급한다. 바이오필리아 성향의 드레스덴 시민들은 그곳에서 무엇보다 동의나물과 마주치며 커다란 노란 잎이 달린 꽃창포나 부드러운 하얀 꽃잎이 달린 유럽 물제비꽃, 둥근 잎의 끈끈이주걱 같은 보호종도 볼 수 있다. 끈끈이주걱은 앞에서 베를린 그루네발트의 토이펠스제를 설명할 때 언급한 적이 있는 육식식물이다.

17세기 초반까지만 해도 드레스드너 하이데에는 야생늑대 무리가 살았는데, 그후 사냥으로 완전히 자취를 감추었다. 그런데 몇 년 전부터 드레스덴에서 적어도 방문객으로 늑대가 다시 보이기 시작했다.[83] 야생생태학자들이 시유림에 여러 무리를 정착시키는 데 성공한 오버라우지츠 지역에서 온 늑대들이었다. 최근 몇 년 동안 드레스드너 하이데에서는 늑대를 관찰한 기록이 여덟 건이나 있었다.[84] 오록스aurochs(유럽에서 서식하다 멸종한 야생 소-옮긴이)와 야생마는 더 오랫동안 사냥에서 버티어 살아남았지만 19세기 초반을 넘기지 못했다. 그럼에도 불구하고 드레스드너 하이데에는 오늘날까지 희귀동물 종이 서식한다. 그중에는 예컨대 수달, 그리고 바위틈과 나무구멍에 사는 작은 관박쥐가 있다. 이 대규모 시유림에는 수많은 토착종 명금류鳴禽類가 서식하는데, 대도시 한복판에서 종 특유의 부화지를 찾아 정착한 새들이다. 따라서 드레스드너 하이데는 도시 주민뿐 아니라 동물에게도 혜택을 준다. 생명애를 바탕으로 숲을 찾는 사람들은 기분 좋은 물총새의 노랫소리를 들을 수 있는데, 이 새는 파란 등과 적갈색 배에서 풍기는 이국적 분위기의 깃털로 보는 사람에게 기쁨을 선사한다. 운이 좋으면 드레스드너 하이데의 시냇가에서 노랑할미새를 만날 수도 있다. 이 새는 노란빛으로 반짝이는 배가 특색이다. 아니면 이 작센의 수도에서 삼림욕을 하다가 황갈색 깃털의 숲솔새가 지저귀는 소리를 감상할 수도 있다. 그러다가 숲 사이로 딱따구리가 나무를 쪼는 소리가 들리면 소리의 주인을 찾아보라. 혹시 머리에 새빨간 '모자'를 쓴 검은 새가 아닌가? 그렇다면 까막딱따구리가 분명하다.

드레스드너 하이데의 주도로는 유모차를 끌고 가거나 휠체어를 타고 갈 수 있다. 이 길은 전형적인 임도로 자갈을 강하게 압착한 표면으로 되어 있다. 하지만 굳이 장애물 없는 평탄한 길만 원하는 사람이 아니라면, 숲 사이사이로 도시 자연 구역의 바이오필리아 탐험을 유혹하는 샛길이나 오솔길, 협곡의 네트워크를 발견할 것이다. 스트레스 해소에는 드레스드너 하이데의 북서쪽 끄트머리에 있는 질버제가 제격이다. 이 호수는 차량 통행이 혼잡한 랑게브뤼커 슈트라세에서 100미터 밖에 안 떨어져 있는데도 거울처럼 투명하고 잔잔한 수면을 보면 온갖 근심이 사라진다.

쾰른을 방문했을 때는 도시철도 9호선을 타고 종점인 쾨니히스포르스트까지 갔다. 도심에서 타고 채 20분이 지나지 않았을 때, 쾰른 시 동부에 있는 쾨니히스포르스트 경계에 도착했다. 25제곱킬로미터에 이르는 거대한 구역은 독일의 자연생태계와 동식물 서식지로 특별 보호를 받는데, 특히 수많은 야생조류를 위한 조류보호구역이기도 하다. 나는 도시철도에서 내리자마자 바로 삼림 학습용 길로 들어가 쾨니히스포르스트의 수종에 몰두했다. 유럽소나무, 떡갈나무, 너도밤나무, 독일가문비나무, 보리수, 야생 벚나무, 수양버들, 주목, 미송, 딱총나무, 그 밖의 수많은 삼림 수목과 마주쳤다. 숲속에는 토양 학습용 길도 있어서 방문객들이 숲 바닥의 생태계를 가까이서 볼 수 있게 해준다. 숲속 곳곳으로 연결된 도로를 따라 더 깊이 들어가다 몇몇 시내와 고요한 연못 하나와 마주쳤다. 케트너스 바이어였다. 주 통로는 통행이 자유로웠다. 쾰른의 쾨니히스포르스트는 북쪽 루르 지방과 남쪽 지크 지방 사이에 있는, 2~3킬로미터 폭에 약 50킬로미터 길이로 뻗어 있는 경관지대인 베르기셰 하이데테라세의 식물대에 속한다.

자연보호구역으로서의 시유림

베를린과 드레스덴, 쾰른의 한복판에서 삼림욕을 하며 자연체험을 통해 영감을 얻은 나는 더 많은 시유림을 찾아 나섰다. 대도시와 숲의 조합은 나를 매혹하고 내게 강한 흡인력으로 작용한다. 어느 도시나 그 나름의 특징이 있고 개성적인 분위기를 풍기게 마련이다. 이렇듯 도시의 숲은 도시별로 다양한데, 이것은 다양한 지리적 위치만으로도 설명이 된다. 생태적으로 훼손되지 않은 도심 구역이나 교외의 숲은 언제나 도시가 자리 잡은 자연과 식생대 구역을 반영한다. 지중해의 시유림은 사철가시나무와 코르크나무, 우산소나무, 히말라야삼나무, 유럽소나무, 올리브나무 등의 지중해 분위기로 눈을 사로잡는다. 이 식물군은 예를 들면 남부 스페인의 말라가 북쪽 교외에 있는 몬테스 데 말라가 국립공원에서 볼 수 있다. 여우와 멧돼지, 오소리, 족제비, 매, 흰점어깨수리, 그 밖에 많은 야생동물이 이 생태계에 살고 있다. 이곳은 제넷고양이의 생존공간이기도 하다. 제넷고양이는 유럽에 서식하는 유일한 사향고양이과 동물로, 회색이나 검은 점이 박힌 우아하고 날렵한 몸이 특징이다. 지중해의 자연보호구역을 방문하고 싶은 사람은 말라가 시내에서 2번 버스를 타고 산호세 역까지 15분만 가면 된다. 거기서 1킬로미터만 걸으면 거대한 국립공원의 최남단에 이른다. 산책로를 따라 원시림 깊숙이 들어가면 유럽소나무와 우산소나무, 히말라야삼나무 덕분에 테르펜이 풍부하게 함유된 향기로운 삼림욕을 할 수 있다. 스페인과 캘리포니아는 서로 비슷한 기후대에 위치한다. 따라서 말라가에서 자라는 것과 아주 비슷한 초목을 캘리포니아 대도시 로스앤젤레스 서부에 있는 리바스 캐니언 공원의 숲에서도 볼 수 있으며, 메트로 로컬 버스 2번을 타고 갈 수 있다. 샌디에이고 도심 한복판에는 남부 캘리포니아 해안 초목의 야생보호구역인 스위처 캐니언이 있다. 수많은 종의 토착 식물 외에 토끼와 코요테 같은 야생동물도 사는 도시의 협곡은 버스 7번과 215번을 타고 샌디에이고 시내에서 갈 수 있다.

강수량이 풍부한 영국의 기후는 남부 캘리포니아나 지중해와는 전혀 다르다. 스코틀랜드 최대 도시인 글래스고 바로 옆에는 가스캐든 숲이 있다. 이 숲은 수령 수백 년에 혹이 달린 늠름한 떡갈나무의 고향이다. 이 숲의 나무와 바위, 바닥은 이끼로 덮여 있다. 양치류는 땅속뿐 아니라 비바람으로 단단해지고 갈라지고 골이 팬 나무껍질에 세월이 흐르면서 부식토가 형성된 떡갈나무 고목의 굵은 가지에까지 뿌리를 내리고 있다. 그래서 양치류는 나무 위에서도 자리 잡을 수 있다. 이따금 자욱한 안개가 떠다니는 이 원시림은 글래스고 도심에서 15번이나 17번 버스 혹은 스코틀랜드 민간철도인 스콧레일을 타고 환승 없이 30분이면 갈 수 있다. 글래스고 외곽 도시인 비어스덴에서 내려야 한다.

스코틀랜드와 비슷하게 습한 해양성 기후는 미국 북서부에 있는 워싱턴 주의 기후다. 킹피셔 자연 구역의 숲이 워싱턴 주 최대 도시인 시애틀 한복판에 있으며 73번이나 75번, 372번, 373번 등 시내버스를 타고 갈 수 있다. 이곳에 가면 스코틀랜드와 비슷하게 양치류와 이끼로 뒤덮인 나무가 자라는 안개 낀 숲을 만난다. 수종 중에는 미국 북서 해안이 원산지인 오리건 오크(북미 서부에서 자라는 떡갈나무의 일종-옮긴이)가 있고 히말라야삼나무나 전나무, 유럽소나무 같은 침엽수가 많다. 비버와 코요테가 찾아오는 이 숲은 워싱턴 호의 기슭에 있는 손튼 크리크 도시 국립공원의 일부다. 1852년에 시애틀이 들어서고 유럽에서 온 이주민들이 이 지역으로 몰려들기 전에는 북아메리카의 수많은 호숫가 마을에 원주민들이 있었다.

인구 500만 명의 오스트레일리아 최대 도시인 시드니에는 시 구역 서단에 옐로문디Yellomundee 지역공원이 있다. 이 자연공원은 블루마운틴 국립공원의 일부로 부루베롱갈Booroobberongal 전통 구역 안에 있다. 부루베롱갈은 '원주민' 부족인데 지역공원의 명칭은 야라문디Yarramundi(현자)로 불린 부족 원로의 이름에서 따왔다.[85] 그는 1760년부터 1818년까지 살았는데 이때는 유럽인에 의해 오스트레일리아가 식민지화되던 초기다. 대도시 변두리에 있는 자연보호구역에는 오스트레일리아 원주민 문화로 보호받는 유적 몇몇 군데가 있으며 공원에서는 특히 부루베롱갈 부족의 후손이 보호를 받는다. 이를 통해 그들은 조상의 땅과 일체감을 표현한다. 네피언 강 서안에 있는 옐로문디 지역공원은 (대부분의 시유림에서 그렇듯) 원시 자연이 지배하고 있고 이런 환경은 시드니의 지리적 위치와 잘 조화된다. 공원에는 사암과 50미터 높이까지 자라는 유칼립투스 숲, 시드니 광역도시권의 해안에만 있는 도금양과의 다양한 수종이 있다. 가령 오스트레일리아 사람들이 '옐로 블러드우드Yellow Bloodwood'라고 부르는 높이 20미터까지 자라는 나무도 여기에 속하는데, 이 이름은 황갈색에서 오렌지빛까지 다채로운 색을 지닌 나무껍질에서 유래한다. 이들 상록수 종은 모두 식물성 정유가 아주 풍부해서 숲 공기에 테르펜을 집중적으로 발산하는 원천으로 여겨진다. 유칼립투스에서 나오는 테르펜의 94퍼센트는 피넨이다. 앞에서 언급한 대로, 이것은 혈액 속에 자연살세포와 항암단백질의 농도를 높이는 데 가장 효율적인 테르펜이다. 따라서 시드니 시민들은 바로 집 앞에 생산성이 높은 삼림약국을 보유한 것이나 다름없다. 식물의 활성화 물질, 희귀한 개구리 종과 보호조류가 서식하는 옐로문디 지역공원에서 '지구 반대쪽의 삼림욕'을 즐기고 싶다면 시드니 시내에서 블루마운틴 노선을 이용하여 자연보호구역으로 가면 된다. 이 노선은 시드니 중앙역에서 곧장 옐로문디 지역공원으로 가는 철도 구간인데 시 경계를 넘어 블루마운틴 국립 공원의 한복판까지 들어간다. 이처럼 시드니 같은 대도시 한복판에서도 아주 쉽고 가깝게 야생의 자연환경에 접근할 수 있다.

이 책을 위해 조사하는 동안 나는 자연과 생태계뿐 아니라 대도시가 품은 종의 다양성에도 큰 호기심이 생겼다. 그래서 한 도시에 가까워질 때마다 큰 기대감에 부풀며 '여기서는 어떤 종류의 숲을 만날까? 그 모습은 어떻게 생겼을까?' 하는 궁금증이 들었다. 헤센 주의 대도시로 인구 73만 명의 프랑크푸르트암마인을 생각할 때면 언제나 유리 벽으로 된 마천루와 현대적인 건축, 삭막한 상업지구 그리고 당연히 600년 동안 시청 구실을 한 '뢰머'와 연관 지었다. 프랑크푸르트에 종종 가봤지만, 이 도시가 생명애의 측면에서 내게 모습을 드러낸 것은 이 책을 준비하면서부터였다. 마인 강 남쪽 구역 대부분은 숲으로 뒤덮여 있었다. 프랑크푸르트 시유림의 규모는 4,000헥타르가 넘는다. 이것은 40제곱킬로미터에 해당한다. 이 넓이를 보면 삼림구역은 시 전체의 6분의 1을 차지하는 셈이다. 드레스덴과 드레스드너 하이데를 비교한 것과 대강 비슷한 비율이다. 하지만 프랑크푸르트 시유림은 남쪽으로 시 경계 너머까지 뻗어 있어서 전체적으로는 거의 60제곱킬로미터에 가깝다. 프랑크푸르트암마인은 상부 라인 지방 저지대 북쪽에 있다. 본디 이 지역은 떡갈나무와 서어나무 숲으로 뒤덮인 곳이다. 이런 수목군은 프랑크푸르트 시유림에서도 발견된다. 떡갈나무와 서어나무 외에 이곳에서는 (상부 라인 저지대 북쪽의 전체적인 자연이 그렇듯이) 유럽너도밤나무와 독일가문비나무, 미송 즉 소나무 종도 자란다. 이 말은 '삼림의학의 귀부인'이 있다는 뜻이다.

나는 중앙역에서 21번 전차를 타고 프랑크푸르트 시유림에 도착한 뒤 오버포르스트하우스 역에서 내렸다. 삼림구역 한복판에 있는 역이었다. 정확히 말해 바이오필리아 효과는 내가 도착하기 전에 이미 시작되었다. 전차 궤도가 숲 사이로 지나가는 탓에 가는 동안 숲의 분위기를 흡수할 수 있었던 것이다. 21번 노선은 말하자면 프랑크푸르트 삼림철도의 일부다. 많은 구간에서 나무들이 손에 잡힐 듯 가깝게 자라고 있어 전차는 숲 한가운데로 푹 잠기는 것이나 마찬가지다. 또 많은 정거장이 숲 한가운데에 있어서 다음 전차를 기다리는 동안에도 생명애의 느낌에 흠뻑 젖을 수 있다. 21번 외에 12번과 17번도 프랑크푸르트 삼림철도 구간에 속한다. 이들 노선은 시유림의 여러 구역을 운행한다. 그 밖에 숲은 다양한 도시철도 정거장에서 몇 걸음 안 걸어도 쉽게 접근할 수 있다.

프랑크푸르트 시유림은 대부분 조금 고지대에 있어서 시가지의 스카이라인이 빚어내는 환상적인 전망을 볼 수 있다. 숲과 마천루에서 연출되는 미래파적인 대조가 도시의 바이오필리아에 대한 아이디어를 표현한다. 도시라는 배경이 바로 곁에 도시의 삶이 있다는 기억을 떠올리게 하는 동안, 나는 숲 곳곳을 산책하며 자연의 매력을 마음껏 음미했다. 문화적인 대도시의 삶과 바이오필리아 효과의 조합은 엄청난 매력을 풍긴다. 이제까지 프랑크푸르트 스카이라인의 최고 전망은 1931년에 순 목조건물로 지은 괴테 탑의 광경에서 느낄 수 있었다. 하지만 이 탑은 2017년 가을에 있었던 화재로 다 타버려서 가능하면 원형을 살려 새로 세워야 할 것이다.

프랑크푸르트 시유림에는 많은 시내와 연못 여덟 군데의 수원이 있다. 숲 한가운데에 있는 전원적인 풍경의 야코비 연못은 수면의 면적이 6헥타르(6만 제곱미터)로, 이 숲에서 최대 호수에 해당한다. 연못의 이름은 1886년부터 1940년까지 생존했던 프랑크푸르트 시유림 관리인 한스 베른하르트 야코비 Hans Bernhard Jacobi의 이름에서 따왔다. 이 연못에는 가마우지와 물오리, 쇠물닭, 큰물닭, 왜가리, 딱따구리, 희귀종 물총새 같은 토착 조류가 둥지를 틀고 서식해왔다. 야코비 연못가에서 도시 삼림욕을 할 때, 운이 좋으면 이국적인 모습의 원앙새를 관찰할 수도 있다. 이 새는 본디 동아시아 야생이 원산지다. 이 새를 '애완용 조류'로 들여와서 기른 뒤로 개별적으로 야생화한 집단이 생겼다. 수컷은 번쩍이는 커다란 깃털과 새빨간 주둥이로 눈에 확 띈다. 암컷은 회색이나 갈색 깃털이 달렸는데 수컷과 비교할 때 별로 눈에 띄지 않는다. 연못 주변의 숲은 2003년에 자연 생존공간이나 그곳에 서식하는 동식물 종의 유지를 위해 자연생태계와 동식물 서식지에 대한 유럽 연합 보호지침의 적용대상이 되어 특별 보호를 받고 있다.

드레스드너 하이데와 달리 프랑크푸르트 시유림은 완전한 단일 삼림 구역이 아니다. 이 숲은 군데군데에 도로와 궤도, 건물이나 복합 사무단지가 들어서서 쪼개져 있다. 하지만 수많은 숲 구역이 자체적으로 독립된 생태 섬을 형성하고 길게 뻗은 산책로와 트레킹 코스를 충분히 확보하고 있어서 산책 중에 숲을 벗어나지 않아도 된다. 프랑크푸르트 시유림에는 막힘없이 통과할 수 있는, 장애물 없는 길이 수없이 많다. 전원적인 자연환경 속에서 방해받지 않고 도시 삼림욕을 할 수 있는 곳으로 12번 전차로 갈 수 있는 슈반하임 숲을 추천한다. 이 숲 구역은 프랑크푸르트 시유림 서쪽에 있으며 '슈반하임 떡갈나무 고목군'으로 불리는, 문화재로 보호받는 거대한 떡갈나무로 유명하다. 고목군은 평균 수령 500년이 되는 30그루의 나무로 이루어져 있다. 슈반하임 숲에서는 떡갈나무와 서어나무가 주종을 이룬다.

함부르크에서도 도시의 바이오필리아 효과는 교외 구역의 자연환경에 따라 결정된다. 독일 북부에는 황무지와 늪지대가 많다. 인구 180만 명의 대도시 함부르크에도 무척 아름다운 습지가 있다. 시 북쪽에 있는 라크모어 자연보호구역으로, 도시의 바이오필리아 효과와 삼림욕의 기회를 제공한다. 라크모어에는 수많은 호수와 연못 외에 자작나무와 유럽소나무, 독일가문비나무가 자라는 습지 숲도 있다. '습지 숲'이란 1년 내내 습기에 찬 늪을 토대로 조성한 숲을 말한다. 규칙적으로 범람하는 수변림과 비슷하게 습지 숲에서도 습기를 바탕으로 수목의 신속한 재유령화(성숙한 식물이 어린 형태로 되돌아가는 현상-옮긴이)가 일어난다. 수변림과의 차이는, 수변림은 범람과 범람 사이에 항상 다시 마른 상태를 유지하는 데 비해 습지 숲은 지속해서 습하다. 조사를 위해 나는 시내에서 지하철 1호선을 타고 라크모어로 갔다. 랑겐호른 노르트 역은 자연보호구역 가까이에 있다. 습지는 내게 도시의 바이오필리아를 선사했을 뿐만 아니라 '남방인'인 내가 그곳의 북방 분위기에 깊은 인상을 받게 해주었다.

공식적인 라크모어 순환로는 6킬로미터 길이에 전반적으로 막히는 곳이 없다. 숲속의 몇몇 늪지대에는 작은 다리와 나무판자 보도를 추가로 설치해놓아서 별로 힘들이지 않고 통행할 수 있다. 라크모어는 예전에 토탄이 풍부한 고층 습지였는데, 1950년에 토탄을 파내고 물을 빼내는 바람에 파괴되었다. 그러다가 1977년 함부르크 원예청에서 인공 배수로를 흙으로 메우고 늪에서 더 이상 물이 빠져나가지 못하게 막았다. 그 밖에 습지의 북에서 남으로 흐르는 시냇물인 히멜스뷔틀러 모어그라벤에는 둑을 쌓았다. 이때부터 이 하천에서 라크모어로 급수가 되기 시작했다. 재자연화의 나머지 과정은 자연 스스로 마무리했다. 습지는 물을 먹고 산다. 바짝 마른 해면처럼 습지는 생명수를 흡수하고 새롭게 활기를 얻었는데, 늪지대가 다시 고층 습지로 변하면서 본래의 습지식물들이 되돌아오고 있다. 요즘 라크모어에는 육식식물인 끈끈이주걱과 금광화, 물이끼가 다시 잘 자란다. 함부르크 한복판에 있는 녹색의 오아시스는 수많은 희귀종 나비와 잠자리 종이나 두꺼비, 무어개구리, 살모사의 보금자리가 되었다. 이 습지는 1979년부터 자연보호구역이다. 베를린의 토이펠스제나 토이펠스펜과 마찬가지로 함부르크의 라크모어는 도시생태계의 재자연화가 성공한 사례에 속한다. 재자연화는 인간이 간섭해서 해를 끼친 것을 원상태로 돌려놓고 생태계가 되살아나는 조건을 만들어주는 것으로 시작된다. 그러면 자연은 저절로 도시로 돌아온다. 도시 변두리건 도심 한복판이건 우리가 허용하기만 하면 자연은 어디서나 모습을 드러낼 것이다.

숲이 우리의 정신을 치유한다

휴식이 필요할 때, 나는 어두컴컴한 숲이나 파고들 수 없는 넓은 늪을 찾는다.
그곳은 자연의 힘이자 정수다.[86]

헨리 데이비드 소로 Henry David Thoreau, 미국 작가, 철학자(1817~1862)

"우리에게는 뿌리가 있다. 그리고 그 뿌리는 절대 고정불변의 것이 아니다." 이 말을 통해 빈에 사는 오스트리아의 음악가이자 저널리스트인 안드레아스 단처 Andreas Danzer는 자신이 자연과 결합해 있음을 표현했다.[87] 그의 이야기는 도시 숲의 치유 효과를 인상적으로 보여준다. 2007년에 사망한 오스트리아 록 가수 게오르크 단처 Georg Danze의 아들인 안드레아스는 2011년에 폐결핵에 걸렸다. 그는 반년 동안 빈 서부에 있는 병원에서 지내야 했다. 오스트리아 수도의 최대 시유림인 비너발트가 바로 옆에 있었다. 이 '빈의 녹색 허파'는 니더외스터라이히주에 광활하게 펼쳐져 있으며 전체 면적은 1,350제곱킬로미터에 이른다. 그중 10분의 1이 시 경계 안에 있다. 비너발트는 빈 가까이에 있는 최대 휴양지로 2005년부터 유네스코 생태보존지구로 지정되었고, 그 안에는 엄격하게 보호받는 삼림생태계와 비오톱 Biotope(식물과 동물이 특정 지역 안에서 공동체를 이루며 살아가는 생태 서식공간-옮긴이)이 있다. 비너발트에서 자라는 나무의 주종은 유럽너도밤나무와 떡갈나무, 서어나무다. 은회색의 거대한 유럽너도밤나무 줄기와 높다랗게 솟아 있는 수관은 일종의 거대한 '대성당'에 들어와 있다는 인상을 준다. 이 자연 구역을 관리하는 당국에서는 '수백만 인구가 사는 도시 교외의 생태공원'이라고 말한다.

안드레아스 단처는 병에 걸리고 상심에 빠진 최초의 단계가 지난 뒤, 비너발트에 가고 싶은 욕구를 느꼈다고 내게 말했다. 의사들이 가도 좋다고 했다고 한다. 처음에는 발을 끌다시피 하며 숲길을 힘들게 따라 걸었지만, 도시 변두리의 생태계는 그에게 강렬한 흡인력으로 작용했고 날마다 새롭게 노력할 동기를 부여했다. 신선한 공기와 운동은 근육을 단련하고 체력을 강화하는 데 도움이 되었다. 비너발트에는 오를 수 있는 산이 많다. 안드레아스 단처는 건강한 숲 공기로 자신의 폐를 채웠고 약물의 독성은 걸을 때 더 쉽게 땀으로 배출되었다. 그는 장기적인 병원 생활을 정신적으로 극복하는 데 숲이 도움이 되었다고 했다. 또 숲에서는 폐결핵에 따르는 고통이 줄어드는 느낌을 받았다고도 했다. "숲과 동물이 주는 매력이 신체적인 증상으로부터 내 관심을 돌리게 해 주었어요"라고 그가 회상했다. "매일 마주치는 사슴 가족과 나 사이에 어떤 관계 같은 것이 생겼죠." 시간이 흐르면서 규칙적으로 나타나는 그의 모습에 동물들이 익숙해졌다는 것이다. 어느 날 숲 빈터의 나무줄기에 앉아 있는 그를 야생동물들이 둘러쌌을 때 그는 자신이 "《안개 속의 고릴라 *Gorillas in the Mist*》의 다이앤 포시 Dian Fossey 같은" 느낌이 들었다고 했다. 단처는 비너발트를 통해 병원의 일상과 거리감을 얻을 수 있었고 그에게 용기를 주는 사물에 주목할 수 있었다. 이를 통해 병을 극복하는 데 꼭 필요한 정신력이 되살아난 것이다.

일상에서의 탈출, 도시 숲

안드레아스 단처와 비슷하게 비너발트는 내 생활에서도 이미 중요한 역할을 했다. 대학 시절에 나는 이 시유림을 규칙적으로 찾았다. 그때 샤프베르크 산기슭에 셋방을 하나 얻었는데 거기서 숲이 멀지 않았다. 숲 가장자리이지만 전차 정거장이 바로 집 앞에 있어서 환승하지 않고도 시내에 있는 쇼텐토어로 갈 수 있었다. 대학을 다니던 몇 년간, 나는 거의 하루도 빠짐없이 숲에 갔다. 비너발트는 내게 사실상의 '도심'이었다. 아침이나 저녁에 자주 그곳으로 산책하러 갔다. 한 주에 세 번 정도는 조깅을 하거나 산악자전거를 타고 샤프베르크 정상에 올랐다. 이 산은 전체가 시 구역 안에 있었다. 위에 올라가면 나무에 매달려 턱걸이를 했고 숲에서 발견한 나뭇가지나 무거운 돌을 들어 올렸으며 나뭇가지나 바위를 타고 넘거나 길이 없는 경사지를 통과하며 장애물경주를 했다. 이런 식의 자연 스포츠를 나는 '바이오필리아 훈련'이라고 부른다. 이런 숲 체험은 나를 스포츠로 이끄는 강력한 자극제가 되었다. 샤프베르크의 구릉은 42A번 버스를 타고 갈 수도 있다. 위에 올라가면 200만 명이 사는 빈 시내의 지붕과 마천루 위로 펼쳐진 멋진 전망을 볼 수 있다.

시간이 충분할 때면, 비너발트를 운행하는 35B번이나 43B번 혹은

38A번 버스를 타고 더 깊은 숲속으로 들어갔다. 이 버스 노선들은 비너발트 곳곳에 있는 역사적 산악도로를 따라 운행한다. 이 산악도로는 시 경계를 따라 난 경관도로로, 거기서는 빈 시가지 위로 펼쳐진 더 많은 풍경을 볼 수 있다. 도로 포장석을 깐 산악도로는 이미 1905년에 건설되었다. 당시 시 당국은 산악도로를 건설할 때 숲을 소중하게 다루어야 한다는 분명한 조건을 정했다. 당국의 이런 목표는 자연 친화적인 도시계획 구상에서 나온 것으로 1892년에 빈 시의 설계 공모에서 2등을 한 건축가 오이겐 파스벤더 Eugen Fassbender의 아이디어였다. 그의 생각은 도로를 건설할 때 자연에 충분한 공간을 부여한다는 것이었다. 그런데 산악도로를 건설할 때 그대로 적용된 것이다. 이 도로는 오늘날 빈의 문화사적 유산으로 여겨진다. 비너발트의 산허리를 구불구불 감고 지나가는 이 길은 포장석과 더불어 숲의 경관과 잘 조화된다. 산악도로는 유적처럼 관리되고 있다.

빈의 전 구역에서 최고 명소는 헤르만스코겔이다. 이 구릉은 해발 542미터 높이로 동부 알프스 산맥의 줄기에 속한다. 사람들이 비너발트에서 삼림욕을 할 때 가장 자주 찾는 곳이기도 하다. 산기슭에 있는 이 광활한 초원에서 나도 시간을 보낼 때가 많았다. 햇볕이 내리쬐는 빈터에 앉아 있거나 나무를 기어오르기도 했고 숲을 쏘다니거나 정상의 전망 좋은 곳을 찾아다니기도 했다. 근심에 싸였을 때 숲속 빈터에서 여가를 보내는 것은 명쾌한 판단과 용기를 얻는 데 도움이 되었다. 나는 겨울이면 겨울 우울증과 의기소침한 기분을 떨쳐내는 데 숲의 아름다움을 이용했다. 추운 계절이면 도심은 삭막하고 쌀쌀한 곳으로 변하고 때로는 질척질척한 회색 눈으로 덮이는데, 시유림은 겨울에도 생명애가 넘치는 장소가 된다. 유리처럼 투명한 얼음이나 하얗게 반짝이는 눈의 아름다운 풍경과 발밑의 얼어붙은 바닥, 숲의 적막, 햇볕에 반사되는 얼음결정은 아스팔트와 콘크리트 위에 세워진 도시의 겨울과는 대조적으로 단조로운 시가지 모습을 상쇄하는 자극적인 균형추라고 할 수 있다.

2005년 봄(당시 나는 24세였다) 실연의 괴로움에 시달리던 어느 날을 기억한다. 나는 버스를 타고 헤르만스코겔로 달아났다. 기타와 북을 들고 초원 한가운데에 있는 떡갈나무 고목 밑에 앉아서 다른 생각에 잠기려고 애썼다. 음악을 연주하며 자연에서 영감을 받았다. 태양은 수관을 통해 반짝였고 그때 생긴 감정은 마음속 고통을 다스리는 효과를 발휘했다. 다시 기분이 밝아진 나는 이날 떡갈나무 아래서 자연스럽게 생의 기쁨을 표현하는 시 한 편을 쪽지에 썼다. 비너발트의 아름다움을 노래하는 시였는데 이후 며칠 동안 나는 그 시를 읽으면서 점점 명랑해졌다.

물론 바이오필리아 효과가 만병통치약으로 어떤 형태의 정신적인 고통에도 즉효가 있는 '신비의 묘약'이라고 말하고 싶지는 않다. 하지만 자연은 내가 걱정이나 불안을 잊고 그를 극복하는 데 자주 도움을 준 것이 사실이다. 특히 정신적인 위기를 겪을 때 비교적 장시간에 걸쳐 치유공간으로서의 숲을 규칙적으로 찾고 자연의 아름다움을 의식적으로 받아들일 때 효과가 컸다. 내가 시를 쓰고 음악을 연주한 그날, 비너발트는 내 감정을 창의적이고 긍정적인 방법으로 표현하는 공간을 제공했다. 나는 해방된 느낌을 받았다. 새들의 지저귐과 햇살의 온기, 꿀벌과 어리뒤영벌이 윙윙거리는 소리, 숲 가장자리에서 풍기는 꽃향기와 색채, 땅 냄새가 아주 자연스럽게 내 관심을 밖으로 돌리게 해주었고 나 자신을 정신적인 고통에서 벗어나게 해주었다. 비너발트는 긍정적인 궤도 이탈과 자연에 있는 종의 다양성을 통해서 내게 심리적인 여가를 베풀었고 나 자신의 문제와 거리를 두게 했다. 동시에 비너발트는 내가 사물을 다른 눈으로 보도록, 말하자면 좀 더 희망찬 시선으로 미래를 바라보도록 영감을 주었다. 내가 능력과 행운을 절대 잃어버린 것이 아니라 그것들을 느끼고 있음을 분명히 알게 되었다. 아마 에리히 프롬이라면 생명과 성장을 가져다주는 자연의 과정이 내 속에서 삶에 긍정적인, 즉 바이오필리아의 힘을 활성화하고 삶에 부정적인 바이오포비아의 힘을 물리쳤다고 말할 것이다.

숲이 우리의 정신을 치유하는 효과를 지녔다는 것은 아마 사람들 대부분이 벌써 스스로 경험했을지 모르겠다. 하지만 도시 숲의 정신적인 치유 효과는 수많은 과학연구를 통해 증명된 것이다. 환경심리학자들은 자연에서의 여가를 '빙 어웨이Being-away', 즉 '일상에서 벗어나기'라고 표현한다. 자연은 우리를 사회적 갈등과 직장에서의 난관, 경쟁의 압박, 쫓기는 도시 생활, 그 밖에 사회에서 나오는 부정적인 영향 등으로부터 거리를 두게 해준다. 도시 숲은 우리가 살고 있는 도시를 떠나지 않고서도 자연에서 '일상을 벗어날' 가능성을 제공한다.

이처럼 일상을 벗어나는 것은 자연 체험에서 나오는 심리적 효과의 토대가 된다. 자연으로 들어가면 우리는 새로운 환경에 푹 잠긴다. 숲의 나무나 동물은 우리를 경쟁의 압박감 속으로 몰아넣지 않는다. 나무와 동물은 외적인 조건이나 우리의 생활방식에 따라 혹은 기준에 적합하지 않다는 식으로 우리를 평가하지 않는다. 이미 19세기에 프리드리히 니체는 "우리가 자연을 그토록 좋아하는 까닭은 자연이 우리에 대한 견해를 갖지 않기 때문이다"[88]라고 말했다. 숲은 우리가 있는 그대로의 모습으로 존재하는 것을 허용하는 공간이다. 자연에서 우리 자신의 구성 요소에 들어와 있다는 느낌을 받는 이유는 인간이 자연의 존재이기 때문이다. (여가 보내기나 거리 두기의 방법으로) 일상을 벗어나 자연에서 지내면 숲과 하천, 초원, 사바나, 산 혹은 폭포가 우리에게 영향을 미칠 수 있는 전제 조건이 성립된다. 이런 토대에서 삼림욕을 하면 우리의 정신 건강에 이로운 다양한 심리적 현상이 수반된다. 이런 현상에 속하는 것은 예컨대 자연의 매혹, 몰입 체험, 주의력 부활, 안정감을 주는 공간에 대한 영감과 그에 따른 현상이다.

자연의 매혹

미국의 심리학자이자 철학자인 윌리엄 제임스William James(미국에서는 과학적인 심리학의 창시자로 알려졌다)는 이미 100여 년 전에 인간의 주의력에 두 가지 형태가 있음을 알았다. 첫째는 내가 먼저 다루고 싶은 것으로, '방향이 정해진 주의die gerichtete Aufmerksamkeit'라는 것이다. 나머지 형태는 그 뒤에 언급할 것이다.

예를 들어 독서나 공부나 일을 할 때, 강연을 듣거나 문장을 고칠 때, 우리는 방향이 정해진 주의를 유지해야 한다. 방향이 정해진 주의의 시간 간격은 제한되어 있다. 주의력을 유지하는 것은 긴장을 요하고 에너지를 소비한다. 정신적인 에너지 비축량이 소진될 때 방향이 정해진 주의에 대한 능력은 그대로 바닥난다.

이때 '시스템 과부하'라는 말을 한다. 우리는 누구나 이런 상태를 안다. 한없이 강연에 집중하거나 쉬지 않고 일에 집중하는 것은 불가능하다. 우리는 자신의 수용 능력을 재충전하기 위해 여가가 필요하다. 휴식이 없거나 너무 부족할 때 우리의 집중력은 장기적으로 볼 때 바닥날 것이고 악명 높은 탈진증후군이 위협하게 된다. 그것은 완전히 진이 빠진 것과 다름없는 상태다. '기진맥진한' 사람은 꽤 오랜 시간 방향이 정해진 주의나 '작동'에 너무 많은 에너지를 쏟아붓고 재생을 위한 단계는 별로 거치지 않은 것이다. 탈진증후군은 과로와 경쟁의 압박에서 나오는 자연스러운 결과다. 이때 압박을 우리가 자진해서 한 것이냐, 아니면 누군가가 우리에게 강제로 떠맡긴 것이냐는 중요하지 않다. 탈진 상태가 현재의 경쟁사회에 널리 만연하다는 것은 심리학자나 의사들 사이에서 논란의 여지가 없는 명백한 사실이다. 이와 달리 '탈진증후군'이라는 표현과 국제적인 통계로 잡히는 세계보건기구(WHO)의 질병 분류에서는 논란이 많다.[89] 탈진증후군은 병이 아니라, 인간이 기계처럼 작동되어야 하고 경제적인 기준에 따라 평가되는 사회의 자연스러운 증상이기 때문이다. 자연의 존재로서 인간의 욕구가 너무 무시되고 있다.

나는 경험을 통해 장시간 컴퓨터 앞에 앉아 정신을 집중하는 것이 얼마나 피곤한 일인지 안다. 글쓰기 작업의 마지막 단계가 되면 자주 심한 스트레스를 받는다. 아침부터 저녁까지 모니터 앞에 앉아 내 글을 읽고 고치고 다듬고 검토하고 보충한다. 이처럼 유난히 집중이 필요한 노동 단계에서 하루의 시간이 흐르는 동안 나는 집중력이 떨어지는 것을 너무도 분명히 깨닫는다. 그러면 글의 맥락을 놓치고 오타를 못 보고 지나가며 뜻이 파악될 때까지 문장을 여러 번 읽어야 한다. 새로운 표현을 위한 아이디어도 바닥난다. 그러다가 일정한 때가 되면 더 이상

작업을 할 수가 없다. 원고 작업의 마지막 단계는 대개 겨울에 닥치고 그래서 내 책 대부분은 봄에 나오게 된다. 단순히 그렇게 길이 들었다. 추운 계절이 되면 나는 사무실에 갇히고 야외작업을 하지 못한다. 방향이 정해진 주의에 쏟을 에너지가 바닥났다는 것을 깨달을 즈음에는, 억지로 계속 일하거나 책상에 나를 '묶어놓는 것'이 전혀 의미가 없다. 그럴 때는 컴퓨터를 끄고 숲으로 간다. 말없이 가을이나 겨울 안개 속을 꾸준히 걸으면서 일종의 자연 명상에 빠진다. 걸을 때면 내면의 리듬이 모습을 드러낸다. 시내에서 산책할 때는 느끼지 못하던 효과다. 머릿속이 차분해지고 일 생각은 사라진다. 눈에 띄게 마음이 안정되고 주변의 숲은 내가 가만히 있어도 끊임없이 내 주의를 잡아끈다. 저절로 그리 되는 것이다. 내 감각은 아주 자연스럽게 식물 세계에 말을 건다. 나의 뇌는 그 세계와 나를 결합한다. 그러면 마음이 홀가분해지면서 해방된 느낌을 받는다. 조금 있으면 당면한 내 일과 관계된 아이디어가 마음속에 떠오른다. 나는 다시 원고를 생각하기 시작한다. 하지만 사무실에서와 달리 아무런 힘이 들지 않는다. 주로 구체적인 생각들이 떠오른다. 그전에는 떠오르지 않던 표현이 저절로 생각난다. 내 글의 핵심 맥락을 찾을 수 있는 실마리가 갑자기 보이는 것이다.

자연에서는 나의 뇌가 사무실에서와 전혀 다른 방식으로 돌아간다. 내 생각을 좇아가는 데 전혀 에너지가 소비되지 않고 오히려 정신적으로 충전된 느낌을 받기까지 한다. 나는 문제해결을 위한 새로운 단서를 발견한다. 이런 현상은 비단 내 일에만 해당하는 것이 아니라 내가 갑자기 다른 눈으로 볼 수 있는 사회적 갈등이나 부담스러운 사건에도 적용된다. 늙고 혹이 달린 나무 한 그루의 윤곽이 안개 속에 떠오른다. 나는 그 신비로운 광경에 놀란다. 동시에 안개 낀 날씨에는 숲 공기에 유난히 건강한 음이온과 테르펜이 많고 부식토의 바이오필리아 박테리아가 내 정신력에 긍정적인 영향을 준다는 생각이 떠오른다. 나는 흉곽 속으로 신성한 공기를 한껏 들이마신다. 숲 위 공중에서는 까마귀 떼가 날아가고 새들이 내는 울음소리가 나무꼭대기 위로 울려 퍼진다. 일이나 내 문제를 다시 해결할 생각과 자연에 대한 기쁨 때문에 마음이 한결 가벼워진다. 그 뒤 돌아올 때쯤이면 나의 정신적인 저장고가 되살아났음을 알게 된다. 나는 다시 가볍게 집중하고 자연에서 떠오른 새로운 아이디어와 해결책을 힘들이지 않고 실행에 옮긴다. 시내 산책을 한 뒤에는 이런 효과를 같은 강도로 느낀 적이 한 번도 없다. 이것은 자연만이 제공할 수 있는 100퍼센트 바이오필리아 효과다. 따라서 나는 야생의 환경에서 새로운 아이디어가 떠오르면, 즉시 기록하기 위해 숲을 산책할 때는 늘 메모 도구를 지니고 다닌다.

2012년 가을, 나는 일 때문에 인구 40만 명의 스위스 최대 도시인 취리히에 갔다. 새 책을 위한 준비를 하는 동시에 다른 원고를 마무리하는 일에 집중적으로 매달렸다. 심한 압박감에 머리가 터질 지경이었다. 랩톱은 늘 곁에 있었지만 작업은 진척되지 않고 지지부진했다. 벌써 여러 날째 글 길이 막혀서 더는 일에 집중할 수가 없었다. 시내 산책은 내게 도움이 되지 않았다. 오히려 스트레스만 더 쌓였다. 나는 생각을 정리한 다음, 기한을 한 번 뒤로 미루었음에도 원고를 마무리하지 못하겠다고 출판사에 털어놓을 수밖에 없었다. 그 상태로 진행하고 싶지는 않았다. 낯선 도시에서 나는 바이오필리아 효과를 찾아보기로 결심했다. 취리히 중앙역 부근에 있는 숙소 바로 앞에서 도시철도 10호선에 올라탔다. 환승 없이 20분간을 타고 시 남부에 있는, 숲이 우거진 위에틀리베르크로 갔다. '위에틀리베르크 선'으로 불리기도 하는 S10번 선은 시 구역을 벗어나지 않은 상태에서 산허리를 끼고 표준구간으로 유럽에서 가장 가파른 구간을 지난다. 자그레브의 메드베니차 산과 비슷하게 취리히의 위에틀리베르크도 대부분 도시의 산악지대다.

나는 산꼭대기에서 눈 쌓인 겨울의 자연을 다시 발견했고 취리히 시가지의 지붕 위로 펼쳐진 풍경을 볼 수 있었다. 나는 '밖에 나와' 있었다. 나는 '일상에서 벗어나' 있었다. 도시의 혼란에서 벗어나 있었지만 여전히 시 경계 안에 있었다. 표시가 잘된 산책로는 초원을 지나 숲속으로 나를 안내했다. 바위 지대를 지나가자 겨울의 정취가 나를 사로잡았다. 20분 정도 지나자 벌써 바이오필리아 효과가 나타났다. 홀가분한 명상과 자연에 대한 기쁨의 상태에서 새로운 아이디어와 문제해결 방안이 떠올랐다. 나는 한 시간 동안 도시 산행을 계속하고 난 뒤 새로운 영감으로 다시 내 일에 착수했다. 그 후 이어진 나날에도 나는 도시 부근의 자연을 찾았고 결국 시간에 맞춰 원고를 마무리할 수 있었다. 출판사는 그 결과에 만족했고 나도 마찬가지였다.

이후 나는 스위스 라디오 텔레비전(SRF)의 TV 사회자인 쿠르트 에슈바허Kurt Aeschbacher와 대화하게 되었다. 내가 겪은 도시 자연 체험을 그에게 설명하면서 그의 도시 바이오필리아 체험에 관해 질문했다. "위에틀리베르크는 바로 내 주방 창밖에 있는 거나 마찬가지예요"라고 에슈바허는 대답했다. "우리가 사는 곳이 거기서 멀지 않거든요. 위에틀리베르크를 멋지게 '체험하려면' ('트램'이라고 부르는) 전차를 타고 산기슭까지 가서 몹시 가파르고 멋진 오르막길에서부터 삼림욕을 시작하면 됩니다. 위에 올라가면 기막히게 아름다운 취리히 경치를 볼 수 있죠. 이 아래 시내가 우중충할 때도 위에틀리베르크는 눈이 내려 하얀 가루를 뿌린 것 같은 풍경으로 해마다 놀라움을 줍니다." 나는 에슈바허에게 취리히의 삼림욕에 관해 계속 질문했다. 그는 "환상적인 숲과 야생의 자연 구역이 취리히 남쪽에서 몇 킬로미터 안 떨어진 지점에 있어요"라고 열심히 설명했다. "질 강을 따라가면 자연보호구역인 질발트가 나옵니다. 아주 훌륭한 삼림욕장이에요."[90]

그렇다면 자연의 어떤 현상이 우리를 그토록 강하게 잡아끌고 우리의 정신력 재생에 원인을 제공하는 것일까? 환경심리학자들은 자연의 매혹과 결부되어 일상에서 벗어나는 행동이 자연 체류의 긍정적인 효과를 불러일으킨다는 것을 밝혀냈다. 윌리엄 제임스가 주의력의 두 가지 형태를 구분했다는 것은 이미 앞에서 언급했다. 방향이 정해진 주의는 앞에서 상세하게 묘사했다. 우리는 그것을 능동적으로 유지해야 한다. 그것은 또 우리의 정신 에너지를 갉아먹는다. 주의력의 둘째 형태는 매혹이다. 매혹은 우리에게 에너지를 채워준다. 우리가 능동적으로 에너지를 만들어낼 필요가 없다. 자연의 사물과 현상, 인상이 우리를 매혹할 수 있다. 그러면 우리의 정신적인 주의는 전혀 긴장하지 않고도 매혹의 대상과 결합한다. 우리는 자연스럽게 그 대상에 초점을 맞추고, 주의를 기울여 그 대상을 '채워 넣는다.' 이때 다른 인상은 흐려지거나 약해진다. 사고의 순환 과정이 시작되고 부담스러운 것은 뒤로 물러나며 우리의 인지는 현실의 특정 부분에 갇히게 된다. 그러나 이것은 우리가 유난히 강렬하게 인지하는 부분이다. 즉, 주의의 제한이 아니라 이동과 집중이라고 할 수 있다. 이를 통해 우리는 문제나 갈등 혹은 방해가 되는 일상의 영향과 거리를 두게 된다. 그 밖에 시끄럽고 스트레스를 주는 대도시의 혼란에 속하는 것들로부터 멀어질 수 있다. 자연의 매혹은 우리를 일상의 굴레에서 해방해준다. 많은 사람이 이런 상태를 '몰입 체험Flow-Erlebnis'이라고 알고 있다. 이것은 어떤 활동에 혹은 한 현상을 관찰하는 데 완전히 몰두하는 것을 말한다. 고요 속에서 명상하며 산책하는 사람의 의식 상태나 시간의 감각을 잃어버릴 만큼 완전히 몰두하는 원예 활동, 이런 것이 몰입 체험의 예에 해당한다.

1890년에 윌리엄 제임스는 여러 권으로 된 저서《심리학의 원리 The Principles of Psychology》에서 자연이 그의 마음속에 풀어낸 신비한 체험 장소를 몇 군데 거론했다. 정기적으로 스위스 산악지방에 체류했던 제임스는 아내 앨리스에게 보낸 편지에서 다음과 같이 썼다. "사랑스러운 스위스의 산과 나무, 초원과 호수가 얼마나 순수하고 소중한지 모른다오. 그것들은 내게 너무도 훌륭해요. 완벽할 정도로 말이요. 모든 것이 내 기분에 영향을 주고 나는 그것들에 대한 (또 당신에 대한) 존경심에 창가로 달려가 야경을 바라본다오. 내 오른쪽 산 위로는 은하수가 펼쳐져 있고, 밝게 빛나는 큰 별들은 그 속에서 환한데, 작은 별들은 사방에 흩어진 모습이지요."[91] 제임스는 별의 바다에 앨리스 얼굴이 보인다면서 그녀의 빛나는 눈동자와 부드러운 입술 묘사로 편지를 이어갔다. 그의 자연에 대한 매혹은 멀리 미국에 있는 앨리스를 향한 깊은 감정과 동경을 창의적이고 긍정적인 방법으로 인지하게 했다. "나는 별로 잠을 자지 못했는데도 아침에 10년을 젊어진 느낌을 받았다오"라고 편지에 계속 썼다. "그리고 자연과 신, 인간이 내게는 모두 하나로 보이지요."[92] 윌리엄 제임스에게 자연의 매혹이 주는 정신적인 자극과 재생의 효과는 단순한 연구대상이 아니었다. 그는 자신의 삶에서 바이오필리아 효과를 여러 번 체험했고 그에 관한 말을 자주 했다.

환경심리학자인 미시간 대학교의 레이첼과 스티븐 카플란Rachel & Stephen Kaplan은 수많은 연구에서 자연이 어떤 환경보다 더욱더 매혹과 몰입 체험을 유발하는 데 적합하다는 것을 확인했다. 자연의 매혹은 가령 시유림 같은 생태계는 인간의 정신 건강을 증진해주는 아주 중요한 수단의 하나다. 카플란 부부는 다수의 비교연구를 했는데, 여기서 두 사람은 실험 참여자들을 도시와 자연으로 내보내 산책하게 했다. 이들은 두 집단의 산책 시간을 똑같게 하고 시내나 자연에서의 체력 소모를 균등하게 하는 데 신경 썼다. 그 결과 시내 산책이 정신력의 재생으로 이어지지 못한 데 비해 자연에서의 산책은 반대라는 것이 분명히 드러났다. 도시의 건물은 흥미롭고 미학적일지 모르지만 거대한 폭포나 해안에 부딪히며 부서지는 파도 혹은 도시 부근의 황무지에 남아 있는 빙하시대의 습지와 똑같은 종류의 매혹은 주지 못한다.

이 책을 쓰는 동안 우연히 도시를 방문하더라도 나는 인근의 자연을 탐사하는 기회를 빼먹지 않았다. 이 부분을 쓰기 며칠 전에는 도나우 강변의 크렘스에서 주택 지붕들 너머 바위 지대에서 자라는 혹이 난 늙은 떡갈나무 한 그루에 매혹되었다. 크렘스는 인구가 3만 명밖에 안 되는 소도시지만, 대학교가 세 개나 있고 도심 구역은 중세 분위기가 잘 보존되어 있다. 산맥이 시내를 관통하는데, 그 능선에서 바하우 계곡을 통해 멀리 서부로 트레킹할 수 있다. 바하우 골짜기는 햇볕이 잘 드는 구역으로 포도와 살구, 복숭아 재배로 유명하다. 크렘스 주변으로 가파른 언덕들은 떡갈나무와 유럽소나무 숲으로 뒤덮여 있고 포도밭이 곳곳에 있다. 거기서 앞서 말한 떡갈나무를 보았다. 바위로 된 척박한 터에 뿌리를 내렸는데 바위 바닥에서 강력한 뿌리로 단단히 버티고 있었다. 바닥 표면에는 흙이 없어서 물과 영양분을 공급받기 위해 수 미터 아래로 뿌리를 내리뻗어야만 했다. 그런 불모의 조건에서 나무들이 터를 잡을 수 있다는 것은 자연의 기적이나 다름없다. 이 위풍당당한 나무는 골이 깊이 파이고 주름진 껍질로 보아 수령이 분명 300년은 되었을 것이다. 비교를 위해 예를 들자면, 독일어권 도시구역에 있는 나무 중에서 가장 나이가 많은 떡갈나무는 튀링겐의 아이제나흐에 있다. 아이제나흐의 인구는 4만 2,000명이다. 수령이 약 1,000년 된 나무가 시내 베르테로다 구역의 상징으로 선정되어 시에서는 그 둘레에 담장을 쳤다. 생물학자로서 나는 수령 1,000년으로 간주하는 나무 중에 그리 늙어 보이지 않는 나무를 종종 만난다고 말할 수밖에 없다. 그토록 나이가 많은 나무는 정확한 생물학적 수령을 측정하기 어렵다. 측정한다 해도 주로 구전된 이야기나 역사적인 재구성 과정에 의존할 때가 많다. 하지만 아이제나흐의 '굵은 떡갈나무'가 1,000살이 아니라고 해도, 아주 오래된 것만은 틀림없다. 아마 800살은 되었을 것이다. 반달리즘(무지로 인해 문화유적이나 공공시설을 파괴하는 행위-옮긴이)에 따른 파괴에 대비해 세운 초소에서 나무를 24시간 감시하며 보호한다. 따라서 고목에서 나오는 자연의 매혹은 이미 지역 정치에도 들어와 있다. 이 역사적인 떡갈나무의 줄기 둘레는 실제로 10미터가 넘는다. 앞에서 말한 도나우 강변 크렘스에 있는 떡갈나무의 줄기는 그렇게 굵지 않다. 그러나 온통 불룩한 줄기로 뒤덮인 모습이 인상적이다. 반면 높이는 겨우 4~5미터밖에 안 된다. 이 나무는 산 위에 드러난 상태에서 수백 년 동안 비바람에 노출되어 있었다. 갈라진 줄기나 동강 난 가지를 보면 여러 번 벼락에 맞았음을 알 수 있다. 가지는 거의 모두 부러지고 갈라졌지만, 굽은 떡갈나무는 오랜 시간을 보내며 줄기 곳곳에서 계속 새싹을 돋우고 있다. 나무는 땅딸막한 모습이다. 나무로 시선이 쏠린 순간, 나는 바닥에 달라붙은 것처럼 걸음을 멈추었다. 나무에서 영속성과 지구력, 강인한 의지가 풍겨 나왔다. 이 고목을 보고 나는 깊은 외경심에 사로잡혔다. 일종의 지혜와 마주치는 느낌이었다. 거의 언제나 옳다고 밝혀지는 충고를 해주는, 나이 들고 성숙하며 인생의 경험이 풍부한 사람을 만난 기분과 비슷했다. 나는 늙은 나무껍질을 만져보며 나무가 겪었을 모든 경험을 상상해보았다. 나무 곁에 30분가량 머물렀는데 시간이 순식간에 지나갔다. 나는 영감과 정신력을 충전하고 크렘스 구시가지에 있는 커피하우스에 들어가서 다시 일에 매달렸다. 떡갈나무를 생각할 때마다 창밖으로 정상이 보이는 산을 올려다보았다. 그리고 도시를 떠나 집으로 돌아갈 때까지 여러 시간 글쓰기에 깊이 빠졌다.

크렘스에서 북서쪽으로 5킬로미터쯤 떨어진 젠프텐베르크에는 누구에게나 개방된 요양 숲이 있다. 2017년 니더외스터라이히 주 정부는 한 민영의료 센터와 공동으로 이와 관련한 계획을 세웠다.[93] 발트 해의 우제돔 섬에는 이미 그런 요양 숲이 있다. 이곳도 마찬가지로 누구나 장애물 없이 접근할 수 있다. 하지만 우리가 잊으면 안 될 것은, 자연에 가까운 모든 숲은 요양 숲이라는 사실이다. 베를린의 그루네발트, 드레스드너 하이데, 쾰른의 쾨니히스포르스트, 함부르크의 라크모어, 비너발트, 시애틀의 킹피셔 자연 구역, 시드니 블루마운틴에 있는 옐로문디 지역공원도 지구에 있는 다른 도시생태계와 마찬가지로 요양 숲 역할을 한다는 말이다.

스티븐 카플란은 "자동으로 주의력이 작동되는 환경을 발견할 때 목표에 집중하는 주의력은 쉴 수 있다. 이것은 강렬한 매혹을 풍기는 환경을 의미한다"라고 했다.[94] 레이첼과 스티븐 카플란은 연구의 하나로, 미국 각 도시에서 1,200명의 사무직 종사자에게 설문했다. 실험 참여자 중에 책상에서 창문으로 도시녹지가 보이는 사람들은 녹지가 안 보이는 사람들보다 직장에서 집중력 약화와 울적한 기분에 시달리는 일이 훨씬 드물다고 대답했다. '녹색이 보이는' 참여자는 볼 것이 시의 건물 전면밖에 없는 참여자보다 자기 직업을 아주 즐겁고 의미 있다고 평가했다.[95] 레이첼과 스티븐 카플란에 따르면, 창밖으로 잠시 녹지를 보는 것만으로도 사무실의 집중력을 높이고 정신적으로 피곤해질 위험을 줄이기에 충분하다. 두 사람은 인간의 정신적인 수용력을 촉진하는 자연의 효과를 위해 '주의 복구'라는 개념을 만들었다.

스웨덴 웁살라 대학교의 심리학 교수인 테리 하티그Terry Hartig는 배낭여행을 곁들인 연구를 수행했다. 그의 연구팀은 여행자들을 세 집단으로 나누었다. 한 집단은 자연으로 보내고, 또 한 집단은 똑같은 시간에 도시로 가게 하고, 나머지 한 집단은 집에 머무르도록 했다. 그런 다음, 글에 숨겨진 틀린 부분을 찾아내는 집중력 테스트를 했다. 그 결과 자연에 머무르다 온 실험 참여자들의 점수가 가장 우수했다. 이들은 자연의 녹지로 가기 전보다 집중력이 더 오래 지속되었고 피로감을 느끼는 속도는 더 느렸다. 도시에 있다가 온 집단과 집에 머무른 집단은 나아진 결과를 보여주지 못했다.[96] 하티그가 한 집단은 자연공원으로 40분간 산책을 내보내고, 다른 집단은 평범한 시내 산책을 하게 하고, 세 번째 집단은 밀폐된 공간에서 긴장을 풀어주는 음악을 듣게 한 실험에서도 똑같은 결과가 나왔다. 자연에서 산책한 사람들은 이후에 나머지 두 집단보다 주의력과 집중력이 눈에 띄게 되살아나는 결과를 보여주었다. 자연은 긴장을 풀어주는 음악보다 인간의 정신력을 효율적으로 회복해준다. 가장 뒤처진 점수는 상투적인 시내 산책을 한 집단에게서 나왔다.

숲속의 자연 사무실

내게는 글이 막히는 것을 극복하고 집중력을 재생하는 데 숲보다 더 좋은 곳이 없다. 그 밖에 자연이 학습에 도움이 된다는 사실을 나는 이미 학창 시절에 확인했다. 나는 인구 30만 명에 가까운 오스트리아 제2의 도시인 그라츠의 김나지움을 다녔다. 이 학교는 교통이 붐비는 곳에 있었다. 그 일대는 냄새를 풍기며 질주하는 승용차와 화물차, 먼지를 뒤집어쓴 빌딩 숲이 지배하는 곳이었다. 하지만 학교 운동장은 꽤 넓었고 담장이 둘러싸고 있어서 소음과 폐기 가스로부터 우리를 보호해주었다. 또 키 큰 나무들이 학교를 에워쌌다. 녹지면적에는 초원이 펼쳐져 있었는데, 그 안에 조그만 숲과 축구장 두 개, 야구장과 핸드볼 구장 한 개, 멀리뛰기와 높이뛰기 경기장, 수많은 가로수와 조그만 연못이 있었다. 그것은 마치 담장 뒤에 숨은 녹색의 평행우주Paralleluniversum (어떤 세계에서 갈라져서 독립적으로 병행하는 세계-옮긴이) 같았다. 쉬는 시간만 되면 신입생부터 졸업반에 이르기까지 녹지시설을 가득 메웠다. 학교 실습지는 사회적으로 가장 중요한 집합 장소였고 싸움이 벌어지는 일은 좀처럼 없었다. 이와 달리 학교 건물에서는 아이들끼리 물리적인 힘겨루기가 하루의 일과였다. 1990년대 당시, 가톨릭 재단에서 운영하는 이 김나지움은 남학생만 받아들였다. 그에 따라 학생들 사이에서는 공격적인 잠재요인이 폭발할 가능성이 컸다. 이런 이유로 내 학창 시절에는 인생에 부담되는 이야기가 많다. 놀라운 것은 나에게 실습지는 매일 벌어지는 집단 괴롭힘으로부터 여가를 찾기 위해 도피하는 안전지대 같았다는 것이다. 체육 시간에 밖에서 하는 단체경기는 더 거칠고 공격적인 체육관 수업보다 갈수록 평화롭게 진행되었다. 나무들이 둘러싼 공간에서 새가 지저귀는 소리를 들었으니 그럴 만도 했다. 자연의 분위기가 어떻게 우리의 '휴식 신경'을 활성화하고 공격성을 진정하는지는 뒤에 가서 상술할 것이다.

우리를 가르친 생물 교사는 자연의 효과를 알았다. 열광적인 도시의 바이오필리악이었던 그는 야외수업을 자주 했는데 왜 그렇게 하는지 우리에게 설명해주었다. 그는 자연이 인간의 뇌에 미치는 효과를 놓고 우리와 대화했다. 자연이 우리의 집중력과 수용력을 촉진하고 우리에게 더 많은 기쁨을 주며 학습능률을 높여준다는 것을 분명하게 말했다. 생물 선생님은 우리를 실습지에 모아놓고 교안에 준비된 자료를 보여주었는데 주로 시각적인 것들이었다. 가령 꽃의 구조를 배울 때면, 그는 (봄이나 여름에는) 우리 모두에게 살아 있는 식물을 직접 보여주었다. 흔히 실습지에서 수업할 때면, 우리는 더 흥미롭게 주의를 기울여 들었다. 교실에서처럼 자주 시계를 들여다보는 짓은 하지 않았다. 초조하게 귓속말로 속삭이지도 않았고 수업 도중에 킥킥거리며 방해하는 일도 없었다. 그 대신 50분간의 생물 수업을 마치고 다시 학교 건물로 들어가야 할 때면 실망하기까지 했다. 그러자 녹색의 자연에서 수업할 때 학습능률이 올라간다는 소문이 교사들 사이에서 퍼졌다. 그래서 더러는 생물 외에 다른 과목도 학교 실습지에서 수업할 때가 있었다. 물론 그렇지 않을 때가 더 많기는 했지만, 학교 부지가 넓어서 여러 학급이 동시에 야외수업을 해도 서로 방해가 안 될 만큼 바깥 공간은 충분했다. 그럴 때면 우리는 교실에서 의자를 들고 나갔다.

미국에서 100개 이상의 학교가 참여한 미시간 대학교의 한 연구에서 환경심리학자 연구팀은 창밖으로 녹지와 자연환경이 보이는 학교가 녹지 전망이 없는 학교보다 학력 테스트에서 더 우수한 성적을 올릴 뿐 아니라 중퇴생 비율도 더 낮다는 것을 증명했다. 그 밖에 녹지 전망을 갖춘 학교에서는 그렇지 않은 학교보다 더 많은 학자를 배출했다.[97] 녹지 전망은 학생들의 문제해결 능력과 급우들과의 사회적 관계를 촉진한다.[98]

이후 내가 전공을 생물학으로 선택한 것이 생물 선생님의 영향 때문이었는지 아닌지는 모르겠다. 어쨌든 나는 자연에서 현장학습을 하는 습관을 계속 유지했다. 비너발트는 내가 대학 시절에 공부하는 기쁨을 맛보고 시험에서 좋은 성적을 거두는 데 도움이 되었다. 그 시절 나는 접는 테이블을 사용하면 좋겠다는 아이디어가 떠올랐다. 그래서 알루미늄으로 된 견고하면서도 아주 가벼운 캠핑용 탁자를 구매했다. 다루기 쉽게 접을 수 있는 탁자였다. 그 밖에 똑같이 알루미늄으로 만든 가벼운 의자도 구매했는데, 접을 수 있어서 이동할 때는 조그맣게 줄일 수 있었다. 텐트나 매트를 감아 매다는 배낭의 연결고리에 이 의자를 고정할 수 있었다. 이렇게 해서 나는 이동식 사무실 도구를 간편하게 휴대하고 헤르만스코겔에 오를 수 있었다.

날씨가 허락하는 한, 나는 주기적으로 자연학습을 위해 버스를 타고 비너발트로 들어갔다. 의자와 책상으로 구성된 이동식 자연 사무실을 대개 숲속의 빈터에 차렸다. 나는 43A번 버스를 타고 산악도로를 따라 460미터 높이의 드라이마르크슈타인에 올랐다. 거기서부터 15분만 걸어가면 여러 곳에 전원적인 초원이 펼쳐졌기 때문이다. 버스 정거장에서 50미터만 되돌아가면 숲 가장자리에 한 식당이 나오는데, 식당 뒤는 산에서 내려가는 길로 이어진다. 숲 사이로 이 길을 따라가면, 다음 골짜기에서 헤르만스코겔 기슭에 펼쳐진 무척 아름답고 광활한 초원에 이른다. 이 초원에 접이식 숲 사무실을 펴놓고 나는 많은 시간을 보냈다. 같은 버스를 타고 해발 382미터 지점에 있는 종점 코벤츨까지 갈 때도 많았다. 이 산의 명칭은 본디 라이젠베르크지만, 옛날식 빈의 표현으로는 '코벤츨'이라고 부른다. 맑은 날 위로 올라가면 전체 시가지가 보이는데 감탄을 자아내는 경치가 펼쳐진다. 나는 원고와 책을 들고 떡갈나무 위로 기어 올라가서 편하게 앉을 튼튼한 가지를 찾은 다음, 수관 사이에 앉아 자료를 들여다볼 때가 많았다. 이런 분위기가 내게 유난히 영감을 불러일으켰다. 식물생리학 시험을 준비하면서 식물 속 화학작용을 상세하게 공부해야 했을 때, 떡갈나무는 내게 구세주나 다름없었다. 식물세포 속 전개 과정의 공식을 익히고 수학적으로 계산하는 것은 내 분야가 아니었다. 나는 그런 학습주제에 관심이 부족했다. 내게는 너무 이론적이었기 때문이다. 나는 '숲과 초원의 생물학자' 쪽이지 분자생물학자는 아니었다. 하지만 나무에 앉아서 원고 속에 묘사된 분자운동이 잎사귀와 가지, 뿌리, 줄기에서 어떻게 전개되는지 상상해보았다. 그러자 내 나무 친구의 삶에 벌어지는 과정에 호기심이 생기면서 공부가 즐거워졌고 시험에 'A+'로 통과했다.

이때부터 접이식 책상과 의자는 내 작업의 고정된 구성 요소가 되었다. 내 책의 많은 장은 접이식 자연 사무실에서 작성한 것이다. 도시 한복판의 공원에도 접이식 책상과 의자를 가지고 가서 앉아 있을 때가 많았다. 세무 신고서를 작성하거나 조사 자료를 관리할 때처럼 컴퓨터로 지루한 작업을 할 때도 자주 녹지로 나가 마무리했다. 그런 일은 밀폐된 공간에서보다 자연에서 할 때 훨씬 더 쉬웠다. 가능하면 전기가 없는 곳에서 오래 사용하기 위해, 나는 배터리 지속시간이 유난히 긴 초소형 노트북을 샀다. 모니터도 작고 글쓰기나 관리 프로그램 이용에 제약이 따르기는 하지만, 이 저렴한 기기로 배터리 충전을 하지 않고도 10시간을 작업할 수 있다. 이것을 시험해보고 싶은 사람이라면 주변의 조명과 햇빛을 반사하지 않는 무반사 모니터를 골라야 한다는 것을 반드시 염두에 두어야 한다. 개혁적인 기업체 사장이나 관리자라면, 완전히 의도적으로 자연이나 부근의 도시녹지를 경영관과 연관시키고 직원들에게 녹지에서 근무하게 하거나 그런 곳에서 회의를 여는 기회를 제공할 수 있을 것이다. 교사와 교수들은 학생들을 교실이나 강의실에서 데리고 나가 밖에서 수업하며 바이오필리아 효과를 이용할 수 있을 것이다.

알베르트 아인슈타인도 자신이 교수로 있으면서 가르치고 연구한 뉴저지의 프린스턴 대학교 캠퍼스에서 정신력을 되살리고 새로운 접근법에 대한 영감을 얻기 위해 매일 숲으로 산책하러 나갔다. 아인슈타인은 자연에 대한 매혹이 대단한 것으로 잘 알려졌다.

부커상 수상자인 영국 작가 힐러리 맨틀Hilary Mantel은 한 에세이에서 가능할 때면 언제나 자연에서 작업한다고 말한 적이 있다. 맨틀은 "생각날 때마다 즉시 써두는 것이 중요하다"라고 강조했다.[99] 자연에서 돌아온 뒤에는 대개 그 착상을 더 이상 쉽게 쓸 수 없기 때문이라는 것이다. 그런 착상이야말로 자연의 매혹에 기인한 자연스러운 바이오필리아 효과다. 미국 화가인 리처드 해링턴Richard Harrington은 2008년 한 블로그의 글에서 자연은 자신의 작업을 위한 영감에 필요할 뿐 아니라, 규칙적으로 자연을 찾을 수 없을 때는 스트레스와 우울증에 시달리며 전반적으로 기분이 불쾌하다고 썼다.[100]

시유림에서 이루어진 치유

"자연의 치유 효과가 얼마나 강력한지 경외감이 생길 정도다."[101] 콜로라도 재향군인부Department of Veteran Affairs에서 정신적 외상을 입은 군인들을 치료하는 정신과 전문의이자 일반의인 마니 버크먼Marnie Burkman이 한 말이다. 버크먼은 심리치료에서 자연 접촉을 할 때와 단순히 자연을 상상할 때의 치유력을 연구하고 있다. 그는 자연이 불과 몇 초 동안에 정신적 외상을 입은 환자의 불안을 가시게 해주며 그들의 전반적인 신경계를 긍정적으로 변하게 해준다고 말한다. "나는 불안 증상에 그렇게 빠른 효과를 내는 약물을 이제껏 보지 못했다!"[102]

내가 바이오필리아를 주제로 글을 쓰기 시작한 뒤로, 내게 개인적으로 자연의 치유 경험을 털어놓은 사람이 많다. 그들 중에는 도시 주민이 많았고 치유는 도시의 숲에서 일어난 것이었다. 예컨대 나는 내 책《바이오필리아 효과Der Biophilia-Effekt》에서 불안장애의 일종으로 공황발작에 시달리는 빈의 젊은 패션디자이너 야스민의 이야기를 한 적이 있다.[103] 이 발작은 특히 불안을 유발하는 비현실의 감정을 통해 드러난다. 야스민은 자신과 세상을 현실로 인지하지 못하고 세상과의 연결고리를 잃어버렸다는 인상을 받았다. 이런 증상은 공황발작의 틀에서 나타날 때가 흔하며 당사자에게 큰 부담을 준다. 정신과에 입원하여 치료하는 동안 야스민의 발작을 다스리는 데 도움이 된 것은 약물이 아니라 매일매일 비너발트에서 한 산책이었다. 야스민의 말에 의하면, 거기서 '접지 동작'으로 몸을 땅과 연결함으로써 자신을 숲의 일부로 느꼈다고 한다. 야스민의 감각은 자연의 수많은 자극에 반응했고 그녀가 주변 세계(이 경우에는 숲)와의 접촉을 다시 인지하는 데 도움을 주었다. 삼림욕은 야스민을 지금의 영역으로 불러들였고 그녀는 불안 상태의 악순환과 거기서 느낀 비현실을 돌파했다.

내가 이 책을 위해 조사하는 동안, 한 젊은 남자는 유럽 최대 도시 중 한 군데서 겪은 바이오필리아 효과를 내게 설명했다. 그 남자의 경험을 소개해도 문제 될 것은 없다. 여기서는 조지라는 그의 가명을 쓸 것이기 때문이다. 이 사건은 자연의 치유력이 경외감을 불러일으킬 정도라는 정신과 의사 마니 버크먼의 말이 옳다는 것을 보여준다. 설사 대도시의 자연이라고 해도.

2010년 늦여름의 어느 날 밤, 조지는 가동이 중단된 런던의 공장지대 부근에 있는 주점에서 세 남자의 공격을 받았다. 그는 놀랄 만큼 잽싼 동작으로 낯선 남자들의 폭력에서 벗어나 도망칠 수 있었다. 그런데 그다음 신경쇠약 증상이 찾아왔다. 조지는 집에 갈 수가 없었다. 정신이 혼란하고 충격을 받은 상태였다. "나는 아무 계획도 없이 도심 방향으로 곧장 차를 몰았어요"라고 조지는 기억을 떠올렸다. "새벽 2시쯤 되었죠. 거리는 거의 텅 비어 있었는데, 머릿속에서는 끊임없이 습격을 받던 장면이 되살아났습니다. 앞으로 일어날 수 있는 모든 일에 관한 끔찍한 생각이 내 환상 속에서 솟구쳤어요. 한동안 정처 없이 이리저리 차를 몰다가 우연히 아침 식사를 제공하는 숙박업소 한 군데로 차를 몰았죠. 차에서 내려 방을 하나 얻었어요. 진이 빠진 나는 곯아떨어졌고 악몽을 꾸었습니다."

조지는 이 사건 이후 정신적으로 막다른 골목에 갇혔다. 그날 밤의 기억이 달라붙어 그를 놓아주지 않았다. 그는 더 이상 정신을 집중할 수 없었고 대학 졸업논문도 쓸 수 없었다. 그는 불안 상태에 시달리며 긴장에서 벗어나지 못했고 잠도 자지 못했다. 감정적으로 청각장애인 같은 느낌이 들었고 세계관마저 흔들렸다. 조지는 외상 후 스트레스 증상을 보였다. 활발한 런던의 도시 생활은 그에게 관여할 틈도 주지 않고 그에게서 멀어졌다. 그는 완전히 고립된 느낌을 받았다. 그는 "사회생활에 참여하거나 도시의 문화적 혜택을 누리기 위한 동기부여가 바닥으로 떨어졌지요"라고 회상했다. "거리에 나가면 어디서나 잠재적인 폭력범들이 보였어요. 저 모퉁이에 있는 남자가 혹시 영문도 모르는 사람을 덮치려고 하는 건 아닐까? 지하철에서 내 옆에 있던 험상궂은 남자가 주머니에 칼을 갖고 있던 것은 아닐까? 인간에 대한 나의 신뢰는 완전히 무너졌습니다. 내 피는 스트레스호르몬으로 가득 찼을 겁니다. 그때 나는 그런 긴장 상태에서 다시는 벗어날 수 없고 우울증에 빠졌다는 느낌이 들어서 서두르자고 결심했어요. 그 상태가 굳어지는 것을 원치 않았으니까요. 나는 휴식이 필요했고 사회와 거리를 둘 필요가 있었어요. 무조건 도시에서 벗어나야 했어요. 무조건 말입니다!"

습격을 받은 지 4일째 되던 날, 조지는 이른 아침에 런던 지하철의 센트럴 선을 타고 북동쪽 변두리 종점인 에핑으로 갔다. 그는 그때를 기억하며 "내가 숲으로 들어가리라는 예상은 전혀 하지 못했어요!"라고 말했다. "나는 도시를 벗어나기 위해 대도시의 상징인 지하철을 이용한 겁니다. 그건 일종의 타협이었어요." 에핑 숲은 런던의 원스테드와 우드포드 구역에서부터 약 20킬로미터 떨어진 에핑 지구의 시 경계를 살짝 벗어난 곳까지 뻗어 있는 넓이 25제곱킬로미터의 시유림이다. 이곳의 숲길은 지하철이나 버스를 이용해 시내 여러 곳에서 환승 없이 접근할 수 있고 보행 장애인이나 유모차 끄는 사람들도 쉽게 이용할 수 있다. 조지는 그곳에 처음 간 것이 아니었다. 그는 그 숲을 알고 있었고 동화 분위기를 간직한 아름다운 경치 때문에 명승지로 여기고 있었다. "에핑 숲의 떡갈나무와 너도밤나무를 보면 언제나 영국 신화와 기사 전설이 떠올라요. 안개 낀 가을날이면 여자 친구와 함께 밤을 주우러 자주 갔어요. 친숙한 숲이에요."

조지는 밤에는 그 시유림에 가지 않을 거라면서 런던에는 (어느 대도시나 그렇듯이) 평화를 사랑하는 사람들만 사는 것이 아니기 때문이라고 말했다. 얼마 전에야 그런 느낌이 들었다고 했다. 시내에서도 밤에는 더 이상 안전을 자신할 수 없다고 했다. "하지만 낮에 에핑 숲에 가면 아주 마음이 편안해요. 북쪽 숲으로 들어가서 시내 방향인 남쪽으로 걸었죠. 내 계획은 삼림구역을 두루 산책하고 버크허스트 힐 역에서 다시 지하철을 타는 것이었습니다. 온종일 자연에서 보내고 싶었어요."

숲으로 들어가고 얼마 있자 사방이 조용해졌다. 교통이 혼잡한 시내의 소음이 사라진 것이다. 그 대신 새들이 지저귀는 소리가 들렸다. 축축한 땅과 버섯 냄새가 났다. 햇살은 나무 사이로 내리비췄고 길가의 관목 사이로 빨간 나무딸기와 까만 산딸기가 반짝였다. "길을 벗어나 숲 한가운데로 들어가자 다시 키 큰 너도밤나무들이 보였어요. 나는 쓰러진 나무줄기에 자리를 잡고 거기 앉아 있었어요." 조지는 자신의 정신적인 긴장이 차츰 가라앉는 것을 감지했다. 순간순간 그의 관심은 갈수록 다양한 모습을 한 주변의 자연으로 쏠렸고 그것을 기화로 불쾌한 기억과 불안에서 벗어났다. "나도 모르게 슬며시 빠져나왔어요. 전혀 의식하지 못한 상태에서 점점 더 숲의 풍경과 동식물에 초점을 맞추었습니다. 얼마 후 내 손이 더 이상 떨리지 않는 것을 알았죠. 나는 긴장이 풀어진 상태가 되었고 아주 기분이 좋았어요."

이날 숲에서 조지는 야간습격을 받은 이후 처음으로 다른 일을 생각하게 되었고 마음속에서 다시 졸업논문을 쓰고 싶어 하는 의욕이 생기는 것을 느꼈다. 그는 수백 년 된 두 줄기의 떡갈나무 곁에서 시간을 보냈다. "이상하게 들릴지 모르지만, 나는 나무를 향해 내 괴로움을 설명했어요. 떡갈나무 곁에서 영혼에 관한 모든 것을 얘기했어요." 이후 조지는 자그마한 호수에 머무르면서 야생오리들을 관찰했다. 런던의 에핑 숲에는 짐승들에게 소중한 안식처 역할을 하는 100여 개의 호수와 연못이 있다. "그런 다음 숲속 빈터에서 갑자기 뿔이 긴 영국 롱혼 떼와 마주쳤는데, 거대한 짐승의 자태에 완전히 넋을 잃었죠." 조지가 눈을 반짝이며 기억을 떠올렸다. 롱혼은 고대 영국의 소 종류로 이름에서 알 수 있듯이 늠름하고 긴 뿔이 달려 있는데 심하게 휜 모습이다. 얼마 전부터 종 보호와 초원의 경관 관리 차원에서 에핑 숲에 이 소가 살게 되었다.

조지는 일주일 동안 매일 숲으로 갔다. 그때마다 불안은 줄어들었고 신경도 안정되었다. 삼림욕을 거듭하면서 그의 정신 상태는 제자리를 찾았고 정신적 외상을 준 경험의 기억도 차츰 희미해졌다. 긍정적인 다른 생각에 밀려난 것이다. 조지는 숲에서 홀가분하고 아무 걱정 없는 느낌을 받았다. 그는 자신감이 생겼다. "그때 만일 자연으로 도피하지 않았다면, 나는 분명히 정신적인 균형감각과 삶의 기쁨을 그렇게 빨리 되찾지 못했을 겁니다." 조지는 그 뒤로 며칠 간격을 두고 여러 차례 에핑 숲을 다시 찾았다. 이때부터 시유림과 그의 관계는 훨씬 긴밀해졌다. 그는 유럽 최대 도심 중 한 곳에 있는 숲에서 치유를 경험한 것이다.

신경생물학의 현장, 숲

야생환경은 인간의 정신에 어떤 영향을 줄까? 숲의 어떤 힘이 조지가 외상 후 스트레스 장애를 극복하고 신경을 안정하는 데 도움을 주었을까? 건축가이자 의학자로서 스웨덴 샬머스 대학교에서 강의와 연구 활동을 병행하는 로저 울리히Roger Ulrich 교수는 수십 년 동안 풍경의 어떤 요소가 정신적으로나 신체적으로 인간의 자가 치유력을 촉진하는지를 연구했다. 그는 1970년대와 1980년대에 임상 연구에서 나무를 바라보기만 해도 치료 효과가 있다는 것을 증명했다. 실험대상은 담낭 수술을 받은 환자들이었다. 참여환자들은 모두 설비조건이 같은 병실에 수용되었다. 단 한 가지 실험집단 사이에 차이가 나는 것은 창밖의 풍경이었다. 외과수술을 받은 뒤에 창밖으로 나무를 포함해 녹지를 볼 수 있었던 집단은 건물 벽만 볼 수 있었던 다른 환자들보다 빨리 건강을 회복했다. 이 '나무 집단'의 상처 회복은 빨랐고 진통제 사용이 눈에 띄게 적었다. 나무를 본 환자들에게서는 퇴원 후에 후출혈도 적게 나타났다. 이 획기적인 사건은 1984년에 자연과학 전문지 《사이언스》에 발표되었다.[104] 그렇다면 놀라운 나무의 치유력을 어떻게 설명할 것인가? 이 물음에는 현대 신경생물학이 답을 준다.

자연을 바라보는 행위는 정신의 휴식과 신체의 재생을 담당하는 인체 신경계의 중요한 부분을 활성화한다. 이것이 부교감신경이다. 이를 개별적인 한 개의 신경으로 생각해서는 안 된다. 그것은 인체의 뇌에 자리를 잡고 척추를 지나가며 우리 몸으로 이어지는 복잡한 신경섬유의 연결망 형태이기 때문이다. 부교감신경은 아주 많은 기관과 연결되어 있다. 부교감신경에서 가장 큰 것은 '미주신경Nervus vagus'이다. 이것은 내부 기관 대부분을 통제하는 데 관여한다. 미주신경이라는 명칭은 인체 속에 널리 퍼지는 데서 기인한다. 라틴어로 'vagari'는 '방랑하다' 혹은 '떠돌다'라는 뜻이기 때문이다. 부교감신경계는 '직감'이나 앞에서 바이오필리아 박테리아와 관련해 이미 소개했던 '장뇌' 기능의 생성에 중요한 역할을 한다.

현대인의 삶에서, 특히 쫓기듯 사는 대도시의 일상에서 인체 신경계의 또 다른 중요 부분은 대체로 너무 오래 활성화된다. 그것은 바로 교감신경인데, 나는 '흥분신경'으로 부른다. 이런 명칭은 사실 과학적이지 않지만 적절한 표현이다. 자연의 측면에서 볼 때 인간은 위험 상황일 때

흥분신경이 필요하다. 스트레스를 받거나 위협을 받을 때, 흥분신경이 우리에게 유난히 능력을 발휘하게 해주기 때문이다. 이것은(흥분신경이 계속 반복되기 때문에) 우리의 정신적, 육체적 에너지를 목숨을 부지하도록 도주하거나 싸우는 행위로 돌려준다. 바로 조지가 런던에서 정신적 외상을 경험한 뒤에 빠졌던 그리고 내면의 불안과 불면, 불안, 떨림 증상을 깨닫게 해준 상태다. 또한 지속적인 경보의 상태이기도 하다. 만성 스트레스와 외상 후 스트레스 장애, 불안 및 공황 장애는 언제나 흥분신경의 지나친 활성화와 관계가 있다. 이때 위험 상황에 필요하지 않은 다른 정신적, 신체적 기능이 에너지를 빼간다. 그런 기능은 목숨을 부지하는 데 이바지하지 않기 때문이다. 이런 이유로 만성 스트레스 장애는 예컨대 소화장애나 성기능 장애, 집중력 약화, 창의력 부족, 우울증 등으로 이어진다. 우울증은 정신적 에너지 절약 상태의 결과이며 무감각이나 무욕증, 생의 기쁨 부족 등으로 표현된다. 반대로 혈압이나 혈당치는 올라간다. 스트레스호르몬의 수위도 높아진다.

이 지점에서 신경심리학적으로 의미 있는 자연의 효과가 시작된다. 삼림욕과 전반적인 자연 체류는 흥분신경의 활성화를 억제하고 대신 신경생물학자들 사이에서 흔히 '휴식 신경'으로 알려진 부교감신경을 활성화한다는 것이 입증되었다.[105] 이 휴식 신경은 세포에 이르기까지 재생 효과를 내기 때문에 '휴식과 재생 신경'이라고 부르는 것이 더 나을 것이다. 안정과 재생을 부르는 이 효과는 우리가 자연을 인지할 때, 즉 나무를 보거나 새소리를 들을 때, 심지어 자연 사진을 보거나 단순히 자연 풍경을 상상하기만 해도 나타난다. 휴식과 재생 신경은 만성 스트레스 장애를 억제하고 긴장에서 풀려나 안정을 되찾는 상태로 전환해준다. 그 한복판에 세포나 기관의 재생과 신체적인 회복의 과정이 담겨 있다. 소화 기능이 정상을 되찾고 혈압이나 혈중 스트레스호르몬 수치가 떨어진다. 우리는 정신적 에너지를 되찾게 되고 창의적 사고와 낙관적 문제해결 능력이 촉진된다. 조지가 런던의 에핑 숲에서 경험한 정신적 치료와 신경계의 균형 회복은 숲에서 활성화된 휴식과 재생 신경의 효과로 설명된다.

신경생물학의 현장 연구는 이처럼 인체 신경계의 재생 부분을 활성화한 것이 숲뿐만이 아니라는 것을 보여주었다. 틈이 들여다보이는 수목과 녹지, 그 주변에 여기저기 자라는 관목과 나무의 배경은 인체 신경계의 균형 회복에 가장 강력한 효과를 낸다. 사바나의 특징으로 알려진 이런 형태의 풍경이 휴식과 재생 신경을 유난히 효율적으로 활성화한다.[106] 따라서 사바나 형태의 풍경은 탈진증후군과 불안장애, 심리불안 치료에서 효과적인 치유 촉진 작용을 한다는 것이 입증되었다. 이런 풍경은 아프리카에만 있는 것이 아니라 지구 어디에나, 어느 도시에나 있다. 뉴욕 시 한복판에 있는 센트럴파크는 숲과 호수, 사바나 형태의 풍경으로 이루어져 있다. 이곳은 인구 850만 명의 대도시 한가운데에 넓이 3.5제곱킬로미터의 거대한 생태계를 형성하고 있다. 세계의 수많은 시유림도 센트럴파크처럼 사바나를 모범으로 조성되었다. 녹지와 덤불, 수풀이 딸린 문화 경관도 종종 사바나에 걸맞은 모습을 하고 있다. 이런 형태의 풍경은 오랜 시간에 걸쳐 인류 조상의 생존공간 역할을 했다. 최근의 학설에 따르면, '호모 에렉투스'에서 '호모 사피엔스'로 넘어가는 과정은 이미 40만 년 전에 동아프리카의 사바나에서 성공을 거두었다. 그러므로 이 풍경은 인류의 진화에서 중요한 역할을 한 것이다. 진화생물학자들은 사바나의 강력한 심리안정 효과는 인간이 나무들 사이를 들여다보고 풍경 전체를 조망할 수 있는 상황에서 나온다고 생각한다. 안 보이는 곳에 도사린 위험을 겁낼 필요가 없으므로 안심한다는 것이다. 이처럼 긴장을 풀어주는 기본 조건 아래에서 자연의 자극거리는 아무 방해도 받지 않고 우리의 감각에 영향을 주고 휴식과 재생 신경을 유난히 효율적으로 활성화하는 것이다.

나는 인간의 정신 속에서 진행되는 과정을 진화생물학적으로 설명하는 데는 보통 아주 조심스럽다. 자연 자극이 특히 사바나 풍경이 심리를 안정시키는 효과의 경우, 인류 조상의 생존공간과 진화 과정에서 발생한 내면의 경보 시스템 사이에 분명한 관계가 있기 때문이다. 도시 주민에게 사바나 형태의 공원이나 도시 숲은, 스트레스를 주고 종종 시끄럽기까지 한 대도시 환경과는 중요한 대극을 이룬다. 특별히 신경생물학적인 연구를 하지 않더라도, 바다나 호수, 그림 같은 산악 풍경이 인간의 정신을 안정시키고 스트레스를 해소해주며 재생 효과를 가져다준다는 것은 자신 있게 말할 수 있다.

영국의 에섹스 대학교에서는 환경심리학자들이 우울증에 시달리는 환자들을 숲이나 도시의 쇼핑센터로 보내는 실험을 한 적이 있다. 이들은 실험을 전후해서 참여집단을 비교했다. 숲에서 산책한 집단은, 환자의 92퍼센트가 우울증 증상이 뚜렷하게 감소했다. 또 숲에서는 분노와 탈진, 혼란 상태도 줄어들었다. 반대로 쇼핑센터 집단은 어떤 효과도 보여주지 못했고 오히려 환자의 22퍼센트는 정신 상태가 악화했다.[107] (역시 에섹스 대학교의) 생물학 교수인 줄스 프리티 Jules Pretty와 스포츠과학자인 조 바튼 Jo Barton은 부근에 하천이나 호수가 있을 때, 나무가 인간의 정신 건강에 가장 강력한 효과를 미친다는 것을 밝혀냈다. 이들은 우울증에 시달리는 사람이 나무와 물의 조합을 통해 상태 호전을 경험한다는 것을 보여줄 수 있었다.[108]

2017년에 독일의 막스 플랑크 연구소는 숲 부근에 사는 도시 주민이 콘크리트로 된 삭막한 환경에서 사는 사람보다 자기공명영상에서 더 건강한 뇌 구조를 보여준다는 것을 증명하는 연구 결과를 발표했다. 특히 도시의 숲 주변에 사는 주민들은, '편도핵'으로 불리기도 하는 편도체가 기능적으로나 해부학적으로 더 잘 발달해 있었다.[109] 편도체는 눈높이 언저리에서 관자놀이 사이에 있고 뇌피질에서 뇌의 핵심 부위까지 뻗어 있다. 또 편도체는 뇌간과 긴밀하게 결합하면서 호흡이나 순환 같은 기본적인 신체 기능을 통제하는 데 가담하기도 한다. 편도체는 냄새를 인지하는 데도 뇌피질과 협동 기능을 수행한다. 특히 인간의 정서적인 이해와 감정 발생에 편도체의 의미가 주목받는다. 편도핵에 장애가 발생하면 불안과 신경과민으로 이어질 수 있고 사회적인 특성을 올바로 해석하는 능력을 상실할 수도 있다. 그러므로 편도체는 무엇보다 기초가 되는 '사회적 기관Sozialorgan'이라고 할 수 있다. 녹색 주거지가 편도체에 긍정적인 영향을 미친다는 것을 보여준 위 연구 결과는 도시의 자연환경이 늘어날수록 도시 주민의 신경생물학적 건강에 긍정적인 영향을 준다는 암시이기도 하다.

숲에서 뛰노는 도시 아이들

자연은 우리의 능력과 힘을 길러준다.[110]

장 자크 루소 Jean-Jacques Rousseau, 프랑스 교육가, 자연과학자(1712~1778)

영미권에서 자리 잡은 어휘 중에, 인간 사회가 자연의 생활공간에서 멀어졌을 때의 부정적인 결과를 일컫는 표현으로 '자연 결핍 장애 Nature Deficit Disorder'라는 말이 있다. 공인된 의학 혹은 심리학 진단의 의미에서는 이해되지 않는 이 장애는, 무엇보다 수많은 도시 아이가 자연 접촉이 없는 환경에서 성장하는 것에 기인한다. 그동안 이 문제는 시골 지역에서도 나타나고 있다. 하지만 아이들에 관한 것은 다수가 도시의 문제다. 독일의 경우, 아이들의 3분의 2가 도시에서 사는 것만 봐도 알 수 있다.[111] 이 비율은 다른 유럽 국가에서도 비슷하다. 유엔의 아동구호기구인 유니세프에 따르면, 2050년까지 세계적으로 인구 10명 중 7명이 도심에 살 것이라고 한다.[112]

삼림의학은 지난 수십 년간 자연 결핍 장애의 진단을 뒷받침하는 수많은 연구 결과를 내놓았다. 자연 접촉과 햇빛, 자연에서의 운동이 결핍될 때 아이들은 정신적, 신체적으로 피해를 본다. 예를 들면, 자연의 일광이 부족할 때(이것도 자연 결핍이다) 근시가 생긴다. 이것은 10세까지는 안구 형태가 변하다가 차츰 올바른 시선에 접근하는 과정에서 발생하는 문제다. 근시는 안구의 길이가 성장하는 데서 생긴다. 일광 결핍은 안구가 심하게 길게 자라는 결과로 이어진다.[113] 눈이 건강하게 성장하려면 무조건 햇빛과 자연 세계의 대상이 필요하다. 인공조명을 너무 많이 접하거나 실내공간에 자주 머무를 때, 눈의 성장 과정이 방해를 받는다. 특히 이 문제와 관련해 결정적인 시기는 생후 6세까지다. 도시에서 성장한 아이들은 시골 지역의 아이들보다 근시가 훨씬 많다. 가령, 도쿄에서는 시민의 90퍼센트가 근시다. 인간이 자라는 환경은 시력 발달에 중요한 역할을 한다. 이 때문에 도시 아이들에게는 자연의 생활 공간과 놀이터를 접하는 것이 중요하다.

아이들의 자연 결핍 장애를 보여주는 다른 예로는 알레르기가 급격히 늘어나는 것을 들 수 있다. 알레르기 질환이 시골보다 도시에서 빈번하게 나타난다는 것은 앞에서 이미 제시했다. 이것은 비단 환경 유해물질 때문만이 아니라 인간의 면역체계를 단련하고 균형 잡게 해주는 토양미생물과 접촉할 기회가 아동기에 부족한 데서 오는 현상이다. 이 상관관계는 바이오필리아 박테리아에 의거해 이미 앞에서 설명했다.

자연 결핍 장애의 세계

2006년 영국의 국립연구소인 '경제사회연구위원회(ESRC)'에서 행한 연구에 따르면, 영국의 아이들이 1990년과 비교할 때 어휘력과 연관된 정신발달에서 2~3년 후퇴했다는 결과가 나왔다고 한다. 연구진은 경종을 울릴 만한 이 후퇴가 아이들이 점점 더 야외에서 활동하며 모험적인 놀이를 할 기회가 줄어드는 대신, 갈수록 컴퓨터나 비디오게임, 인터넷서핑, 텔레비전 앞에 앉아 있는 시간이 늘어난 데에 따른 결과라고 결론지었다.[114]

자연 결핍 장애의 실질적인 상징은 스마트폰이다. 스마트폰은 하루 24시간 우리를 인터넷 상업 세계에 붙들어 매어놓고 아침부터 밤까지 우리를 소비자로 만든다. 스마트폰은 우리가 자발적으로 달고 다니는 이동식 주삿바늘이다. 대기업과 마케팅 부서는 보이지 않는 관을 통해 비트와 바이트의 형태로 우리를 종속적으로 만드는 마약을 직접 우리 뇌로 공급한다. 이 대목에서 인간이 컴퓨터에 의해 가상 세계의 노예가 되는, 1999년에 나온 영화 〈매트릭스〉가 생각난다. 현재 가상 세계는 수많은 사람의 삶에서 갈수록 중요한 역할을 한다. 이미 아이들조차 자라면서 디지털 세계로 이끌리고 있다. 독일에서는 2018년에 연방 교육부가 주 정부와 함께 '디지털 협정 학교'를 실시할 예정이다. 이것은 특히 '가능한 한 학교의 인터넷 광대역접속'을 목표로 하는 사업이다.[115] 2007년에 발행된 교육부 계획서를 보면, 오스트리아에서는 이미 이때부터 '디지털 기초교육'을 초등학교 필수과목으로 만들려고 했음을 알 수 있다. 초등학교를 마친 직후에 모든 학생은 정부로부터 태블릿 컴퓨터를 선물 받는다는 것이다.[116] 인터넷의 빠른 접속으로 정보 전달이 쉬워진다면, 물론 기본적으로 이를 비난할 일은 아니다. 다만 우리는 이런 장점을 비싼 대가를 치르고 산다는 것을 알아야 한다. 스마트폰 기업은 무엇보다 소비와 광고 확산, 정보수집에 몰두하기 때문이다. 그뿐만 아니라 수많은 청소년이 (성인마저) 지속해서 온라인에 접속할 가능성이 있으므로 온전할 리가 없다. 하루에 너무 많은 시간을 모니터를 보며 보내는 바람에 자연을 느끼는 것은 고사하고 직접적인 체험을 할 시간과 공간이 너무 적어지기 때문이다. 앞에서 말한 대로, 이때는 자연 일광만이라도 시력의 발달을 위해 중요할 것이다. 자연 결핍 장애는 갈수록 분명하게 나타난다.

내 개인적으로 볼 때는, 인터넷 접속을 집에서나 사무실 작업을 할 때로 제한해도 충분하다. 그 밖에 이따금 휴대용 컴퓨터로 접속하거나 카페 시설을 이용하면 된다. 나는 차라리 다른 방향으로 우리의 관심을 돌리자고 제안하고 싶다. 이를테면 지속적인 버스(정보 전송을 위한 연결 통로-옮긴이) 연결로 갈수록 디지털 소비 중독에 빠지는 대신, 자연의 생존공간을 지닌 자연의 존재 '호모 사피엔스'와 새로운 결합을 모색하는 것이다. 그렇다고 디지털 생활화의 부정적인 효과를 간파하는 것이 절대 '퇴행적'인 것도 아니다. 또 진보란 우리가 디지털 세계와의 교류를 숙고해보고 그것이 인간의 건강과 합치되도록 적응하는 것을 의미할 수도 있다. 다음 장에서 얘기하겠지만, 자연과의 접촉은 일찍부터 규칙적으로 할수록 이런 식의 적응에 성공할 수 있다. 스마트폰 기업은 훨씬 일찍 시작된 아동 발달의 일시적인 목적지일 뿐이다.

독일에서 아주 영향력이 큰 의사이자 정신분석가로 1908년부터 1982년까지 생존했던 알렉산더 미체를리히 Alexander Mitscherlich는 모바일 전화나 인터넷이 나오기 수십 년 전인 1960년대에 이미 다음과 같은 말로 자연 결핍 장애를 강조했다. "왜 도시 아이들은 인간의 아이로 대접받지 못하고 꼭두각시나 꼬마 성인처럼 어린애 같은 성인들에 둘러싸여 있는가? 도시적인 이들의 사전 경험이란 아이들에게 해를 끼쳐, 사람이 14세까지 주변 환경에서 무엇을 필요로 하는지 더 이상 알지 못하게 하지 않는가?" 미체를리히의 발언에서 자연 결핍 장애는 아동기가 아니라 이미 성인들 사이에서 시작되고 있음이 분명해진다. 이 발언이 나온지 50년 전으로 거슬러 올라가지 않는가! 아이들에게 어떤 환경이 필요한지, 미체를리히는 다음과 같이 썼다. "아이들에게는 동물과 원시적 자연, 물, 똥, 덤불, 놀이터가 필요하다."[117]

미체를리히는 자연 결핍 장애에 관하여 그의 표현대로 하자면 우리가 사는 '황량한 도시'에 책임을 돌렸다. 하지만 오늘날 대도시에서는 아이들의 미래를 위해 생명애를 바탕으로 한 새로운 가능성이 열리고 있다. 도시 숲에서 이루어지는 교육 프로젝트가 그것으로, 도시 한복판의 여가 기회, 삼림활동 안내, 아동연구센터에서부터 삼림유치원, 삼림학교까지 다양하다. 자연은 우리 아이들의 정신 발달과 운동능력 발달을 촉진한다. 또 만성 주의력결핍과잉행동장애(ADHD)나 자폐증에 걸린 아이들도 자연 접촉을 통해 좋은 영향을 받을 수 있다. 사회의 바이오필리아 혁명은 최대의 자연 결핍이 지배하는 바로 그곳, 우리가 사는 도심에서 시작된다. 도시구역과 자연에 대한 이 같은 의식의 조합은 커다란 잠재력이 있다. 이 책에서 이미 자세하게 부각한, 건강을 해치는 도시 생활의 수많은 영향에도 불구하고 도시문화는 자체로 긍정적인 측면을 가져다주기 때문이다. 도시는 문화생활의 중심점으로, 정신을 자극하는 효과를 발휘하며 교양과 만남의 장소이기도 하다. 도시는 우리에게 현대적인 인프라 구조와 여가 선용의 기회, 보통은 잘 조직된 대중교통망을 제공한다. 이 책을 통해 나는 무엇보다 도시의 긍정적인 측면을 자연의 긍정적인 효과와 결합해서, 살 가치가 있는 생명애의 대도시를 만들도록 자극을 주고 싶다. 도시와 자연을 대치시키는 것은 내 관심사가 아니다. 도시가 자연의 세계로부터 불가피하게 소외된 장소일 필요는 없다.

도시의 바이오필리악으로 성장하기

나는 1980년에 태어나 떡갈나무와 너도밤나무, 소나무가 있는 숲가에서 자랐다. 거기서 유년기와 청소년기 전체를 보냈다. 자연에 가까운 내 본가는 시골이 아니라 그라츠 시 경계 안에 있었다. 그런데도 숲은 생태적으로 온전했다. 각종 나무와 관목 군락은 생물 교과서에 나오는 것처럼 확연했고 죽은 나무는 바닥에 깔려 오랜 세월을 두고 썩으면서 부식토가 되었다. 숲은 여우와 노루, 토끼, 딱따구리, 올빼미 등의 동물에게 생존공간을 제공했다. 5층의 창문을 통해 나는 불과 몇 미터 떨어지지 않은 나무들 사이를 직접 들여다볼 수 있었다. 거의 매일같이 다람쥐가 나무를 타고 오르는 모습을 관찰했다. 더욱이 내 창 앞의 숲에는 올빼미까지 살았다. 밤이면 종종 올빼미의 신비한 울음소리를 들었다. 그럴 때면 폭신한 이불을 몸에 감고 그 소리를 음미하면서 잠이 들곤 했다. 이 책을 준비하면서 나는 비로소 내 성장 과정이 얼마나 도시와 자연의 교차점과 밀접한 관련이 있는지를 알았다. 그런 환경이 나를 도시의 바이오필리악으로 만들었다. 도시 생활과 자연 체험은 서로 모순되지 않는다.

나는 부모님과 그라츠 변두리 구역에 있는 전통적인 주택단지에서 살았다. 시내 중심가에 있는 야코미니 광장은 버스나 전차로 20분이면 편하게 갈 수 있었다. 그곳은 모든 전차 노선이 모이는, 시내 대중교통에서 가장 중요한 연결 지점이었다. 그라츠에서 눈에 띄는 곳은 한복판에 있는 슐로스베르크인데 옆으로는 무어 강이 흐르고 숲이 무성하다. 슐로스베르크 서쪽 측면은 보행자 전용구역에 있고 역사적인 건물들이 들어선 곳이라 관광객의 발길이 끊이지 않는다. 동쪽 면은 시내의 산으로 올라가는 몇몇 한적한 길로 이어져서 산책에 이용할 수 있다. 시내 쪽은 그 이상 말할 것이 많지 않다. 다만 그라츠 한복판에서 마음껏 삼림욕을 할 수 있다는 것만 알면 된다.

하지만 나를 비롯해 단지에 사는 다른 아이들에게 가장 중요한 놀이터이자 모험을 펼칠 수 있는 곳은 시내의 슐로스베르크가 아니라 우리 집 앞에 있는 숲이었다. 이 숲은 계속해서 기억에 남았다. 아무튼 숲은 매일 우리가 집을 나설 때면 가장 먼저 눈에 들어왔다. 집 앞에 있는 자연은 녹지가 없는 구역에서보다 우리를 더 강렬하게 자연의 리듬과 묶어주었다. 우리가 사는 건물의 주민들은 모두 본능적으로 창문이 숲 쪽으로 난 방을 침실로 꾸몄다. 밤이면 숲 쪽은 어둡고 조용했다. 구름 한 점 없이 맑은 밤이면 나무꼭대기 위로 별이 반짝이는 하늘을 볼 수 있었다. 시내 쪽은 전혀 달라서 주택의 지붕이나 고층 건물들밖에 보이지 않았다. 그쪽은 제대로 된 어둠을 볼 수 없었고 도시의 조명으로 동이 틀 때까지 하늘이 환했다.

아이들은 계절이 바뀌면서 나무가 변하는 것을 경험했다. 우리는 사계절만 있는 것이 아니라 자연이 끊임없이 변하고 있고, 그 변화 속에 인간도 휘말려 들어가는 것을 보았다. 생물학에서는 지구 중간 위도에서 자연이 연중 10단계로 변한다고 알려져 있다. 그리고 이 단계는 순환 반복하는 자연현상으로 정해져 있다. 20년간 매일같이 내 창문에서 이 현상을 관찰할 수 있었다. 내 창은 1월부터 12월까지 순수한 생물 수업이 진행되는 자연의 쇼윈도 같았다. 교사는 다름 아닌 숲 자체였고 힘들이지 않아도 전혀 의식하지 못하는 가운데 시각교육이 내 안으로 스며들었다. 내 안에 품은 자연의 매혹은 나를 몇 시간이고 창가에 앉아 있게 할 때가 많았다. 열일곱 살 때였다. 한번은 한겨울이었는데, 뭔가에 홀린 듯 창밖을 내다보며 탐스럽고 포근한 함박눈이 눈 덮인 땅에 소리 없이 내리는 모습을 지켜보던 것이 기억난다. 이날 숲에는 뭐라 형용할 수 없는 적막이 깔려 있었다. 부드러우면서도 많은 양의 눈이 내리는 모습을 바라보면서, 나는 당대의 작곡가 아르보 페르트Arvo Pärt의 성스러운 오케스트라 음악을 들었다. 그러자 숲이 내 마음속에 풀어놓은, 긴장이 풀리고 거의 명상에 가까운 상태가 한층 더 깊어졌다. 그때는 내 삶의 역사에서 민감한 시기였다. 그 단계에서 숲은 영감을 주는 힘을 통해 내 삶의 역사를 마음껏 펼치도록 도움을 주었다. 나에게는 제2의 교사가 있었는데 바로 내 조부였다. 헌신적인 산림관리인이자 식물학자인 할아버지는 바이오필리아 기질이 유달리 강했다. 때로는 자신의 관할 구역에 있는 숲으로 나를 데리고 다니기도 했다. 내가 어렸을 때 나무에 관해 처음 배운 것들은 할아버지에게서 들은 것이었다.

우리 아이들은 연중 어느 때 딸기가 익는지, 숲에서 먹을 수 있는 열매가 무엇인지를 아주 자연스럽게 경험했다. 다양한 짐승이 언제 새끼를 낳는지, 어떻게 짐승의 자취나 울음소리를 알아내는지, 어느 달에 버섯 대부분을 찾을 수 있는지, 그중에 먹을 수 있는 것은 어떤 것인지를 뛰어놀면서 관찰했다. 가을이면 숲에서 밤과 먹을 수 있는 너도밤나무 열매를 모았고, 나무껍질과 잎사귀 형태를 보고 숱하게 많은 나무 중에 어떤 종에 속하는지를 알았다. 숲은 우리에게 자연과 자연의 거주자들에 관해 가르쳐주었다. 우리는 나무 위의 집과 칸막이 방, 은신처 같은 것들을 지었다. 시내 위를 가로지르는 다리를 세우거나 자체의 천연 둑으로 흐르는 물을 막아서 조그만 연못을 만들고 거기서 미역을 감기도 했다. 그러면서 단체 활동과 계획, 문제해결 능력과 손재주를 배우고 익혔다. 우리가 노는 축구장은 숲가에 있었고 숲 한복판에는 스케이트장도 있었다. 어른들은 어떻게 하면 수면이 매끄럽게 어는지 혹은 표면이 고르지 않아 축구를 하기 어려울 때는 어떻게 울퉁불퉁한 표면을 다듬는지를 우리에게 보여주었다. 한번은 유난히 손재주가 능숙한 아버지가 모든 아이들의 도움을 받으며 스케이트장 면적을 넓힌 적도 있었다. 아버지는 전문가답게 비탈을 안전하고 고르게 다듬는 법을 우리에게 보여주었다. 이처럼 자연을 변형하는 작업에 가담하는 일은 우리에게 엄청난 동기유발과 기쁨을 주었다. 어차피 그곳은 우리가 사용할 스케이트장이었고 우리 중에 나이가 더 많은 축은 아이스하키를 하기 위해 더 넓은 장소가 필요했기 때문이다. 여름에는 이 장소를 핸드볼 경기장으로 이용했다. 숲에 있는 구덩이 주변은 야생초목으로 뒤덮여 있어서 꼭 정글 같았다. 그 옆에는 졸졸 흐르는 시냇물이 있었고 때로 나는 혼자 그곳으로 가서 한껏 쉬면서 몸을 추슬렀다.

그라츠에서 처음으로 생물학을 공부하는 동안, 나는 자주 숲에서 볼 거리를 찾았고 학습을 위해 동식물에 대한 자극을 받으려고 했다. 동식물에 관해 알고 싶은 것이 많았기 때문이다. 그 후 나는 석사학위를 빈에서 마쳤다. 오스트리아의 수도로 이사했을 때, 내가 중점을 둔 것은 다시 숲 근처에서 사는 것이었다. 나는 오늘날까지도 그라츠에 있는 내 '아동기의 숲'과 강하게 밀착되어 있으며 이미 떠난 지 오래됐지만 주기적으로 숲을 찾는다.

1936년 빈에서 태어난 동물학자이자 대학 강사였던 페터 바이시Peter Weish는 전 생애를 도시에서 보냈다. 그는 나와 비슷하게 머리에 각인된 도시 자연에 대한 어릴 때의 추억을 내게 설명한 적이 있다. 바이시는 오스트리아에서 환경운동과 반핵운동 1세대로 유명하다. 내가 생물학을 공부할 때 그는 나의 아주 중요한 스승 가운데 한 명이었으며, 당시 끊임없이 자연의 상관관계에 초점을 맞추고 (정계와 재계의 반발에 맞서가며) 지구와 동물을 책임 있는 자세로 대하는 일에 몰두했다. 그는 응용기술의 대표자이기도 했다. 그 개념에 따르면, 현대의 기술이 인간에게 봉사해야지 그 반대가 아니라는 것이다.

"나는 언제나 자연에 대한 열정을 간직해왔어. 살아 있는 모든 것은 나를 마법처럼 끌어당기지." 이것은 내가 인터넷 시리즈로 발표한 〈아르바이의 토론 – 숲에서의 대화Arvay diskutiert – der Talk im Wald〉와 관련하여 나와 대담하는 중에 바이시가 자신의 바이오필리아에 관해 한 말이다.[118] "나는 빈 제18구역의 정원에서 자라는 행운을 누렸네. 튀르켄샨츠 공원은 (그때는 전시라 완전히 황폐했던) 우리가 모험을 펼치는 장소였어. 육지로 변하던 연못에는 믿을 수 없이 많은 개구리와 두꺼비가 있었지. 하지만 나한테는 알테 도나우와 범람구역도 어릴 때부터 아주 중요한 장소였다네.” 우리는 바로 거기서, 즉 빈 ‘저지대의 초원’에서 우리의 ‘숲에서의 대화’를 기록했다.

비록 시 경계 내에 있는 습지 숲이 대부분 파괴되었고 건축계획이나 배수 공사 때문에 생태적으로 심각한 피해를 보기는 했지만, 페터 바이시의 유년 시절에는 훨씬 더 많은 면적을 차지하던 도시의 몇몇 생태계는 오늘날까지 살아남았다. 대담을 위해 우리는 요즘에 엄격하게 보호되는 도나우아우엔 국립공원에서 만났다. 빈에서 브라티슬라바 성문 앞까지 40킬로미터 길이로 뻗어 있는 이 공원은 그중 22제곱킬로미터가 빈 시 구역 안에 있다. 시에 속하는 부분은 ‘로바우’로 부르기도 한다. 이 습지 숲은 그로서 비버하우펜 역을 지나는 95A번 버스를 타고 갈 수 있다. 정거장 이름을 보면 이미 빈의 남동쪽에서 어떤 동물 왕국 식구들을 만나는지 알 수 있다. 역에서 멀지 않은 곳에 데샨트라케가 있다. 도나우 강의 범람으로 생긴 천연 호수로, 시내에서 호수욕을 하러 나온 사람들과 비버가 호수를 공유한다. 페터 바이시는 눈을 반짝이며 자신의 어린 시절 이야기를 계속했다. 당시 저지대의 초원 풍경은 빈 북부까지 뻗어 있었고 도나우의 동쪽 강변 거의 전체에 걸쳐 있었다고 했다. “후베르투스담을 넘어가면, 갑자기 슈튀르츨라케와 또 다른 놀라운 변형 하천이 나타났어. 범람지역은 그 때문에 아주 흥미진진했다네. 1년에 두 번 범람했으니까 말일세. 그런 다음이면 다양한 어종이 서식하는 구덩이와 꽤 큰 호수가 생겼지. 어린 나는 끊임없이 그곳에 앉아서 많은 날을 지하수가 밑에서 흘러들어오는 모습을 지켜보았어. 물은 수정처럼 투명했고 수생식물들로 가득했지. 나는 민물 농어나 유럽잉어, 황어를 관찰했어. 너무 아름다웠어. 또 동쪽 철교 방향의 범람구역으로 자주 갔는데 당시 그곳에서 문명은 갑자기 끝났다네. 갈대밭 사이로 걸어가면 그곳에서 움직이는 모든 것을 볼 수 있었지. 수생곤충이나 도롱뇽, 개구리, 두꺼비 같은 것들 말일세. 나에게는 그 도나우 저지대가 늘 아주 중요한 곳이었어. 도시 인근의 야생자연이었다네."

그러니까 페터 바이시는 도시의 바이오필리악으로 성장한 셈이다. 그가 어릴 때 빈에서 경험한 자연 체험은 훗날 동물학자와 생태학자로서의 경력을 쌓는 데 바탕이 되었다. 또한 그가 자연 파괴에 맞서 지칠 줄 모르고 싸운 것은, 내게 말했듯이 자연 친화적인 성장 과정이 배경으로 작용했다. '숲에서의 대화'를 나눌 때, 그는 1984년에 다른 과학자들과 공동으로 벌인 도나우 저지대 점령 사건을 이야기해주었다. 당시 수력발전소를 세우기 위해 빈 부근의 강변 저지대인 하인부르크를 파괴해야 한다는 정책이 나왔는데, 그리되면 지하수 관리에 엄청난 영향을 주었을 것이다. 꽤 넓은 일대 하천과 저지대 숲의 생태계는 피해를 볼 것이 분명했다. "숲을 지키려는 사람들이 겨울 강변에 텐트를 쳤지"라고 바이시는 당시를 회상했다. "그때는 인간과 손상된 나무와의 일체감을 느낄 수 있었어. 우리는 강가 숲과 그곳의 다양한 생존 형태를 지키고 파괴를 막으려고 한 걸세. 그것이 기회가 되어 숲 점령자들 사이에서는 믿기 어려울 만큼 강력한 연대 의식이 생겨났지. 그 겨울 강가에서 몇 주를 함께 버틴 사람들은 모두 의식이 변한 상태로 숲에서 나왔다네. '우리가 자연의 대리인으로서 자연 파괴를 막을 수 있다'는 느낌은 아주 대단해서 우리에게 자부심을 안겨주었지." 이 저항은 성공을 거두었다. 수력발전소 건설은 참여한 자연 애호가들의 일치된 힘 덕분에 중단되었고 하인부르크 강변 저지대는 오늘날까지 종의 다양성이 아주 풍부한 가운데 번창하는 생태계로 남아 있다.

더 많은 도시 아이들이 자연 친화적으로 성장한다면, 이는 그들의 발전을 촉진하는 데 그치지 않고 인간의 생존환경에 담긴 가치를 보는 그들의 의식까지 발전하는 결과가 될 것이다. 이것은 또한 인간 종의 존속을 위한 자연의 바탕이라고 할 지구 생태계를 중시하는 미래사회의 토대가 될 것이다. 만일 우리가 기존의 시유림을 아이들을 위해 생명애의 힘을 발전시킬 수 있는 체험 구역으로 만든다면, 동시에 우리는 바람직한 자연관을 키우기 위한 초석을 쌓는 결과를 낳게 될 것이다. 그리고 도시의 생태계는 미래의 바이오필리아 도시를 위한 배아가 될 것이다.

숲속의 레인 맨

의사이자 정신분석가인 알렉산더 미체를리히가 정확하게 표현했듯이, 우리가 어릴 때 쌓은 사전 경험은 훗날 자신의 아이들을 키우는 방식에 각인된다. 도시의 바이오필리아으로 성장한 사람은 훗날 어머니나 아버지가 되었을 때, 어린 시절에 주로 아스팔트 위나 건물 사이, 실내공간에서 보낸 사람보다 자기 아이들이 자연 접촉을 하는 데 더 관심을 쏟는다. 물론 어릴 때 자연 접촉을 거의 하지 않은 사람이 훗날 유난히 자기 아이들이 자연을 찾는 일에 더 신경 쓸 거라고 생각할 수도 있다. 이런 사람은 자신이 어렸을 때 자연환경을 경험하지 못하고 자라야 했기 때문이다. 하지만 이것을 통상의 예로 볼 수는 없다. 즉, 경험이 없는 사람이 성인이 되어 자연에 애착을 가지려면, 우리가 이미 확신과 신념을 지닌 바이오필리악의 사회에서 산다는 전제가 있어야 하기 때문이다. 그렇다면 우리가 사는 세상은 현재의 모습과는 전혀 다른 모습일 것이다.

자연으로부터 소외된 과정이 서서히 진행되었듯이, 도시의 바이오필리아 혁명 역시 비교적 긴 기간에 걸쳐 일어날 것이다. 그것이 우리 아이들에게서 시작되는 사회의 발전이다. 2014년에 아빠가 되었을 때, 아들 요나스를 데리고 다니는 내 방식에 처음부터 생명애가 담긴 나 자신의 어렸을 적 특징이 여전히 강하게 배어 있음을 확인했다. 아이가 태어나고 몇 주 지나지 않아서, 나는 아이를 데리고 매일 숲으로 산책하러 나가기 시작했다. 그때 요나스는 아무 데나 갈 수 있는, 큰 타이어에 자전거 브레이크가 달린 유모차에 누워 있었다. 당시 나는 나무의 수관이 내 아들을 매혹할 것이라고 생각했다. 종종 아이를 유모차에서 들어 올리면, 아이는 위를 올려다보았다. 그때는 여름이었는데 나뭇잎이 바람에 나부끼고 있었다. 이런 움직임은 요나스에게 젖먹이 침대 위에 매달려서 돌아가는 모빌과 비슷했다. 모빌의 개별적인 요소들(흔히 나무로 된 조그만 동물이나 다채로운 정육면체)도 같이 움직인다. 그것들은 바람결의 나뭇잎처럼 앞뒤로, 아래위로 흔들린다. 숲속의 수관은 거대한 모빌이었다. 그것은 어린애의 눈길을 사로잡았다.

이후 내 아들의 발달 과정이 대부분의 다른 아이들의 발달과 다르다는 것이 밝혀졌다. 아들은 폐쇄적으로 행동했고 고립된 태도를 자주 보였다. 아이의 '마음을 여는 것'과 특정 장난감이나 행동으로 아이를 기쁘게 하는 일은 거의 불가능했다. 아들은 장난감 자동차를 가지고 바닥을 달리게 하지 않고 두 손으로 차를 빙빙 돌리면서 바퀴 구조가 정확하게 어떤 기능을 하는지를 살폈다. 아이는 장난감에 새겨진 조그만 글자나 일련번호를 찾아내고는 아무도 주목하지 않는 세부적인 것에 온 관심을 쏟았다. 요즘에는(요나스는 지금 네 살이다) 아이와 길게 눈을 마주치는 것이 갈수록 힘들어진다. 장난감 가게에 가서도 아이는 화려한 장난감에는 전혀 눈길을 주지 않고 그저 가격표에 적힌 숫자에만 관심을 둔다. 그리고 가격표마다 하나하나 꼼꼼하게 살펴보고 숫자 하나하나를 만져본다. 요나스는 아주 정확하고 확실하게 숫자 5를 모두 가려내는 날이 많았다. 또 다른 날에는 4자나 6자를 모두 가려냈다. 아이는 길거리의 숫자를 그냥 지나치는 법이 없었고 누가 불러도 아이에게는 들리지 않는 것 같았다. 요나스는 자폐아다.

사실 '자폐증Autismus'이란 개념은 이제 시대에 맞지 않는다. 세계보건기구는 '자폐 스펙트럼 장애Autismus-Spektrum-Störung'라는 말을 쓴다. 자폐증의 최종 형태가 너무 다양하기 때문이다. 행동 방식에 너무나 폭넓은 스펙트럼이 있으므로 전문가 중에는 이 진단을 내리지 않는 사람이 많다. 대신 그들은 개별 당사자별로 구분하고 묻는다. "이 사람은 어떤 행동을 보이는가? 그의 특이성과 약점, 강점은 어디에 있는가? 그에게는 어떤 지원이 필요한가?" 이런 방법으로 기준에서 벗어나는 사람의 질병을 상업화하는 행동을 피하는 것이다. 나는 이런 접근방식이 아주 확실하다고 생각한다. '뭔가 다른' 사람이라고 해서 병에 걸린 것은 아니기 때문이다. 이 문제는 아이고 어른이고 할 것 없이 이른바 정신'질환'이라고 하는 수많은 상황에 해당한다. 요나스는 자신이 관심 쏟을 대상을 아주 정확하게 찾아낸다. 그런 다음 그 일에 극단적으로 몰두한다. 요나스가 원하지 않을 때, 다른 일이나 학습과제로 아이의 관심을 돌리는 것은 거의 불가능하다. 예를 들면, 아이는 몇 시간이고 자신의 두 손을 이용해 피아노나 핀란드의 칸텔레, 러시아의 발랄라이카, 하와이의 우쿨렐레, 짐바브웨의 엠비라 같은 악기와 다양한 북을 가지고 노는데, 이때 손동작이 놀라우리만치 날렵하고 이미 훌륭한 리듬 감각도 익혔다. 요나스는 소리 나는 모든 것에 믿을 수 없을 정도의 흥미를 키우고 있으며 새로운 악기를 보면 무엇이든 단번에 빠져든다. 그리고 아침부터 밤까지 숫자의 세계를 탐험한다. 하지만 그림을 그리거나 공작 수제품을 만들거나 형태를 만드는 것에는 관심을 보이지 않는다. 모형 자동차를 끌거나 놀이터에서 뛰어놀거나 아이들의 정상적인 운동감각과 정신 발달을 키워주는 것에 속하는 다른 취미는 좋아하지 않는다. 무엇보다 요나스는 다른 사람과의 접촉에 제한적이며 다른 아이들과는 거의 같이 놀지 않는다.

더스틴 호프만과 톰 크루즈가 주연한 영화 〈레인 맨〉은 1988년에 개봉되어 자폐증을 전 세계 사람들에게 널리 알렸다. 이 영화는 실화를 바탕으로 한다. 호프만은 타인과 관계 맺거나 사회생활에 참여하는 데 어려움을 겪지만, 보통 사람들이 어려워하는 특정 분야에서는 남다른 재능을 보여주는 레이먼드 역을 맡았다. 전에는 자폐증이 있는 사람이 정신병원에 수용되는 사례가 종종 있었는데, 요즘의 심리학자와 의사들은 당사자가 어릴 때부터 성장 과정을 지원하면, 일정한 목표를 둔 격려 활동을 통해 전형적인 특징을 보이는 수많은 '자폐증 문제'를 잘 다스릴 수 있다는 것을 안다. 그뿐만이 아니라, 자폐증은 특별한 재능과 결부된 경우가 아주 흔한데, 부모와 치료사가 아이의 재능을 키워주어야 한다. 이런 재능은 아이들에게 미래의 가능성을 제공한다. 오늘날에는 고도로 전문화한 특정 직업에 자폐 스펙트럼 장애 증상이 있는 사람을 배치하는 임무를 담당하는 기업도 있다. 전문가들은 심리적인 선발 과정을 통해 비범한 접근방식과 사고모형이 요구되는 특별부서에 이들을 배치한다. 이 구상은 효과가 입증되었기 때문에 많은 기업주는 이런 방식으로 '자폐적 사고'가 전제되는, 그래서 다른 직원들은 담당할 수 없는 업무에 장기 근속할 직원을 물색한다. 예를 들어 컴퓨터 프로그래머로서 숫자와 도표, 추상적인 과제를 담당하는 업무, 또 지도 제작이나 조형예술, 음악 같은 분야의 업무가 이에 해당한다.

내 아들 요나스는 (음악과 숫자의 재능이 있음에도 불구하고) 사회적 상호교류 능력이 제한돼 있어, 발달 과정에서 지속해서 방해를 받을 것이다. 인간은 흔히 같은 인간 종에게 많은 것을 배우지 않던가. 마찬가지로 자폐 스펙트럼에 전형적인 인지장애도 발달에 방해가 된다. 자폐아들은 겉으로는 세상과 담을 쌓고 은둔하는 것처럼 보이는데도 종종 과민 반응을 보일 때가 있다. 그들은 소음이나 다른 감각적 자극을 너무 강렬하게 인지하는 바람에 그것을 불쾌하게 느낀다. 요나스는 자신에게 낯익은 것이 아니면 손을 대지 않는다. 무엇보다 표면이 거친 것, 차갑거나 따뜻한 것, 유리나 모래, 물, 식료품 같은 것과는 오랫동안 접촉하려고 하지 않았다. 이런 과민성은 그와 세계 사이에 놓인 또 다른 장벽을 의미한다. 과민성이 요나스가 새로운 경험을 하는 것을 어렵게 하기 때문이다. 하지만 바로 이 결정적인 두 부분(제한된 사회관계와 인지장애)에서 인간의 생명애 소양이 역할을 한다. 말하자면 내 아들이 자신의 장애 요소를 극복하도록 도울 때, 내가 투입할 조커가 있는 셈이다. 요나스는 '숲속의 레인 맨'인 것이다.

우리가 시행하는 '삼림 요법Waldtherapie'은 비너발트에서 자주 열린다. 우리는 빈 근처에 산다. 그리고 요나스는 이미 2세대 도시 바이오필리악이어서 자연 외에 빈의 지하철 연결망이 그를 매혹한다는 사실은 놀랄 것이 없다. 삼림욕을 위한 우리의 나들이는 진정한 모험이다. 나와 요나스는 지하철 2호선을 타고 쇼텐토어 교차점으로 간다. 그곳에서는 첫 번째 흥밋거리가 우리를 기다린다. 열차가 양방향에서 3분 간격으로 들어오기 때문이다. 평균적으로 90초마다 한쪽 지하철이 컴컴한 터널에서 굉음을 내며 나온다. 그러면 흥분한 요나스는 (내 손을 안전하게 꼭 잡고) 양쪽 승차장 사이에서 이리저리 뛴다. 열차 소리가 시끄러울수록 아이는 더 기뻐한다. 때로는 다른 승객들의 숨김없는 미소를 볼 때도 있다. 많은 사람이 지하철을 보고 어린애가 감격하는 것에 흥미를 느끼고 우리를 보며 큰 소리로 웃기 시작한다. 열차가 접근해오면 요나스는 껑충껑충 뛸 때가 많다. 아이는 감격해서 거의 흥분할 정도가 된다. 심지어 그 모습을 본 기관사가 웃을 때도 흔하다. 채색 유리 너머로 기관실에서 손짓하기도 한다. 요나스는 정말로 도시의 바이오필리악이다. 대도시 문화의 상징이라고 할 지하철이 그를 감격하게 한다. 그것은 (자연의 상징인) 나무도 마찬가지다.

그러고 나면 대개 조금 지나 숲 나들이에서 두 번째 흥밋거리가 뒤따른다. 우리는 쇼텐토어에서 43번 전차를 타고 교외 방향으로 간다. 요나스는 중간에 베링거 슈트라세 역에서 내리자고 고집을 부린다. 그곳을 지나는 전차는 이 역에서 평균 1분간 정차하기 때문이다. 그럴 때면 아이는 지나가는 모든 열차에 숨겨진 숫자와 번호를 '순서대로' 조사한다. 그것들은 차량 벽에 붙어 있다. 이 절차는 예외 없이 충실하게 지켜진다. 이를 무시하고 그대로 떠나면, 큰 소리로 반발하고 쿵푸 비슷한 동작을 보이며 고집을 부린다. 결국 내렸다가 다음에 오는 43번 전차를 타고 종점인 노이발덱까지 간다. 이 역은 시 경계 안에 있다. 여기서부터는 숲까지 도보로 가도 몇 분 걸리지 않는다. 우리는 다양한 방향으로 이어지는 여러 개의 산책로를 선택할 수 있다. 이때쯤이면 도시에서 맛보던 우리의 기분이 바이오필리아 분위기로 바뀐다. 요나스는 더 흥분하지 않고 아주 조용해진다. 삼림욕의 치유 효과가 시작되는 것이다.

나무껍질은 요나스가 자신의 인지장애를 허물고 과민한 신경을 둔감하게 하는 데 도움을 준다. 요나스가 손으로 나무를 만져보게 하기가 갈수록 쉬워진다. 아이가 식물 세계에 큰 매력을 느끼고 있어서 그런 도전적인 과제에 나서게 하는 동기유발이 그사이 아주 강해진다. 요나스는 눈은 찌푸려도 웃으면서 손바닥으로 거친 떡갈나무 껍질을 쓰다듬는다. 매끄럽다고 할 너도밤나무 줄기를 만지는 것은 아이에게 큰 용기가 필요하지 않다. 주름이 깊게 파인 유럽소나무 껍질은 모자이크를 연상하게 한다. 우리는 마치 두 손으로 미로를 헤매듯이 손가락으로 들쭉날쭉한 금을 더듬어본다. 요나스는 다양한 형태를 한 나뭇잎에 유난히 좋은 반응을 보인다. 수종에 따라 어떤 잎은 뾰족하고, 어떤 것은 둥글다. 몹시 얇은 잎도 있고, 살집이 두툼한 잎도 있다. 어떤 잎은 연하고, 어떤 잎은 단단하다. 침엽은 활엽과 확연히 구분된다. 숲속의 바위는 보기 좋은 풍경의 변화를 일으킨다. 바위는 나무줄기와 전혀 다른 느낌을 주고 대개는 서늘하다. 거기에 난 이끼를 만지는 것도 자신만의 고유한 경험을 안겨준다. 숲에서 맛보는 아주 다양한 형태와 표면, 감각의 자극을 통해 요나스는 몇 달 동안 아주 끈질기게 세상과 교류하고 새로운 인상을 받아들이는 법을 배웠다. 요나스의 자연에 대한 매혹은 아이가 세상에 관심을 품을 수 있는 토대가 되었다. 이 같은 신경계의 단련은 아이가 일상 속에서 불안을 허물고 그때까지 알려지지 않은 새로운 대상을 만져보며 자신의 경험 지평을 대폭 확대하는 데 도움을 주었다. 요나스는 오랫동안 풀이나 흙, 모래가 발에 닿는 것을 완강하게 거부했다. 그러다가 2017년 여름, 아이는 숲속 시냇물에 대한 호기심이 너무 큰 나머지 (처음에는 겁먹었지만 차츰 즐거워하면서) 나와 함께 물에 들어가 무릎 깊이의 냇물 바닥 건너기에 저항하지 않음으로써 처음으로 그 심리적인 문턱을 극복했다. 물이나 물길에 닳아서 매끈매끈해진 돌과의 접촉은 아이가 일상생활에서 맨발로 다니기 시작하고, 길들지 않은 바닥을 맨발로 밟는 데 익숙해지는 토대가 되었다. 그 밖에도 요나스는 숲에서 비교적 길게 다른 사람과 눈 마주치는 법을 배웠다. 아이는 늘 나무나 다른 식물의 이름을 알고 싶어 했다. 자폐아들이 종종 그렇듯이, 말없이 나무와 풀을 가리켰다. 하지만 그에 대한 대답은 아이가 사전에 나와 눈을 마주치며 나와의 접촉을 받아들일 때만 들을 수 있게 했다. 숲에서는 아이의 주의력이 민감해지므로 이런 사회적 교류 훈련은 숲에서 유난히 큰 효과를 내고 삼림 요법은 대성공을 거둔다. 자폐아를 둔 모든 부모에게 이것을 적극적으로 추천한다.

자폐증이 있는 사람이면 대부분 그렇듯이 동시에 발생하는 수많은 인상을 감당하기 어려울 때, 자연 역시 분명히 난제일 수 있다. 자연의 경우에는 특히 자폐아가 그때까지 규칙적으로 자연을 접촉하지 못했을 때는 서서히 단계적으로 접근하도록 해야 한다. 요나스가 어떤 식물과 접촉을 허용할 수 있기까지는 여러 주가 걸렸고 엄청나게 많은 인

내가 필요했다. 처음 시도했을 때는 울거나 큰 소리로 투덜대서 아이를 데리고 숲에서 도망치다시피 할 때가 많았다. 하지만 나는 포기하지 않았다. 자연이 마음을 진정시키고 스트레스를 줄여주는 효과가 있음을 확신했다. 요나스의 경우에는 인내하며 노력한 보람이 있었다. 요즘 아이는 나와 함께 등산도 하며 숲이나 시냇물, 호수, 바위 등 자연 속 무엇에도 전혀 싫증 내지 않는다. 자폐아를 둔 다른 부모들 역시 이와 유사한 자연 체험의 긍정적 효과를 나에게 전해주었다.

의사나 치료사들은 환자의 신경계에 유리한 영향을 줄 목적으로 자연의 다양한 모습을 이용하기도 한다. 예를 들어 (오스트리아나 독일, 스위스를 포함해) 지구상 어디에나 원예 요법 시설을 갖춘 신경과 전문병원이 있다. 흙이나 식물·뿌리·구근·과일과의 접촉, 과일·채소를 공동으로 가꾸는 일은 사고나 발작·수술 이후에 신경세포의 재생을 촉진해주고 수많은 신경과 환자들이 시달리는 불쾌한 인지장애를 허물어준다. 아이들이나 나이 든 사람들은 평균 이상으로 자연요법에 좋은 반응을 보인다. 병원에서는 심지어 원예 요법을 통해 진통제와 항우울제 투약을 줄인다. 이런 상호관계는 이미 나의 책《자연의 치유 코드–동식물의 숨겨진 힘을 발견하기 *Der Heilungscode der Natur–die verborgenen Krafte von Pflanzen und Tieren entdecken*》에서 상세하게 언급한 적이 있다.[119]

일리노이 대학교의 심리학자들은 주의력결핍과잉행동장애가 있는 아이들의 경우에 자연 체험으로 집중력이나 수용력이 개선된다는 증거를 제시하기도 했다. 아이들의 사회적 기능도 자연 접촉을 통해 성장한다는 것이다. 이런 인식은 다양한 환경에서 노는 아이들을 상호 비교한 다수의 연구를 통해 뒷받침되었다. 녹지가 없는 도시의 놀이터는 아무 효과가 없거나 심지어 주의력이 악화하는 결과를 낳기도 했다. 반대로 자연과 가까운 놀이터는 긍정적인 치유 효과로 이어졌다.[120]

도시 숲이 아이들에게 주는 선물

스웨덴 알나르프 대학교의 환경심리학 교수인 파트릭 그란Patrik Grahn도 실험을 통해 아이들의 다양한 놀이터를 비교하고 그 영향을 분석한 적이 있다. 실험에 참여한 한 집단은 규칙적으로 보도블록이 깔린 놀이터에서 놀았다. 초목이 별로 없고 고층 건물에 둘러싸인 곳이었다. 또 한 군데 놀이터는 과수원에 있었는데 자연과 가깝고 야생의 들판과 경계를 이룬 곳이었다. 이곳 아이들은 날씨와 관계없이 밖에서 놀았다. 그란 교수는 자연과 멀리 떨어진 놀이터에서 논 아이들과 비교할 때 과수원에서 논 아이들이 시간이 갈수록 신체 기관의 협동력과 민첩성 그리고 눈에 띄게 우수한 집중력을 보여준다는 것을 증명했다.[121] 이 결과는 요즘 점점 더 인기를 끄는 숲속 유치원이라는 아이디어가 옳다는 방증이기도 하다.

세계적으로 왕성하게 활동하는 바이오필리아 연구자의 한 명이자 예일 대학교의 사회생태학 교수인 스티븐 켈러트Stephen Kellert는 "자연 체험은 아동 발달에 엄청나게 큰 촉진제 역할을 한다. 무엇보다 부모가 자연과의 만남을 적극적으로 후원할 때 효과가 두드러진다"[122]라고 말한 적이 있다. 2016년에 사망한 켈러트는 아동 발달을 신체적·정서적·지적 발달 세 가지로 구분했는데 세 가지 발달 요인 모두 자연 체험을 통해 긍정적 영향을 받는다는 것이다. 이것은 프랑스어권의 교육자이자 철학자, 시인, 자연과학자로서 1712년부터 1778년까지 파리와 제네바에 살았던 장 자크 루소도 이미 알고 있었다. 루소는 자연과 인간, 사물 3대 요소를 아이의 교사라고 말하며 다음과 같이 덧붙였다. "자연은 우리의 능력과 힘을 발달시키고 인간은 그런 능력과 힘의 사용법을 가르친다. 하지만 사물은 우리가 그 능력과 힘으로 쌓는 경험을 통해 그리고 관찰을 통해 우리를 교육한다."[123] 여기에 자연 자체도 우리에게 다시금 새로운 경험의 가능성을 제공하는 '사물들'로 가득 찼다는 말을 추가해야 할 것이다. 이것을 나는 요나스에게서 분명히 관찰할 수 있었다. 그러므로 자연은 우리가 자유롭게 발달할 수 있는 공간의 기능을 한다. 자연은 신체적, 정신적 재능을 시험하고 단련하도록 우리에게 영감을 준다. 우리가 교훈적인 경험을 할 때 수반되는 자연의 '사물들'은 나무와 돌, 시냇물, 강, 호수, 식물, 버섯, 흙 등이다.

이 책을 쓰기 위해 나는 2017년 11월에 프랑스의 논픽션 작가이자 음악가, 독학 교육전문가인 안드레 슈테른André Stern을 빈에서 만났다. 우리는 지하철 1호선을 타고 중앙역에서 몇 정거장 떨어져 있지 않은 부근의 비너베르거제로 갈 생각이었다. 지하철의 슈테판 파딩거 광장 역은 시 남부의 경관보호지구 바로 옆에 있다. 거기서 우리는 138미터 높이의 비엔나 트윈 타워 바로 옆에서 고층 건물들에 둘러싸인 12헥타르 크기의 호수를 따라 산책할 예정이었다. 자연에 가까운 휴양지역은 총 1.5제곱킬로미터 규모인데, 1980년대에 도시녹화를 위한 아이디어 공모 결과를 통해 설계되었다. 그동안 이곳은 멸종위기의 적색목록에 오른 종들까지 서식하는 도시의 생태계가 되었다. 그중에는 희귀한 나비

들이나 유럽 육지거북도 있다. 14킬로미터에 달하는 장애물 없는 산책로는 천연 놀이터와 연결되어 있다. '도시 아이들과 자연'이라는 주제에 어울리는 이런 분위기에서 나는 자신을 아동 대사라고 소개한 안드레 슈테른에게 자연 교육에 관한 그의 경험을 묻고 싶었다. 하지만 갑자기 눈보라가 휘몰아치는 바람에 계획을 취소하고 한 카페로 들어가 얘기를 나누게 되었다.[124]

나는 아동 대사에게 본인의 경험상 자연 체험이 아동 발달에 어떤 영향을 주는지를 물었다. "결정적인 영향을 주지요!"라고 그가 즉시 대답했다. 그의 두 눈이 반짝였다. 내가 아들 요나스와 삼림 요법을 수행한 이야기를 하자 그는 "아동 발달에 자연이 결정적인 영향을 주는 것은 사실입니다"라고 말했다. "그건 다른 아이들도 마찬가지예요. 요나스의 경우에는 효과가 두드러진 거죠. 우리는 숲에서 '태어났습니다'." 안드레 슈테른은 인간의 교육이나 교양 체계와 자연은 큰 차이가 있다고 생각한다. "자연은 부문별로 작동하지 않습니다. 자연은 모든 것을 서로 연결해주죠. 그리고 자연은 언제나 우리에게 예기치 못한 것을 제공합니다. 그것이 우리의 자발성을 떠받쳐줍니다. 인간을 카테고리와 서랍에서 해방하는 거죠. 숲은 당신을 있는 그대로 받아들입니다. 숲은 당신에게 아무것도 기대하지 않으며 당신을 사고의 가능성에 가둬두지도 않아요."

"그것을 통해 또다시 자연과 더 깊은 결합이 이루어지죠"라고 내가 보충했다.

"정확하게 말하면, 그 결합 상태는 어릴 때 많은 것에 일어난 것과 달리 사라지지 않습니다"라고 슈테른은 대답했다. "우리는 날 때부터 자연과 결합해 있기 때문입니다. 가령 엽록소 즉, 나뭇잎의 녹색 색소를 조사해보면 한가운데에 마그네슘 입자가 있습니다. 그것을 꺼내고 철 입자로 대체하면 거기서 빨간 혈액색소인 헤모글로빈을 얻을 수 있습니다. 이때 내가 보는 것은 서로 다른 것처럼 보이는 모든 자연 요소 사이의 결합 상태입니다. 아이들이 숲에 가기 좋아하는 것은 분명합니다! 당연히 우리 인간은 삼림욕을 즐겨 하죠. 숲에서는 뭔가 우리에게 좋은 것을 느끼기 때문이에요. 일종의 내면의 호수라고 할 휴식 상태를 다시 찾는 겁니다. 내가 우리는 자연의 일부라고 말할 때, 그 말은 우리가 나무로 돌아가야 한다는 의미가 아닙니다. 내 생각은 단지 숲이 우리에게 좋고 우리 아이들이 숲에서 자신의 일부를 느낀다는 점에 놀랄 것이 없다는 거예요. 자연에서 배운다는 것은 뭔가 우리가 해야 하는 일이 아니라 뭔가 우리에게 일어나는 일을 말합니다. 아이가 '이리저리 움직이는' 동작이 많을수록, 아이의 뇌 속에는 더 많은 신경세포의 연결이 형성됩니다. 따라서 한 아이의 발달을 위해 가만히 앉아 있어야 하는 상황보다 더 나쁜 것은 없어요. 우리는 그것을 알아야 해요. 하지만 아이가 자신의 천성에 맞지 않아서 가만히 앉아 있을 수 없다면 'ADHD'라는 진단을 받죠. 그러면 리탈린 처방을 받고 실제로 얌전해집니다. 그러나 우리는 아이에게 약을 주는 대신, 차라리 밖에 나가서 경험을 쌓을 기회를 주어야 합니다. 나도 움직일 때 생각이 가장 잘 떠오릅니다. 아이들도 마찬가지예요. 아이들은 밖으로 나가고 싶어 합니다. 날씨가 어떻든 상관없이 말이에요."

나는 안드레 슈테른에게, 그가 볼 때 스승으로서의 자연은 정확하게 어떤 점에서 우리 사회의 교육 시스템과 구분되는지 물었다. 그는 이렇게 대답했다. "한번은 한 여자가 자신의 딸과 직업상담소에 다녀온 이야기를 하더군요. 상담사가 학과목이 적힌 청소년 카드를 보여주더랍니다. 예를 들어 아이에게 '생물이야, 이 과목 좋아, 안 좋아?'라고 묻는 식인 거죠. 수학이나 국어, 물리 등등 다 마찬가지예요. 이런 것을 자유로운 결정이라고 할 수는 없잖아요? 당사자가 자유의지로 직업을 선택했다고 말할 수 없겠죠. 나는 그런 방법에 동의하지 않습니다. 그런 상황을 '자유롭다'고 할 수는 없으니 말입니다. 사전에 정해진 여러 범주에서 선택하는 것일 뿐이에요. 만일 내가 어떤 채식주의자에게 닭고기나 돼지고기 중에 고르라고 한다면, 내가 그에게 선택권을 주기는 해도 자유를 주는 것은 아니죠. 독일 철학자인 프리트요프 베르크만Frithjof Bergmann의 비유를 인용했습니다만, 나는 자연이 우리에게 주는 자유가 우리의 세계 질서에서 아주 바람직한지 아닌지는 모릅니다. 아이들을 숲에 데리고 가면, 교실에서보다 통제를 훨씬 덜 합니다. 특히 숲에서는 아이들을 서로 비교할 수가 없어요. 어떤 아이는 땅을 파는 것을 좋아하고 어떤 아이는 나무를 잘 타고 또 어떤 아이는 냇물에 있는 돌을 잘 옮기니까요. 자연은 아이들이 제각각 자기 재주를 펼치는 것을 방해하지 않습니다. 우리 사회에서는 반대로 아이들이 미리 정해진 직업 이미지에 걸맞게 자기 자신을 형성해야 합니다. 그래서 무엇이 '유익한' 것이고 무엇이 그렇지 않은지를 규정합니다." 그러면서 아동 대사는 아주 흥미로운 생각을 덧붙였다. "자연은 우리가 태어날 때부터 세상 어디에서나 대처할 수 있게 만들어줍니다. 유전자 정보는 우리가 태어나는 곳이 어디인지 모르니까요. 인간은 무엇이든 할 수 있고 무엇이든 배울 수 있는 존재로 태어납니다. 하지만 인간은 '출혈의 과정을 거치고' 결국 남는 것은 우리가 될 수도 있었을 그 무엇의 작은 분재 형태뿐이죠. 나는 우리가 아이들을 보며 그들의 가능성과 새롭게 마주칠 때 세상이 변한다고 믿습니다. 그러면 자연과 도시는 다시 함께 성장할 것입니다."

'도시'라는 표제어가 나오자 나도 입을 열었다. "현재의 도시는 별로 '유기적'이지 못합니다. 경제적 이익을 기준으로 평가되는 대상은 비단 인간만이 아니라 인간의 생존공간 역시 마찬가지죠. 이를테면 휴한지는 도시생태계 조성을 위해 이용되는 예가 별로 없고, 새로운 쇼핑센터를 세우는 데 쓰이거나 부동산 시장으로 흡수됩니다. 이런 것을 나의 바이오필리아 홍보 활동을 통해 바꾸고 싶습니다." 안드레 슈테른은 고개를 끄떡이며 동의를 표하고 대답했다. "도시는 인간의 생각을 반영합니다. 하기야 인간의 산물이니까요. 우리는 지금 모습 그대로의 도시를 원하는 것이 분명해요. 하지만 우리는 자연의 일부예요. 바꿔 말하면, 우리가 자연이죠. 도시 생활은 멋져요. 나도 환영합니다. 다만 문제는 자연이 들어앉을 공간을 우리가 어디서도 찾지 못한다는 거예요. 우리 아이들은 수풀로 숨거나 나무에 올라가기 위해 유기적인 것이 필요합니다. 내 아들 앙토냉을 포함해 많은 아이는 어쩌면 도시 공사장의 기중기에 매혹될지도 몰라요. 하지만 기중기에 기어오를 수는 없죠. 도시에서는 항상 적응해야 합니다. 끊임없이 주의해야 하고요. 우리는 시골에 살지만 파리에 조그만 집이 하나 있습니다. 우리가 파리에 갈 때면 앙토냉에게 가장 먼저 말하는 것은 '조심해, 길에서 빨리 뛰면 안 돼! 차 온다, 조심해! 여기는 여러 집이 사니까 발을 구르지 마! 큰 소리로 말하지 마!'와 같은 당부들이에요. 도시는 언제나 적응을 요구합니다. 그러다가 다시 시골로 돌아가면 앙토냉은 곧바로 밖으로 나가 큰 소리로 노래 부르면서 뛰어다닙니다. 우리 내면에 있는 자연은 외부의 자연에서 자신을 표현할 가능성을 훨씬 많이 발견합니다. 그 바탕에서 아이들의 발달에 긍정적인 효과가 나타나는 것이죠."

나는 각 도시에 있는 자연과 숲속 유치원을 찾아보고 정리하기도 했다. 이 프로젝트의 상당수는 날씨와 관계없이 야외에 설치된 순수한 아웃도어 시설에 관한 것이다. 숲속의 유치원 중에는 견고하고 한적한 곳에 독립된 건물로 상수도, 전기, 난방시설을 갖춘 곳이 많다. 나는 아이들이 계속 자연에 머물 필요가 없다고 생각하기 때문에 개인적으로 건물이 딸린 그런 프로젝트가 좋으리라 본다. 숲에 있는 건물이나 오두막의 안전과 쾌적함도 소중하다. 앞으로 수년 안에 삼림학교라는 아이디어는 널리 퍼질 가능성이 높고 도시에서도 적절한 서비스로 제공될 것이다. 덧붙여 자연에 가까운 대규모 정원이 딸린 학교와 유치원이 엄청나게 늘어날 것이다. 따라서 자연 체험은 제한된 자연 속의 유치원이나 야생환경의 학교에서만 가능한 것이 아니다.

자연 체험의 8가지 효과

앞에서 언급한 예일 대학교의 사회생태학 교수 스티븐 켈러트는 자연이 아이들의 발달에 미치는 영향을 누구보다 열심히 연구한 적이 있다. 세계적으로 유명한 진화생물학 교수로서 하버드 대학교에서 퇴직한 에드워드 윌슨Edward Wilson은 켈러트에 관해 "스티븐 켈러트보다 자연과 인간의 복잡한 관계를 더 깊이 깨달은 사람은 아무도 없다"

라고 썼다.[125] 수십 년간의 연구 끝에 켈러트는 아이들의 신체적, 정신적 발달에 긍정적인 영향을 주는 자연의 여덟 가지 측면을 정리했다.[126] 그 내용을 내 표현으로 다듬어 소개하자면 다음과 같다.

1) 애착과 배려의 발달

자연에 대한 아이들의 타고난 헌신과 애정은 (우리가 바이오필리아라고 부르는) 호감을 주고받는 능력을 키워준다. 아이들은 다른 생존 형태와의 만남을 통해 동물과 식물을 배려하는 마음이 발달한다. 예를 들면, 나는 대학 시절에 그라츠슈타테크 자연 체험 공원에서 생물학 조수로 일한 적이 있다. 그곳은 숲과 초원, 천연하천이 있는 시 경계 내의 자연보호구역이다. 자연 체험 공원에는 당시 나의 근무지인 리엘타이히 학교생물학센터 Schulbiologiezentrum Rielteich 도 있다. 53번 버스를 타고 리엘타이히 역을 거쳐 들어갈 수 있는 이 구역에는 멸종위기에 처한 다수의 나비와 잠자리 종이 서식한다. 도시에서 종의 다양성이 살아 숨 쉬는 현장이라고 할 수 있다. 유치원과 초등학교에서 아이들이 단체로 견학 오면, 우리는 그들이 동식물의 세계를 더 가까이에서 체험하게 해주었다. 또 아이들과 함께 나무를 심고 구근을 뿌린 다음, 이듬해에 다시 찾아와 아이들이 심은 식물이 싱싱하게 자라는 모습을 직접 확인하게 했다. 아이들은 우리의 도움을 받으며 연못의 수생생물을 현미경으로 관찰했는데, 그러면 평소 육안으로는 볼 수 없는 매혹적이고 다채로운 단세포생물의 세계가 그들 앞에 펼쳐졌다. 아이들과 함께하는 우리의 활동을 통해, 이들에게서 (우리 직원들도 마찬가지지만) 식물과 리엘타이히 연못, 숲에 대한 관계가 형성되었다. 생태계 보호 활동 참여와 나무와 동물과의 접촉을 통해 아이들은 감지할 수 있는 자연에 대한 배려심을 키웠고 반대로 자연공원 안에서 그들 자신이 '보호받고', '안식을 맛보고', '즐겁고', '자유롭다는' 느낌을 받았다. 그러니까 아이들은 일종의 배려심을 자연을 상대로 인지한 셈이다. 그것은 아이들의 정서발달에 중요한 훈련으로서 인간 정신에 깃든 생명애적 힘의 활동에 바탕을 둔 것이다.

2) 자연의 관계와 복합적인 상관관계에 대한 이해의 깊이 더하기

자연과 그 아름다움의 미학적인 매력은 아이들의 창의력 발달을 돕고 호기심을 일깨운다. 아이들의 발견 욕구가 발달하고 상상력과 공상이 단련된다. 아이들은 복잡하고 다채로운 자연을 대하는 법과 생태적인 관계가 무엇을 의미하는지 이해하는 법을 배운다. 따라서 아이들은 네트워크화한 사고를 훈련하는 것이다. 아이들은 생태계의 예를 통해 균형과 조화가 무엇을 의미하는지 깨닫는다. 그 외 아이들의 미학적 감각도 단련된다.

3) 숙달과 위험성 평가의 발달

자연 체험을 통해 숙련도와 인지능력이 높아진다. 아이들은 위험을 평가하고 자연환경에서 헤매지 않고 안전하게 움직이는 법을 배운다. 그 밖에도 난관과 불안에 대처하며 자신의 능력을 올바로 평가하는 법을 배운다. 이를 통해 자신감과 자의식, 자신의 한계에 대한 감각이 생성된다. 이런 경험을 토대로 아이들은 일상 속에서도 더 안전하게 세계를, 가령 도시를 헤쳐나간다.

4) 독립성과 고유한 판단력 습득

아이들은 자연 체험을 통해 인간과 자연의 관계에 대한 감각을 발달시킨다. 이들은 천연자원을 이용하는 것이 무슨 의미인지, 왜 이것이 무한하거나 무한하지 않은지를 배운다. 또 지구 자원을 적절하게 이용하는 방법을 배우는 한편, 생태계의 약탈 혹은 동물 간의 경계에 대한 감각을 키운다. 아이들은 자연에서의 체험을 통해 우리가 자연을 파괴할 때 무엇이 위험에 처하는지를 직접 경험한다. 식물과 동물은 더는 추상적인 개념이 아니라 아이들이 체험하는 세계의 일부다. 아이들은 동식물과 관계를 맺는다. 그들의 정신은 스스로 자연에 대하여 판단하는 능력은 물론, 자연과 교류하는 능력을 키운다. 아이들은 독자적이면서 자율적인 자연 대처 능력을 습득한다.

5) 뇌와 네트워크화한 사고능력의 발달

자연과의 접촉은 인지능력, 즉 뇌 발달을 촉진한다. 아이들은 세계에 대한 감각을 형성한다. 그들은 복잡한 상관관계를 분석하는 법을 배운다. 생태계가 네트워크화한 사고의 훈련 소재와 학습사례를 제공하기 때문이다. 자연 체험은 아이들의 뇌 속에서 새로운 신경구조와 연결망이 형성되도록 해준다. 이것이 도시에 더 많은 자연을 촉구하는 것을 둘러싸고 벌어지는 아주 중요한 논란의 하나다.

6) 안정성과 자기효능감 습득

아이들이 자연과 교류하며 자연에서 흥미롭게 사고와 행동을 단련하면, 이들은 신체적이면서 정신적인 기술을 연마하는 것이다. 아이들은 문제해결 전략과 실패에 적절히 대처하는 법을 발달시킨다. 아이들은 용기를 배운다. 성공의 결과가 자신감을 키워주고 이 세계에서 자기 힘으로 뭔가를 일으킬 수 있다는 느낌을 촉진하기 때문이다. 심리학에서는 이런 경험을 '자기효능감Selbstwirksamkeit'이라고 한다. 이를 바탕으로 아이들은 (자연) 세계에 대한 독자적인 견해를 발달시키는데, 이것은 자기 자신의 관찰과 통찰에 토대한 것이다. 자연은 다채로운 상호작용의 가능성을 통해서 아이들의 직접적인 경험의 보고를 확대해준다. 이때 학습한 것은 아이들에게서 (스스로 경험한 것이기 때문에) 다시는 쉽게 빼앗을 수 없다. 이런 측면에서 아이들은 안정성을 단련한다. 이를 통해 자연에서 자신을 시험하려는 강력한 동기유발이 형성되고 학습의 성취 결과가 다시 향상된다.

7) 영성 발달

자연에서의 체험은 자연과의 결합에 대한 아이들의 감각을 연마해준다. 아이들은 자기 자신을 생명 네트워크의 일부로 인지한다. 여기서 자연에 대한 가치 평가의 감각이 만들어지고 동식물에 매혹된다. 아이들은 살아 있는 세계를 의미심장한 것으로 인지한다. 밖에서 자신을 자연의 일부로 느끼기 때문에 아이들은 (어른들보다 더 쉽게) 이런 경외감을 자신에게로 전이시킨다. 자신을 소중하게 평가하는 생각이 커지면서 아이들은 자신의 존재를 의미심장한 것으로 인지한다. 알베르트 아인슈타인은 다음과 같은 글로 영성의 감각을 자연 체험과 연관시켰다. "과학자의 종교관은 자연법칙의 조화에 대한 경이적인 반응에 담겨 있다. 이 조화 속에서 우월적인 이성은 반대로 인간적인 사고와 질서 중에 의

미심장한 모든 것이 전적으로 냉정한 반사의 결과라는 것을 보여준다." 아인슈타인은 범신론자였다. 그가 볼 때 전체적인 우주는 신과 동일한 것이었다. 그러므로 아인슈타인에게 자연과의 만남은 신과의 만남이었다. 그의 독특한 묘사에 따르면, 그의 자연과학적인 연구열마저 그가 말하는 '우주적 종교관'을 통해 형성되었다. "나는 우주적 종교관이 가장 강력하고 고귀한 과학연구의 원동력이라고 주장한다. 요즘에 누군가가 진지한 과학자만이 유일하게 신앙심이 깊은 인간이라고 했는데 옳은 말이다."[127] 이런 놀라운 연구열은 (자연에 대한 매혹과 짝을 이루는) 천진난만한 자연 체험을 통해 단순한 형태 속에서 일깨워질 수 있다.

인간이 우리의 정체성이라고 할 자연에서보다 우리의 뿌리에 더 가깝게 다가갈 수 있는 곳은 어디에도 없다. 혹은 안드레 슈테른이 말한 것처럼 "우리가 자연이다." 영성에 대한 아이들의 감각은 자연 체험을 통해 일찍이 촉진되거나 탄탄해질 수 있다. 이를 통해 아이들은 훗날 충족하지 못한 의미를 추구하는 사람들을 끌어들이려는 종파와 사상에 쉽게 넘어가지 않게 된다. 자연의 영성은 종교적 교파와 관계없이 서로 다른 문화의 사람들을 결합해주는 매우 견고하고 안정적이며 세계적인 형태의 영성이다.

8) 상징을 대하는 능력 발달

켈러트는 언어와 상징 대처 능력에서 자연이 결정적인 역할을 한다고 본다. 생태계는 아이들의 경험 지평을 확대할 뿐만 아니라 개념 기반까지 넓혀준다. 자연은 의미와 이름을 달고 있는 '사물들'로 가득 차 있다. 이것들은 서로 결합해 있다. 아이들은 그들의 자연 체험을 언어로 파악하고 그에 관해 서로 또는 성인들과 이야기함으로써 소통 능력을 발전시킨다. 아이들은 자연에서 관찰한 것들의 상호관계를 표현하는 법을 배운다. 켈러트에 따르면, 이를 통해 아이들의 인격과 개성도 형성된다.

안드레 슈테른은 파리에서 성장했다면서 내게 덧붙였다. "우리들은 언제나 시내 한가운데에 있는 뤽상부르 공원에 갔어요. 그런데 이 공원은 어린 나에게 너무 규제가 심했죠. 대부분의 시립공원에서는 잔디밭에서 뛰어도 안 되고, 나무에 올라가도 안 됩니다. 그 때문에 나는 시골에 있는 조부모 댁에서 많은 시간을 보냈습니다. 만일 우리가 도시로 숲을 불러들인다고 했을 때 주의해야 할 것은 그것이 자연의 조각으로서 진정한 숲이어야지, 영국식 잔디밭이 되어서는 안 된다는 점입니다." 다음 장에서는 바로 이런 계획을 살펴보고자 한다. 이제 문제는 미래다.

III

생명애가 가득한 미래도시

자연은 돌아온다

야생은 인간이 문명을 단련할 때의 원자재다.[128]

알도 레오폴드 Aldo Leopold, 생물학자(1887~1948)

로스앤젤레스와 멕시코시티, 카이로나 베를린은 첫눈에 자연스럽게 보이지 않을지 모른다. 하지만 최대 도시들도 지구의 세계적 생태계에 어울리며, 널찍한 공간이 자연경관에 포함된다. 대도시도 주변을 둘러싼 자연공간에 영향을 받고 (산이나 호수 혹은 숲처럼) 그 기후조건에 종속된다. 거꾸로 도심지가 주변 공간과 지구 대기에 영향을 주기도 한다. 그러므로 대도시는 수동적으로 지구 생태계에 속할 뿐만 아니라 능동적으로 지구의 복합적인 자연 요소들의 구조에 영향을 끼치기도 한다. 바로 그 구조의 일부이기도 하다. 예컨대 도시는 태양으로 인해 강하게 가열되는 아스팔트와 콘크리트 면적을 통해서 공기를 덥힌다. 도시의 미세먼지는 추가로 그 온기가 유지되도록 해준다. 도시가 크면 클수록 이른바 이 '열섬현상'은 교외 지역으로 더 멀리 확장되며 도시 주변의 기단까지 덥힌다. 이런 식으로 도시는 바람과 폭풍의 형성에도 기여할 수 있다. 대기는 언제나 찬 공기가 더운 공기 쪽으로 흐르고 같이 뒤섞이도록 하면서 기온편차를 없애기 때문이다. 도시의 원예사들은 그들이 재배하는 식물에 유리한 입지 조건을 만들어주려고 도시의 열섬현상을 이용한다.

이런 효과는 인간의 영향과 전혀 무관하게 자연에서도 존재한다. 예컨대 커다란 호수와 바다가 여름에 가열된 뒤에 물속에 저장한 열에너지를 겨우내 주변으로 방출한다. 이로 인해 가령 레만 호 주변은 겨울에 같은 지리적 위치인데도 호수가 없는 곳보다 조금 더 따뜻하다. 이 또한 일종의 열섬효과다. 미시간 호의 온난화 효과der wärmende Effekt는 레만 호보다 훨씬 더 뚜렷하다. 이 호숫가에 위치한 시카고와 밀워키는 비슷한 지리적 위치에 있는 타 도시들보다 겨울에 더 따뜻하다. 미시간 호는 스위스 전체 면적의 1.5배 크기에 가깝다. 지중해는 열 보존기능이 훨씬 더 강력해서 그 해안에 자리 잡은 바르셀로나, 아테네, 마르세유 같은 인공도시도 추운 계절에 혜택을 본다. 똑같은 현상이 대서양 연안에 있는 마이애미나 북태평양 연안에 있는 샌프란시스코에도 해당한다. 우리는 완전히 가치중립적인 측면에서 도시를 하천과 산맥처럼 다른 경관 요소와 더불어 생태적 상호작용 속에 들어 있는 지표면의 일부로 볼 수 있다.

도시생태계에 관한 새로운 생각

도시를 생태계로 간주하는 것은 주제넘은 짓이 아닐까? 어차피 아마존 우림지대와 베를린 알렉산더 광장 사이에는 엄연한 차이가 있으니 말이다. 그러나 각 생태계는 그 복잡성에서 서로 구분되기 마련이다. 아마존 우림지대는 베를린보다 훨씬 복잡한 생태계이며, 규모가 훨씬 방대한 종의 다양성을 확보하고 있다. 하지만 베를린도 지구 생태권에 역동적으로 통합되어 있으며 나름대로 생태를 관리한다. 우리는 대도시에서 식물이 살아가는 숱한 생태적 틈새를 발견한다. 도시에서 종의 다양성은, 종종 단종재배 식물이나 살충제 살포가 만연하여 농업적으로 지나치게 이용되는 시골 지역에서보다 더 풍부하다. 도시의 생명체는 상호작용한다. 이 말에는 인간 외에 식물과 동물, 미생물도 포함된다.

하노버 대학교의 지구식물학 교수인 리하르트 포트Richard Pott는 도시 생태계와 관련해서 다음과 같이 강조한다. "물리적, 화학적 입지 인자Standortfaktoren의 관계구조는 그 범위나 복잡성과 무관하게 생태계로 표시된다."[129] 도시가 생태적인 측면에서 우림보다 덜 복잡하다는 것은 도시가 생태계가 아니라는 의미가 아니다. 당연히 우리는 도시를 현재 모습보다 훨씬 폭넓은 자연의 다양성을 지닌 훨씬 더 복잡한 시스템으로 만들어야 한다. 이것이 바로 이 책의 주제다. 하지만 우리는 모든 도시가 이미 생태계라는 것을, 도시생태계라는 것을 알아야 한다. 그것은 주민 수 30명으로 세계에서 가장 작은 도시인 크로아티아의 훔이나 거의 3,800만 명에 육박하는 대도시 도쿄나 똑같이 적용되는 이치다.

식물과 동물, 미생물도 도시와 자연을 가리지 않는다. 이들에게 도시의 경계라는 것은 없다. 이들은 다른 모든 생태계에 정착하듯이 대도시에 들어오며, 생존의 토대로 삼을 최소한의 유기물만 모을 수 있으면 미세한 콘크리트 틈바구니에도 들어가 산다. 바람은 씨와 포자, 애벌레와 배아를 도시로 실어 나른다. 이것들은 물론 강물로 옮겨질 수도 있다. 이들은 공기의 흐름과 더불어 지상에서 떠도는 대기를 타고 인간의 도심지에 정착하기도 하고 빗물과 함께 오기도 한다. 자연은 지구 곳곳을 파고들어 번성하며 도시도 마찬가지다. 자연에서 생명의 발아는 잠재적인 새로운 생태계에서 형성될 수 있고 어디서나 마주칠 수 있으며 없는 곳을 생각할 수 없다. 예컨대 붉은여우처럼 도시 한복판에서 버젓이 살아가는 시난트로프Synanthrope도 있다. 시난트로프란 사람이 사는 도시와 거주지에서 새로운 생존공간을 마련하는 동물과 식물을 말한다. 내가 숲 가장자리에서 어린 시절을 보낸 그라츠 시유림의 주민들은 이미 소개한 바 있다. 오늘날까지도 그곳에는 노루와 두루미, 다람쥐, 올빼미가 살고 있다. 지구의 생태계 조직에서 도시가 사라진 것으로 보는 관점은 있을 수 없다. 우리는 대도시를 종종 자연의 대응물로 생각할 때가 있다. 하지만 그것은 정확하게 들여다보면 옳지 않은 생각이다. 모든 것은 자연과 맞물려 있다. 대형 쇼핑센터조차 첫눈에 볼 때만 자연의 대응물이다. 우리는 마천루를 흰개미가 아니라 인간이 세운 흰개미굴처럼 볼 수 있다. 인간도 자연의 존재다. 이 두 가지(흰개미 굴과 고층 건물)는 자연의 생존방식에서 나온 건축물이다. 엄밀히 말해 인간집단과 곤충집단의 건축물 사이에 원칙적인 차이는 없다. 적어도 이 차이는 공식적으로 명확하게 구분되지 않으며 기껏해야 느낌으로만 인지할 뿐이다. 단지 인간의 손으로 세웠다는 이유로 인간의 건물이 자연에 반한다는 생각은 인간을 자연의 일부가 아니라 잘못해서 자연의 외부로 분류하는 자연관에서 유래한 것이다. 미래의 바이오필리아 도시는 인간과 자연의 구분이 없어지는 동시에 도시와 자연의 대립개념이 사라지는 포괄적인 자연관을 토대로 한다.

우리 스스로 남겨놓은 도시 안의 모든 휴한지는 몇 년 안에 급격한 변화를 맞을 것이다. 잔디와 꽃, 채소 외에 어린나무도 빠르게 자랄 것이다. 이것들은 관목 덤불로 자라거나 버젓한 나무로 발달할 것이고, 더 많은 부식토를 만들어내면서 흙 속에는 서서히 미생물의 생태계가 형성될 것이다. 그중에는 인간의 면역체계와 정신에 좋은 바이오필리아 박테리아도 들어 있을 것이다. 자연을 통한 이 같은 재정착 과정을 '천이遷移'라고 부른다. 이 말 속에는 '점진적인', 즉 '차례로'란 말이 숨어 있다. 도시의 휴한지는 차츰 나무 개체가 드문드문 자리 잡은 곳으로 변하고, 여러 해가 지나면 나무와 관목이 빽빽하게 들어찬 숲으로 변할 것이다. 균근은 나무와 서로 연결망을 짜기 시작할 것이다. 숲이 자라지 않는 지리적 위치에서는 해당 지역을 지배하는 수목 형태에 따라서 도시의 사바나 혹은 스텝 지대가 형성될 것이다. 도시는 상위 생태계에 포함된다. 텃새가 정착하고 부화 장소를 마련할 것이다. 곤충은 새로운 피난처에 들어가 살 것이다. 이 과정은 허용되기만 한다면 샌디에이고와 함부르크, 암스테르담, 혹은 이스탄불의 중심가에서도 진행할 수 있다. 자연은, 비록 모든 자연의 표면에서 잘려 나간 것처럼 보일지라도 도시구역에서 번창할 것이다. 새로 형성된 자연의 공간은 동식물이 도시를 점령하려고 전파될 때 기반이 되는 배아세포의 기능을 할 것이다. 이로써 내가 숲의 치유력 삼총사라고 부르는 건강한 테르펜과 음이온, 바이오필리아 박테리아를 위한 새로운 출발점이 형성될 것이다.

주변의 콘크리트 면적은 강한 천근성淺根性(뿌리가 지표면에 가까운 토양에 분포하는 성질-옮긴이) 나무의 강력한 뿌리를 통해 해체될 것이다. 심근성深根性(땅속 깊이까지 자라는 식물뿌리의 발육 특성-옮긴이) 나무는 지면 아래로 흙을 파고들며 자리 잡을 것이다. 생태계에는 분업이 존재한다. 비와 서리, 폭풍은 나름의 역할을 하며 도시의 건축자재에 풍화작용을 일으켜서 씻어내거나 휩쓸어갈 것이다. 이끼는 아스팔트와 도로 포장석을 갉아먹고 들어가며 바닥 형성에 이바지할 것이다. 지칠 줄 모르는 자연의 재생력은 시간이 가면서 도시를 꽃 피고 녹색이 우거진 오아시스로 바꿔놓고, 도시는 종의 다양성이 풍부한 본거지가 될 것이다. 자연의 힘은 모든 담장과 철로, 주차장, 공장 부지를, 또 시간이 흐르면서 모든 마천루까지 평화로운 유기적 방법으로 해체하고 흙으로 변화시킬 것이다. 이는 뭔가 새로운 것을 향해 완만하게 진행되는 과정으로 파괴는 아니다. 그토록 많은 자연의 잠재력이 우리의 보도와 거리, 고층 건물 밑에 숨어 있는 것이다. 자연은 아스팔트 표면 밑에서 탈출할 때만 기다리고 있다. 나는 이 과정을 나중에 상세하게 설명할 것이며 여기에 참여하는 이른바 '선구식물'과 도시 나무의 예를 제시할 것이다.

도시가 야생환경으로 변하지 않는 유일한 이유는 우리가 그것을 저지하기 때문이다. 콘크리트 표면은 계속해서 수리되고 재건축된다. 도시의 밀봉이 진행 중이다. 관목과 나무는 모습을 드러내는 즉시, 시 당국에 의해 뽑혀 나간다. 베를린 공원과 파리의 뤽상부르 공원, 빈의 쇤브룬 공원, 워싱턴 시의 링컨 공원은 잔디를 깎고 잡초를 제거하며 24시간 내내 통제한다. 자연을 제어하는 것은 소모적이며 큰 비용이 든다. 그것은 절대 마르지 않는 자연의 생명력을 상대로 벌이는 지속적인 경주 같은 것이다. 건물을 철거하고 생기는 공한지는 그동안 대부분 순식간에 부동산기업에 매각되어 다시 밀봉되는 실정이다. 그곳에는 숲 대신 투자용 주택이나 투기꾼들의 건설 프로젝트가 형성된다. 오늘날 보다시피 우리는 도시로부터 끊임없이 자연을, 그리고 지구의 생명력을 빼앗고 있다. 물론 도시의 기반 시설을 유지하려면 그런 일도 해야 한다. 하지만 우리는 미래에 조금 변화를 줄 수도 있을 것이다. 자연의 원시적인 재생력은 우리의 도심 한복판에서 엄청난 잠재력을 발휘하기 때문이다. 우리는 힘들게 자연을 억압하는 대신 자연을 도시의 모습에 통합할 수 있으며 허상에 기초한 도시와 자연의 차이를 허물 수 있을 것이다. 미래의 바이오필리아 도시는 큰 비용을 들이지 않고도 우리 사회, 특히 도시계획자와 행정가들이 사고를 전환함으로써 실현될 수 있을 것이다.

흰개미 도시

도시생태계는 세 가지 영역으로 구성된다.

1) 활기가 없는 자연 영역

2) 활기찬 자연 영역

3) 기술·문화적 영역(이 영역은 우리에게 '자연에 반하는' 것으로 보인다)

'활기가 없는 자연' 영역은 도시생태계가 생성된 지질학적 여건을 포괄한다. 여기서 말하는 것은 암석이나 땅, 언덕, 산, 해변, 자갈밭, 구덩이, 하천, 계곡, 호수 등의 물질적 경관 요소 같은 것들이다. 지구의 표면 구조는 비단 도시뿐만 아니라 모든 생태계의 기초에 해당한다.

도시생태계의 두 번째 영역인 '활기찬 자연'은 도시에 사는 모든 생명체를 말한다. 여기에는 식물과 동물, 미생물 그리고 인간이 해당하는데 이들 모두 상호관계를 맺고 있다. 또 이 영역은 모든 생태계에서 발견된다. 모든 생태계의 모든 생명체를 합쳐 '생물권'이라고 표현한다. 도시 주민은 지구 생물권의 일부다.

도시생태계의 세 번째 영역이 비로소 우리 도심을 다른 숱한 생태계와 구분한다. 바로 '기술·문화적' 영역이다. 이것은 전반적인 건물, 도시 기반 시설, 공장, 술집, 도서관, 학교, 건축 공사장, 지하철 등 단순히 인간적인 기술에서 파생하거나 인간 문화에 속하는 모든 것을 포괄한다. 하지만 우리는 지구의 거의 모든 생태계에 이미 거주하거나 영향을 주어왔기 때문에 이 영역도 도시생태계를 다른 생태계와 명확히 구분하는 데는 적합하지 않다. 오늘날 우리는 거의 모든 숲과 바다, 호수, 산에서 기술·문화적 영역을 발견한다. 어디든 마찬가지다. 인간의 기술이나 문화에 영향을 받지 않은 이른바 '원시적 생태계'는 지구 곳곳에서 대대적으로 밀려났다. 아마존의 마지막 우림지대가 원시생태계의 예라고 할 수 있다. 그 밖에 원시적 자연공간은 오늘날 심해에서도 발견된다. 우리의 생태계는 대부분 이른바 '2차적 생태계'다. 고원 목장이나 초원, 경작지, 휴한지, 산림, 경제적으로 이용되는 숲 등으로 바로 도시생태계라고 할 수 있는 것들이다. 도시의 유일한 특징은 지극히 많은 사람이 비좁은 공간에서 함께 살고 있고, 도시의 지표면은 대대적으로 밀봉되거나 빈틈없이 경작된다는 사실이다. 인간은 도시에서 가장 중요한 입지 요인이 된다. 바로 그 때문에 인간은 도시의 미래를 위한 결정적인 요인이기도 하다. 우리가 20년 후에 생명애가 넘치는 도시에서 살 것인지, 오염된 도시에서 살 것인지는 우리에게 그리고 도시생태계를 대하는 우리의 자세에 달려 있다.

그렇다고 기술이나 현대적 건축 때문에 도시가 '자연에 반하는' 것은 아니다. 많은 동물(가령 까마귀나 원숭이)은 도구, 즉 단순한 기술을 사용한다. 어떤 점에서 도구 사용이 '자연에 반하는 것'일까? 인간의 경우, 기술을 적용하는 능력은 진화 과정에서 형성되었다. 우리에게 그런 능력을 주는 뇌도 자연에서 나온 것이다. 그러므로 기술의 발달은 원숭이나 인류에게 똑같이 자연스러운 과정이었다. 처음에는 원시적이었던 인간의 도구는 갈수록 까다로워졌고 오늘날 도시는 무엇보다 굴착기와 불도저, 크레인으로 건설되며 우리는 전차나 지하철을 이용한다. 흰개미도 그들의 건물을 튼튼한 집으로 만들어주는 건축술을 활용한다. 흰개미가 쌓는 탑은 공중 높이 솟구치며 너무도 정교해서 폭풍우에도 무너지지 않는다. 흰개미가 쌓은 지상 최대의 구조물은 아프리카에 있는데, 높이가 7미터에 이른다. 흰개미의 건축물 중에는 지름 30미터의 기초에 세워진 것이 많다. 이 정도면 이미 도시라고 할 수 있다. 그렇다. 흰개미가 인간과 똑같이 도시를 건설한다는 말이다! 흰개미들은 복잡하게 뒤얽힌 지하 터널과 동굴계를 세운다. 인간이 지하철이나 지하도를 건설하는 것이나 다름없다. 흰개미는 환기구와 난방시설, 냉방시설을 설치한다. 곤충연구가들은 흰개미의 건축물을 '초유기체 Superorganismus' 라고 부른다. 개별적인 능력을 훨씬 뛰어넘어 거주집단의 협동과 상호작용을 통해 발휘되는 특징을 지녔기 때문이다. 초유기체는 기술을 토대로 하지만, 자연의 일부다. 더욱이 흰개미는 버섯을 재배함으로써 그들 고유의 식량을 조달한다. 그들의 집에는 이 밖에 저장실이 따로 있으며 물도 저장한다. 지속적인 건축공사를 위해 적당한 공간에 자체로 생산한 모르타르를 쌓아놓는다. 흰개미는 그들의 굴 주변 수백 미터 범위 내에 탄탄한 도로망을 조성한다. 이 길은 '병정들'이 감시하며 건축 자재나 모아놓은 식량을 운반할 때, 방해받지 않는 빠른 이동이 가능하게 한다. 이해에 이바지하는 신경전달물질인 페로몬의 도움으로 흰개미는 교통을 통제하기 위해 도로망에 표시한다. 종종 '차선'이 분리되기도 하며 우선권 규칙도 있다. 우리가 일상적으로 아주 쉽게 끌어들이는 '자연스러운' 것과 '자연에 반하는' 것 사이의 경계는 간단히 허물어진다. 이 경계를 완벽하게 규정하는 것은 불가능하다. 설사 인간을 자연의 왕국에서 빼내고, 인간의 도시는 흰개미의 도시와 반대로 인간에 의해 세워졌다는 이유 하나만으로 자연에 반한다는 말을 해도 마찬가지다. 나는 이런 노선을 택하고 싶지 않다. 나는 인간과 자연을 분리하는 발상에 의문을 제기하며 인간의 도시생태계가 더 복잡하고 건강한 생존공간이며 그럴 가능성이 있다는 의식을 강조하고 싶다. 도시와 자연 사이에 모순이 있다는 생각은, 우리가 흰개미의 도시에서 자연과의 경계를 찾을 수 없듯이 허상에서 나온 것일 뿐이다. 현대 건축가들은 심지어 흰개미에게서 새로운 기술을 보고 배우기까지 한다. 흰개미의 도시는 여러 면에서 미래건축의 원형으로 간주한다. 초고층 건물을 세우는 사람들까지 곤충의 왕국에서 쓰인 기술을 연구하는 실정이다. 에어컨 기술자들은 흰개미가 환기와 냉방 시설을 만들 때의 지식을 적용하는 작업에 매달리고 있다. 우리는 미래의 대도시를 세울 때 부분적으로라도 흰개미의 기술을 활용하게 될 것이다.

그러나 바이오필리아 도시라는 거창한 꿈을 적용하기 전에 우리는 현재와 가까운 미래부터 시작할 것이다. 우선 도시생태계의 재자연화와 재활성화부터 시작하자. 도시생태계는 이미 존재하지만, 우리가 과거에 등한시하거나 파괴하거나 도시 지하로 깊숙이 파묻어버렸기 때문이다.

도시 나무의 엄청난 잠재력

캐나다 최대 도시인 토론토에서는 2015년에 나무가 도시 주민에게 미치는 영향에 관해 고비용을 들여 연구한 적이 있다. 국제적인 과학 저널《네이처》에 발표된 연구 결과는 획기적이다. 연구책임자인 시카고 대학교의 환경심리학 및 신경심리학 교수 마크 버먼은 연구팀과 공동으로 나무가 도시민의 건강 증진에 미치는 영향이 놀라우리만치 크다는 것을 보여줄 수 있었다. 이 연구를 위해 거리와 대로, 보도나 교통안전지대에서 자라는 토론토의 모든 나무를 조사했다. 이때 공원과 녹지는 고려대상이 아니었다. 연구진은 실제로 도시 모습에 포함된 보통의 도시 나무와 소규모의 녹지면적만을 대상으로 했다. 인구 260만 명의 토론토 같은 도시의 모든 나무를 빠짐없이 파악하는 데 드는 비용은 엄청나다. 따라서 버먼과 연구팀은 위성사진을 활용했다. 그런 다음 이들은 나무 자료와 건강보험을 통해 확인할 수 있는 도시 주민의 건강 자료를 조합했다. 그 결과 나무가 많은 구역일수록, 예컨대 심혈관질환이나 고혈압, 당뇨 같은 만성질환이 적게 나타났다. 그 밖에 나무 수의 증가에 따라 약물 투입량이 줄어들었다.

버먼과 연구진은 통계적인 비교도 시도했는데, 결과가 꽤 설득력이 있었다. 평균 수준의 토론토 주민 한 명당 나무가 열 그루 늘어날 때마다 생물학적으로 7년의 회춘 효과가 이어진다는 것이었다.[130] 토론토 대학교의 삼림생태학 교수인 파이살 물라Faisal Moola는 시에서 발행하는 《더 스타The Star》지와의 인터뷰에서 도시 나무에 담긴 건강의 의미가 다시 주목할 만하다고 입증된 것을 무척 반겼다. 그는 캐나다 대도시에 더 많은 나무가 있어야 한다고 주장했다. 토론토 시의회 의원인 글렌 데 베레메커Glenn De Baeremaeker 역시 도시의 수목 연구가 마찬가지로 방향타 역할을 한다고 간주했다. 그는 나무 같은 식물을 "거의 마술적인, 그것도 적은 비용으로 얻는 해법"[131]으로 본다. 토론토에서 행한 연구 결과를 베를린이나 빈, 로마, 뉴욕, 휴스턴, 부에노스아이레스, 시드니 등 다른 대도시에 적용하지 못할 이유가 하나도 없다. 마크 버먼은 자신의 연구 활동을 통해 도시에 나무가 많을수록 도시 주민의 건강 상태가 대폭 향상한다는 것을 보여주는 중요한 증거를 속속 제시했다.

이상의 결과는 수많은 다른 연구에 의해 뒷받침되었다. 예를 들어 웨스트 플로리다 대학교의 과학자들은 도시녹지가 주민들의 뇌졸중 위험성을 대폭 줄여준다는 것을 밝혀냈다. 상하이에서 시행된 대대적인 응용연구는 도시 나무가 주민의 기대수명을 높여준다는 것을 보여주었다. 이 같은 결론은 글래스고 대학교의 연구에서도 나왔다.[132]

도시 나무의 효과는 여러 영역에서 설명할 수 있다. 우선 식물이 광합성을 통해 도시에 산소를 풍부하게 공급함으로써 청정공기 생산에 소중하게 이바지한다는 것은 분명하다. 동시에 식물은 농도가 높을 때 해로운 이산화탄소를 흡수한다. 나무는 폐병과 천식, 알레르기, 이비인후

부위의 염증을 유발하는 위험한 미세먼지를 도시에서 제거해준다. 도시에 나무가 더 빽빽할수록 미세먼지를 막아주는 효과는 더 두드러진다. 자작나무는 빽빽이 자라는 수많은 작은 잎사귀, 아래로 늘어진 씨가 담긴 거친 꽃과 함께 유난히 많은 먼지를 걸러낸다. 물푸레나무, 느릅나무, 목련, 늘푸른호랑가시나무도 실제로 미세먼지 흡수 식물로 통한다. 도시 나무의 정화기능은 사람의 건강에 아주 중요하다.

최고 미세먼지 농도는 도시에서 측정된다.[133] 그동안에 미세먼지가 인간의 뇌에 해롭고 신경질환으로 이어지는 염증을 유발한다는 사실이 밝혀졌다.[134] 앞에서 설명한 것처럼 우리는 현대적인 정신신경면역학을 통해 뇌의 염증이 우울증과 정신장애를 유발할 수 있음을 안다. 게다가 미세먼지에 원인이 있는 호흡기질환과 심혈관계 질환도 있다. 세계적으로 유명한 의학전문지《더 란셋 *The Lancet*》에 발표된 한 연구는 이와 연관해서 경보를 울리는 결과에 이르기도 했다. 세계보건기구에서 정한 기준치를 명백하게 밑도는 미세먼지 농도라 할지라도 폐암이나 인간 신체의 각 선에 악성종양을 유발할 수 있다. 세계보건기구의 최소 기준치는 유럽 연합 내에서도 통한다. 기준을 너무 높게 잡은 것이 분명하다. 유럽 연합의 의뢰로 시작해서 2005년에 발표된 한 연구는, 유럽 연합 내에서 해마다 6만 5,000명이 미세먼지 때문에 조기 사망했다는 결론을 내렸다.[135] 2014년에 독일 연방환경청은 독일에서만 매년 4만 7,000명이 공기오염에 원인이 있는 질병으로 조기 사망에 이른다고 발표했다.[136] 이 놀라운 숫자에는 미세먼지로 인한 사망자 외에도 질소산화물에 원인이 있는 사망자도 포함된다. 도시에서는 질소산화물로 인한 공기오염의 정도가 교통량이 많은 구역에서 아주 높게 나타난다.[137] 특히 디젤 차량이 오염된 공기를 배출한다. 질소산화물은 호흡기를 자극하고 기관지를 해치며 천식 발생을 촉진한다. 그 밖에 어지럼승과 누농, 호흡곤란을 일으킬 수 있다. 이것을 제외한다고 해도 질소산화물은 이산화탄소보다 기후변화에 몇 배나 더 강력한 영향을 미친다. 질소산화물은, 비록 공개적인 토론이 주로 이산화탄소를 대상으로 열리기는 해도, 최악의 기후오염 물질에 속한다. 세계적으로 잘 알려진 과학 저널《사이언스》는 2017년에 나무가 질소산화물을 빨아들이고 공기에서 걸러낸다는 연구 결과를 발표했다.[138] 도시를 녹지로 뒤덮고 도시 숲을 더 많이 조성한다면, 디젤엔진에서 나오는 질소산화물이나 미세먼지를 도시 공기에서 걸러내는 효과적인 조처가 될 것이다. 생명애를 바탕으로 한 해결책이 다방면으로 이익을 가져다준다는 점에서 자동차 운행정지보다는 더 낫다.

마크 버먼이 토론토에서 입증한 도시 나무의 대단한 건강 증진 효과는 절대 나무의 공기정화 효과로만 설명되는 것이 아니다. 앞에서 이미 설명한 대로 창밖에 있는 나무 경치만 바라보아도 혈중 스트레스 수치가 가라앉고 줄어든다. 녹색의 전망은 휴식과 재생의 신경이라고 할 부교감신경을 활성화해준다. 나무나 그 밖의 자연 요소에서 나오는 신경생물학적 효과가 도시의 바이오필리아를 이해하는 열쇠다.

게다가 나무는 테르펜을 배출한다. 물론 나무 하나하나가 별도의 시유림만큼 큰 역할을 하는 것은 아니지만, 전반적으로 볼 때 거리의 나무나 가로수만 해도 인체의 면역체계와 항암 기능을 확실하게 강화해주는 활력 물질임을 잊으면 안 된다. 이 때문에 나는 도시의 나무 심기에서 '삼림의학의 여왕'이라는 소나무를 빼놓지 않는 태도를 옹호한다.

우리가 자연에서 예를 찾고 다양성을 높이 평가해야 하는 까닭은 그것이 도시생태계의 복잡성을 높여주기 때문이다. 그러므로 도시계획자는 가능하면 아주 다양한 수종을 선택해야 한다. 앞에서 말했지만, 모든 수목은 (활엽수도) 테르펜을 발산한다. 모든 테르펜에는 이소프렌이라는 화학조직이 들어 있다. 이소프렌이 면역체계를 강화하는 효과가 입증되었으므로 도시 나무를 선정할 때 큰 잘못을 범할 가능성은 없다.

도시 나무가 주는 네 번째 효과도 있다. 스포츠과학자들과 심리학자들은 이미 많은 연구를 통해서 도시녹화가 주민들에게 더 운동하고 야외에 나가 더 움직이도록 동기부여를 한다는 것을 증명했다. 자신이 사는 거주지역에 더 많은 나무가 자랄수록 사람들은 조깅이나 자전거 타기, 산책에 더 적극적으로 나서고 근력운동을 위해 공원을 더 자주 찾는다는 것이다. 중국에서는 그 밖에 도시녹지 공간에서 실제로 센린유를 한다. 글래스고 대학교의 과학자들은 나무녹지 가까이에 사는 도시 주민이 회색 구역에 사는 도시 주민보다 스포츠나 건강에 이로운 운동을 더 많이 한다는 것을 확인했다.[139]

도시로 나무를 불러들이자

실제로 나무는 개별적으로 어디에나 심을 수 있다. 가동 중이기만 한다면 공업단지에도 나무를 심을 수 있다. 취리히의 '직업과 성인 교육을 위한 비벤타 운전학교'에서 보듯 설사 자투리땅이라 해도 얼마든지 있다. 예를 들어 유명한 빈의 훈데르트바서 하우스나 베를린의 비그만 병원, 취리히의 직업과 성인 교육을 위한 비벤타 운전학교에서 성공한 것처럼 지붕에도 나무를 심을 수 있다. 시카고 시 당국은 수년 전부터 인구 300만 명이 사는 이 대도시의 지붕에 나무 심기를 장려하고 있다. 시카고에서는 이미 녹화된 지붕 면적이 5만 제곱미터에 이른다. 지붕의 나무 중에서는 수관이 멋지게 돌출해 당당한 자태를 뽐내는 수종이 수없이 많다. 시카고는 꽤 복잡성을 갖춘 생태계가 될 것이다. 공중 높이 솟은 나무는 넓게 퍼진 수관을 통해 직사광선으로부터 건물을 보호한다. 이로 인해 실내는 여름에도 크게 덥지 않아 에어컨 사용에 따르는 에너지 소비가 줄어든다. 콘크리트 면적이 크게 가열되지 않아 열섬효과도 줄어든다. 그 밖에 지붕의 지면은 겨울에 효과적인 절연재 기능을 한다. 강수량이 많을 때, 나무는 빗물 일부를 흡수한다. 수관이 그늘을 만들어주므로 많은 지붕에 통로와 쉼터를 설치해서 도시 주민에게 휴식을 제공할 수 있다. 이런 수목군이 공중으로 솟아나면 '미니 시유림' 같은 인상을 준다. 세계적으로 유명해진 것으로는 금융 컨설팅사인 '모닝스타' 본사 사옥 위로 당당하게 솟은 세 그루의 쥐엄나무다. 이 나무는 시카고 주변의 자연에 서식하는데, 영어로는 'Honey Locust Trees'라고 부르며 심을 때 기중기를 사용해 올리는 모습이 장관이다. 미국에서 지붕에 나무를 심기 위해 시카고보다 큰 비용을 들이는 도시는 없다.[140] 독일에서는 건물녹화직업연합(FBB)이 2012년에 카를스루에의 한 민간 지붕 정원을 10년간의 최우수 녹지 지붕으로 선정했다. 이 상은 자신의 지붕 테라스를 생명이 살아 숨 쉬는 오아시스로 바꿔놓은 울리히 F.에게 수여되었는데, 이곳에는 대형 화분에 순한 관목과 나무가 무성하게 자라고 있다.[141]

나무를 심으려면 도시에서 생태적으로 적절한 틈새 공간을 모두 활용해야 한다. 길가에는 흔히 가로수가 자리를 차지할 때가 많다. 아스팔트가 바닥을 덮고 있다면 키 작은 나무나 관목을 심는 대형 화분을 설치해서 도시로 수목을 불러들일 수 있다. 시 당국에서는 길가의 아스팔트 한 구간을 파헤치고 가로수 줄을 맞추거나 개별적으로 나무나 관목을 심을 때가 많다. 공원묘지나 추모 시설은 미학적 효과를 내는 나무 심기에 아주 적절하다. 공원도 마찬가지다. 시립공원이 시유림에 가까울수록 도시생태계의 복잡성은 더 올라간다. 도시의 바이오필리아 효과를 강화하기 위해서는 우리가 도시에 더 많은 야생환경을 들여오는 데 용기를 내야 한다. 나무를 도시 기반 시설과 결합하는 유난히 흥미로운 가능성을 나는 영국 웨일스 서해안에서 살펴볼 기회가 있었다. 거기서는 농부들이 전통적인 방법으로 돌과 흙으로 된 담장을 쌓아, 그 위에 관목과 나무가 자라도록 했다. 말하자면 튼튼한 토대 위에 세워진 나무 울타리라고 할 수 있다. 이처럼 '유기적인' 담장을 도시에서는 경계 표시나 가림막, 혹은 거리의 소음이나 폐기 가스를 막아주는 벽으로 이용할 수 있을 것이다. 이런 식으로 담장은 기능이 다양하다. 담장은 단순히 삭막한 경계가 아니라 우리가 숨 쉬는 공기를 정화하고 테르펜을 풍부하게 발산하는 수목의 생존공간이 된다. 그리고 곤충과 새, 소형 포유류에게 안식처를 제공한다. 동물들은 녹색의 담장을 따라 이동할 수 있다. 우리는 울타리를 닮은 담장에서 본격적인 네트워크를 만들어낼 수 있다. 그러면 그 자체로 이미 도시생태계의 종의 다양성과 복잡성을 높이는 데 효과적으로 이바지하는 셈이다. 인간에게 강한 영향을 받는 경관을 통해 생기는 이 같은 자연 친화적인 울타리를 생물학자들은 '생태

다리'라고 부른다. 그것이 식물과 동물의 생존공간을 서로 연결해주고 그들의 이동에 이바지하기 때문이다. 생태 다리는 내가 제안하는 바이오필리아 회랑의 전 단계에 해당한다. 바이오필리아 회랑은 훨씬 폭넓은 생태 다리로서 도시에서 이동하는 데 사람들도 활용할 수 있다. 이 아이디어는 다시 상세하게 기술할 것이다.

도시 나무를 위해 빈 틈새 공간을 이용하는 또 다른 방법으로는 주차장에 나무를 심는 것이 있다. 빈 출신의 한 남자가 내게 "나무 심는다는 생각을 그만둬요. 도시에서는 한 치라도 새로운 주차공간이 필요하단 말이요"라고 말한 적이 있다. 바이오필리아 도시계획과 자동차 운전자 간에 이해가 달라 생기는 듯 보이는 이런 갈등은 이른바 '녹색 주차'를 통해 간단하게 해결할 수 있다. 녹색 주차는 주차 열 사이에 나무를 심어 줄을 세울 수 있다. 나무가 그늘을 만들어줘서 여름에 주차한 자동차나 아스팔트는 그리 심하게 가열되지 않는다. 또 도시의 열섬효과도 줄어든다. 나무가 자라는 자연 면적은 물을 흡수해서 비가 올 때 깊은 웅덩이가 생기지 않고 주차장에 물이 흘러넘치는 것을 막아준다. '녹색 주차'는 쇼핑센터나 그 옥상에 있는 대형 주차장에도 적합하다. 주차장과 녹색 공간으로 이루어진 이런 혼합면적은 규모 때문에 도시생태계의 복잡성을 높이는 데 이바지할 수 있을 것이다. 미국의 환경보호청(EPA)도 도시 생존공간의 평가절상을 위해 주차장과 나무 심기를 조합할 것을 권장하고 있다.[142]

뉘른베르크 시 당국은 시민들에게 나무 대부가 될 기회를 제공한다. 이를 위해 시내 곳곳의 길가에 수목 구역이 마련되었다. 이 구역은 입지 조건에 따라 한 그루 혹은 다수의 나무를 위한 자리를 제공한다. 모든 나무 대부는 거주지 부근의 수목 구역을 분양받고 시로부터 50유로에 상당하는 묘목 쿠폰을 받는다. 나무 밑 화단을 어떻게 꾸미고 어떤 나무로 단장할지는 각 대부에게 일임한다. 다만 나무는 시에서 심는다. 나무 대부는 바닥의 기단에 담을 쳐도 된다. 담장의 높이는 미관을 고려해 최대 50센티미터를 넘지 말아야 한다. 나무 관리나 경우에 따른 가지치기는 시가 책임진다. 나무 대부는 나무가 충분한 수분을 흡수하도록 신경 쓴다. 뉘른베르크 시의 공식 홈페이지에는 대부들을 위한 프로젝트 이용에 관해 다음과 같이 말하고 있다. "당신은 집 앞 환경을 더 아름답게 꾸미고 동네 삶의 질을 높여주고 있습니다." 이를 통해 다른 도시 주민도 혜택을 본다.[143] '나무 대부'라는 구호 아래 인터넷에서는 도시녹화를 촉진하기 위한 수많은 가능성을 찾아볼 수 있다. 다른 도시도 마찬가지다.

뮌헨의 공익단체 '그린 시티'는 시와 공동으로 잠정적인 거리 녹화를 위한 개혁 프로젝트를 시행하고 있는데, 녹색 이외의 것은 자라지 못하게 한다. 열다섯 가지 토착종으로 된 '반더바움[Wanderbaum]'(바퀴 달린 화분에 심어 이동 설치할 수 있게 한 나무-옮긴이) 수백 그루를 이동 가능한 대형 화분에 심어 뮌헨 곳곳의 회색 거리나 콘크리트 면적에 세워놓는다. 전시 장소는 일정한 간격을 두고 바뀐다. 이 프로젝트의 일환으로 뮌헨은 단순히 '나무 유목민'만 풍부해진 것이 아니라 1992년부터 이미 150그루의 나무를 지속해서 심어왔다.[144]

식물도 도시를 좋아해:
우르바노필리아 효과

공간을 허용하기만 하면, 식물과 동물 스스로 도시로 들어온다는 말은 앞에서 했다. 도시라면 어디나 휴한지와 예전의 공업단지, 폐업한 정거장 구역, 폐허더미 같은 곳들이 있다. 식물학자들은 이런 데서 종종 희귀종을 발견한다. 대개 휴한지의 땅이 척박하기 때문인데, 부식토는 적고 돌이 많은 땅일 때가 많다. 여건이 허용하는 한 먼저 부식토가 생겨야 한다. 따라서 초기의 선구식물은 생존기반을 놓고 싸워야 한다. 이들은 서로 극심한 경쟁을 벌인다. 이런 입지 조건은 언제나 고도로 종의 다양성을 발달시키는데, 그 까닭은 어떤 종도 상대보다 우위를 차지하지 못하기 때문이다. 도시의 휴한지는 종이 풍부한 생태계 생성에 이상적인 전제 조건을 갖추어준다. 우리는 생명애가 넘치는 도시로 가는 길에서 무조건 휴한지를 주목해야 한다.

도시에서는 약초로 여겨지는 식물이 정착하는 경우가 종종 있다. 살아 있는 화석이라고 할 원시 쇠뜨기가 도시공간에서도 발견된다는 것은 이 책 앞머리에서 언급했다. 도시에는 흔히 잎이 좁은 분홍바늘꽃이 자라는데, 컵 모양을 한 보라색이나 분홍색 꽃이 피는 바늘꽃과 식물이다. 이 꽃가루는 도시 꿀벌이 아주 좋아하는 식량으로, 따라서 이 꽃은 '양봉식물'이라고 할 수 있다. 민간요법에서는 위나 장, 전립선 질환에 잎이 좁은 분홍바늘꽃을 처방한다. 2013년에 발표된 한 약학 연구는, 이 식물에 인체의 면역체계를 조절하고 특히 전립선암의 종양을 죽이는 효과가 있는 작용 물질이 들어 있음을 밝혀냈다.[145] 이 약초는 전체 북반구에 자생하며 유럽이나 북아메리카 나라에서 흔히 볼 수 있는데, 대도시에 아주 잘 적응하기 때문이다. 분홍바늘꽃은 돌무더기나 구덩이는 물론 점토에서도 자란다. 바로 '우르바노필 urbanophile(도시를 좋아하는)' 식물이다. 그러니까 도시 생활을 좋아하고 도시생태계에 이끌리는 식물이라는 말이다. 나는 이 현상을 바이오필리아 효과와 연관해 '우르바노필리아 효과'라고 부른다.

길고 노란 꽃이 달린 당당한 모습의 우단담배풀은 중부·남부 유럽이나 서아시아 도시의 휴한면적에서 자란다. 이 식물도 유난히 도시를 좋아하며 자기 힘으로 돌이 깔린 길가나 철로 변을 녹지로 만든다. 옛날에 힐데가르트 폰 빙엔 Hildegard von Bingen(중세 독일의 수녀, 의사, 철학자, 자연과학자, 약초학자-옮긴이)도 우단담배풀의 추출물을 염증과 우울증에 처방했다. 현대적인 약초 요법에서는 감기와 기침 치료에 우단담배풀을 쓴다.[146] 대도시의 전형적인 우르바노필 식물로는 미국과 캐나다 서부 전체에 서식하는 노란 꽃의 레몬위드 Lemonweed가 있다. 독일어로는 공식 명칭이 없는데 번역하면 '레몬 초 Zitronenkrau'라는 뜻이다. 영어의 또 다른 이름은 웨스턴 스톤시드 Western Stoneseed(서부 경실종자)라고 하는데, 이미 이름에서 돌무더기 바닥에서도 잘 자라는 식물임을 알 수 있다. 이렇듯 레몬위드는 도시의 선구식물로 성장하는 데 이상적인 조건을 갖추었고, 특히 민족식물학 측면에서 흥미를 끈다. 예컨대 나바호족이나 쇼쇼니족 같은 북아메리카 원주민은 미국이 식민지가 되기 오래전부터 이미 염증과 설사를 멈추는 데 이 풀을 썼다. 오늘날의 우리는 화학적인 분석을 통해, 이 식물에 염증을 억제하고 소화를 조절하는 클로로겐산이 들어 있다는 것을 안다.[147] 하지만 북아메리카의 토속적인 민간요법에서는 레몬위드를 산아제한에 이용하기도 했다. 참고로 1945년에 생쥐를 대상으로 한 미네소타 대학교의 연구는 이 식물에 난자의 수정 가능성을 50퍼센트 감소하는 작용 물질이 들어 있음을 입증했다.[148]

30~60센티미터 높이로 좁다란 잎이 자라는 개쑥갓은 별 모양의 노란 꽃이 눈길을 끈다. 이 식물은 순수한 우르바노필리악Urbanophiliac이다. 이 꽃은 유럽이나 남북 및 중앙 아메리카, 오스트레일리아를 막론하고 숱한 도시를 정복했다.[149] 개쑥갓은 길가나 철도 궤도 같은 곳에서 무더기로 볼 수 있고 화물역이나 돌무더기에서도 무성하게 자라며 노란빛의 화려한 색깔로 도시의 공단지역을 치장해준다. 2006년에 발표된 한 연구는 좁다란 잎이 달린 개쑥갓에 당뇨에 듣는 작용 물질이 들어 있다는 것을 보여주었다.[150] 도시를 좋아하는 이 선구식물은 19세기 전반에 남아프리카로부터 위에서 말한 지역으로 이주해왔는데, 새 정착지에서 이른바 '네오피트Neophyt', 즉 외래식물로 퍼져나갔다. 선박이나 화물열차의 화물과 함께 새로운 고향으로 들어온 것이다. 이때 많은 역과 항구, 식물원, 사료 공급용 새집, 오늘날에는 공항까지 갖춘 도시가 전 세계에서 이주해온 외래식물들에게 정착을 위한 근거지를 제공했다. 그다음 이 식물들은 도시의 공간에 정착하게 되었다. 이동성 식물은 우리가 사는 도시를 부분적으로 국제적인 생태계로 만들어준다. 이들 식물은 '침입종'으로서 식물학자들 사이에서 사랑만 받은 것은 아니다. 개쑥갓은 해롭지 않고 우리의 식물계에 생태적 위험을 일으키지 않는다. 하지만 예컨대 19세기에 동물을 살찌우기 위해 사료용으로 유럽과 미국, 오스트레일리아로 들여온 일본의 호장근虎杖根은 다르다. 이 식물은 4미터 높이까지 자라고 잎이 사람 손보다 더 크며 거대한 줄기를

형성한다. 이 식물은 새로운 서식지로 들어온 이후 자연에 퍼져나가면서 더 약한 토종 식물을 몰아냈다. 도시에서도 잘 적응하며 습하고 영양분이 풍부한 토양을 선호하는데, 대부분의 현장에서 쓸모가 없다. 개천을 따라 혹은 지하수가 흐르는 땅에서 가장 흔하게 자라는 탓에 때로 물에 잠기기도 한다.

그러니까 외래식물 중에는 해롭지 않은 것도 있지만 토종 식물에 큰 문제가 되는 것도 있다는 말이다. 극단적인 우르바노필이라고 할 수 있는 (전혀 해롭지 않은) 것이 미국비름이다. 이 식물은 본디 미국 중부가 원산지였지만, 북아메리카 전역으로 퍼져나갔고 나중에는 거의 전 세계의 외래식물이 되었다. 그러므로 미국비름은 지구상의 숱한 대도시에서 만나볼 수 있고 유럽에서도 마찬가지다. 이 식물은 남아메리카의 안데스 지방에서 적어도 1만 년 전부터 단백질원으로 이용하려고 재배해오는 줄맨드라미와 친족관계에 있다.

그 밖에 도시의 토양 생성에 아주 중요한 선구식물은 이끼다. 이끼에 관해서는 이미 간단히 언급한 바 있다. 엄밀한 의미에서 이끼는 식물이 아니라 균류와 조류의 공생 상태라고 할 수 있다. 균류는 수많은 고랑과 미세한 공동을 가지고 이끼의 몸통을 형성한다. 조류 세포는 이 조직에 살면서 균류로부터 보호받고 그 대신 자신이 광합성으로 생산하는 에너지를 균류와 공유한다. 균류와 조류가 합쳐 짝을 이루는 이 독창적인 조합은 지구의 가장 오래된 생활공동체에 속하며 전 세계를 정복했다. 우리는 도시의 도로 포장석이나 담장, 건물 벽, 길가 혹은 아스팔트 위에 있는 이끼를 흔하게 본다. 이끼는 다른 모든 생태계에서 하는 것과 마찬가지로 곳곳에서 콘크리트 황무지가 종이 풍부한 생존공간으로 변할 때, 그 자신의 생태적 과제를 인지할 때를 기다린다. 앞에서도 말했지만, 이끼는 바위나 돌, 구덩이, 콘크리트나 아스팔트 귀퉁이에서 토양 형성을 위한 준비를 할 수 있다. 이끼는 암석 표면에 주름을 씌우고 선구식물이 뿌리를 내리는 데 기여하는 흙 조각과 유기물이 달라붙게 만든다. 그러면 뿌리는 토양 형성 과정을 계속 밀고 나간다. 그 뒤에 관목도 자리를 잡는다.

자연이 도시면적을 되찾아오면, 방금 열거한 몇몇 선구식물에 이어 이른바 '선구 나무Pionierbäume'가 그 뒤를 따른다. 자작나무는 수많은 씨를 생산해서 유럽과 북아메리카, 아시아의 도시생태계로 분배한다. 이 나무는 접시 모양의 평평한 근계根系를 통해서 도시건 황무지건 가리지 않고 암반이나 돌 천지 지하에도 뿌리를 내릴 수 있다. 자작나무의 평평한 근계는 바닥 밑으로 기어들어 가면서 그 표면을 뚫는다. 이것은 도시면적이 자연의 힘을 통해 부드러운 변신을 하는 그다음 단계라고 할 수 있다. 평평한 근계를 가진 다른 우르바노필 선구 나무도 이 같은 방법으로 대응한다. 예컨대 유럽에서는 호랑버들과 단풍나무, 산단풍나무, 딱총나무, 유럽사시나무가 여기에 속한다. 북아메리카의 대도시에서는 가령 선구 나무로 미국사시나무나 오리나무, 미국삼나무, 포플러, 아까시나무를 볼 수 있다. 아까시나무Robinie는 선구 나무로서 중부 유럽에서도 자라는데, 여기서는 도시에서 숲으로 변하는 과정에 은연중에 가담한다. 예를 들어 베를린과 빈에서는 종종 드넓은 휴한지나 황폐해진 공원, 시유림의 상당 부분을 아까시나무가 뒤덮고 있다. 아까시나무는 북아메리카에서 유럽으로 건너온 외래식물로, 달콤한 꿀 냄새를 풍기는 나비 모양의 하얀 꽃이 특징이다. 이 나무는 간혹 사람들이 아카시아Akazien로 착각하기도 해서 식물학자들은 '가짜 아카시아Scheinakazien' 라는 이름을 붙여주기도 했다. 아까시나무의 씨는 다른 나무와 비교할 때 아주 오래 살고 저항력이 강하며 싹이 틀 때까지 오래 버티는데, 도시생태계의 공간에 자기를 위한 틈새가 생기기를 기다린다. 아까시나무의 재질은 아주 단단하면서도 잘 휜다. 그래서 북아메리카 원주민은 이 나무로 활과 화살을 만들 때가 많았다. 꽃은 약초 요법에서 갈라지는 건성피부를 위해 사용한다. 흔히 주장하는 것과 달리, 아까시나무는 유럽 식물계나 도시에 생태적인 해를 끼치지 않는다. 아까시나무가 자라고 있어도 도시의 종 다양성은 아주 폭이 넓다.

시스템보다 생태 환경

식물계를 통해 한 공간에 새로운 서식이 시작되면서 나무와 관목이 어우러지는 최초의 연관 구조는 '선구 삼림Pionierwälder'이라고 불린다. 베를린의 선구 삼림에서는 39종의 수목이 확인되었는데 그중 절반은 토착종이고 나머지는 외부에서 들어온 것이다. 이 나무들은 전체 시 구역으로 퍼졌다. 여기에 관목을 더하면 베를린에는 총 79종의 수목이 있고 이 나무들이 황폐해지는 시 구역 내의 면적을 뒤덮고 있다.[151] 여기에 담쟁이덩굴이나 나무딸기처럼 빽빽해지는 덩굴식물과 무수한 잡초, 잔디, 꽃이 추가된다. 이 숫자는 도시와 생물의 다양성이 서로 모순관계가 아니라는 것을 입증한다.

도시면적의 재자연화를 향한 그다음 큰 걸음은 심근성 식물에서 완성된다. 이것들은 강력한 자체의 뿌리 에너지를 바탕으로 삼림생태계에 깊이 '뿌리를 내린다.' 이를 통해 심근성 식물은 바닥을 안정시키며 쉽게 허물어지는 것을 막아준다. 유럽에 있는 심근성 식물로는 로부르참나무와 유럽서어나무, 밤나무, 유럽낙엽송, 산사나무, 갈매나무 같은 것이 있다. 북아메리카에는 미국참나무, 히코리, 흑고무나무, 니사나무, 사사프라스나무, 소합향나무, 미국풍나무, 가래나무, 동부 및 서부 잎갈나무, 마찬가지로 밤나무가 있다. 세계적으로는 우산소나무와 '삼림의 학의 여왕'이라고 하는 적송이 심근성 식물이다. 너도밤나무도 깊이 뿌리를 내리기는 하지만, 이른바 '중근성 식물'에 속한다. 심장 모양을 한 너도밤나무의 근계는 천근과 심근의 혼합 형태다. 이런 나무는 천연 숲에서 볼 수 있으며 유럽이나 북아메리카의 삼림생태계에 속한다. 대도시의 휴한지나 황폐해지는 면적을 생태적으로 온전한 시유림이 되도록 뒷받침하고 싶다면, 심근성 나무도 그 속에 포함되게 적극적으로 나서야 할 것이다.

한편으로는 경쟁 수목을 제거함으로써 수동적으로 성장을 지원할 수 있다. 다른 한편으로는 나무 심기를 통해 미래 시유림의 종 구성에 능동적으로 관여할 수 있다. 이때 우리는 각 도시가 위치한 수목 구역에 방향을 맞춰야 한다. 항상 혼합림일 필요는 없다. 예를 들어 인구 20만 명의 북부 핀란드 최대 도시인 오울루의 자연 친화적 시유림은 아한대의 침엽수로 뒤덮여 있는데, 핀란드 북부가 천연의 타이가 지대이기 때문이다. 그리고 레이캬비크에는 자작나무와 마가목의 숲이 필요하다! 옛날에 아이슬란드는 오늘날처럼 춥지 않았고 숲이 무성했다. 그러다가 바이킹이 전함을 만들기 위해 벌목하고 그 뒤로 방목한 탓에 아이슬란드 곳곳에서 나무가 사라졌다. 레이캬비크에 새로운 시유림이 조성된다면 이 섬에 마침내 삼림생태계가 돌아오는 결과로 이어질 수 있을 것이다. 케냐의 수도 나이로비에 미래의 도시생태계가 들어선다면, 사바나를 닮은 녹지가 300만 명의 주민에게 휴식을 안겨줄 것이다. 이런 식으로 많은 도시생태계에는 주변의 자연공간을 닮은 환경이 생성될 수 있다. 내가 볼 때는 한 도시가 지역의 자연을 통해 얻는 개별적인 색조에서 도시 바이오필리아 효과의 매력이 풍겨 나온다.

어쨌든 심근성 식물은 도시생태계의 복잡성과 안정성을 높이기 위해 중요하다. 그 강력한 뿌리는 땅바닥을 뚫고 땅속 깊숙이 들어가 기본 재료를 느슨하게 풀어주며 풍화작용을 가속한다. 또 깊은 바닥층을 통풍해준다. 그러면 토양미생물이 밑으로 파고들 수가 있다. 그 결과 한때 아스팔트였던 바닥에서도 균근과 바이오필리아 박테리아가 사는 온전한 생태계가 생성될 수 있다.

그러기 위해서는 대도시에 시스템보다 더 많은 생태 환경이 필요하다. 이 말은 우리가 가능하면 비어 있는 많은 도시면적을 자연의 변화에 맡겨놓아야 한다는 뜻이다. 현재 도시의 휴한지는 '호모 사피엔스 우르바누스Homo sapiens urbanus(도시 인간)'의 생존공간을 더 건강하고 살 가치가 있는 곳으로 만드는 데 이용되지 않는다. 그 대신 부동산회사나 투자기업이 잠재적인 시유림들을 파괴하고 있거나 그렇지 않으면 새 쇼핑센터나 기타 상업적인 목적의 부동산이 들어서고 있다. 이때 시 당국은 대개 도시 기반 시설과 주민들의 주택에 필요한 것들을 끌어들인다. 사실상 도시계획은 미래 주민의 이해관계를 무시할 때가 많으며 대신 경제적인 기준에 우위를 둔다.

2011년 9월 22일, 오스트리아 텔레비전 방송국의 〈현장에서 Am Schauplatz〉라는 프로그램에서는 '낙원의 곤경'이란 제목으로, 예전에 '빈자들의 리비에라'로 불리던 빈의 알테 도나우에 관한 르포 방송을 한 적이 있다. 이 프로그램에서 다룬 주제는 시내 중심에 있는 도나우의 건천 문제와 빈 지하철망과 복합적으로 연결하는 것이었다. 이 하천은 지하철 1호선의 알테 도나우 역 바로 옆에 있다. 이미 1870년에 알테 도나우는 홍수 예방 차원에서 본류와 차단되었고, 그 이후에는 주로 지하수를 통해 급수가 된다. 이제 1.6제곱킬로미터 넓이의 호수가 된 이곳은 갈대숲과 수목, 녹색의 초지로 둘러싸인 빈 한복판의 천연 오아시스라고 할 수 있다. 알테 도나우 주위에는 조금 떨어져서 배경을 이루는 마천루가 자리를 잡고 있다. 이런 배치를 통해 관광객에게는 미래의 바이오필리아 도시 느낌을 주는 도시의 생명애 분위기가 펼쳐진다. '낙원의 곤경'이란 르포 프로는 현재 이 구역에서 진행되는 갈등을 상세하게 묘사했다. 갈수록 많은 녹지가 건설회사와 투자기업에 매각되고 일반대중에게는 빗장을 걸어 잠그고 있다는 것이다. 이미 거대한 규모의 숱한 상업용 건물이 들어섰고 이는 도나우 강변의 생명애가 담긴 도시 오아시스를 점점 아스팔트와 콘크리트 숲으로 만들고 있다. 복합 사무공간과 투자용 주택이 건설되고 극히 일부 특권층 사람들만 감당할 수 있는 가격에 임대되고 있다. 그리고 하천 주변 면적으로의 접근도 점점 어려워졌다. 빈 시민들은 공공의 '리비에라'를 상실했다. 이 르포 프로는 2014년 6월 12일, 독일의 '아에데-알파 ARD-alpha' 채널에서도 방송되었다. 아에데는 이 프로그램에 관해 홈페이지에 다음과 같이 기록했다. "이제 부동산 개발업자들이 이 구역을 발견했다. 이들은 세련된 아파트를 짓고 엄청난 이익을 기대할 것이다."[152] 아에데 편집실에서 정리한 정곡을 찌르는 말이다. 현재의 도시 건축계획은 여러 가지 면에서 모든 시민을 위해 살 가치가 있는 도시를 만드는 목적에 부합하지 않는다. 부동산기업이나 투자기업은 최대 이익이 목표다. 동시에 소규모 농장에 거주하는 임차인들은 갈수록 그들의 품에 안긴 미래의 녹지가 파괴되는 현실에 맞서 싸우고 있다. 이런 터전은 흔히 새로운 건축계획에 밀려날 수밖에 없기 때문이다. 빈에서만 그런 것도 아니다.

주말농장 구역이 새 고속도로 공사나 건설회사에 의해 밀려나야 하는 예도 드물지 않다. 가동이 중단된 상업용지나 황폐해진 정원, 기차 폐역, 폐허가 된 터와 도시 내에 있는 온갖 휴한지도 사정은 마찬가지다. 이런 땅은 대부분 사람에게 이로운 도시생태계의 생태 다양성을 높이는 데 이용되지 않고 (빈의 알테 도나우와 똑같이) 차례차례 대형 투자회사나 투기꾼들에게 넘어가고 있다. 수년씩 방치될 때도 많지만 보통 생명을 소중히 생각하는 도시계획에 수용되는 일은 없다. 우리가 도시에서 필요한 것은 수익구조 '시스템'이 아니라 '생태 시스템'이다. 장기적인 측면에서 도시생태계에 대한 투자는 국민경제적으로 적절한 조치라고 할 것이다. 숲의 치유력 삼총사, 자연 체험과 정신 건강의 상관관계에 관한 예를 들면서 나는 이미 생명애의 도시 생활이 커다란 건강 잠재력을 불러온다는 것을 자세하게 설명했다. 첫째, 도시 주민의 건강은 그 자체로 경제적인 고려에 우선해야 한다. 둘째, 생명애를 중시하는 도시는 앞서 언급한 토론토의 마크 버먼 연구에서 명확하게 드러났듯이 질병과 건강 과제가 감소하는 결과로 이어질 것이다. 셋째, 건강한 사람이 줄고 문명병이 증가할 때 건강한 경제도 더는 존재하지 않을 것이다.

바이오필리아 연구가인 스티븐 켈러트는 "인간이 타고난 자연 세계의 종속성에서 너무 멀어질 때 해악을 부를 것이다"라고 설명한다.[153] 하버드 대학교의 생태학 교수 리처드 포먼Richard Forman은 "생태적인 조건과 변화는 도시 주민의 건강에 결정적인 역할을 한다"라고 지적한다.[154] 그러므로 나는, 우리가 도시에서 번성하기 위해 먼저 자연에 자리를 내어줄 것을 제안하는 것이다.

치유력 삼총사를 도시로 가져오자

도시의 생태계가 더 확대되고 종합적인 도시생태계가 더 복잡할수록 숲의 치유력 삼총사는 그만큼 더 도시 주민의 장점으로 확산한다. 모든 도시에는 한복판에 숲이 들어서게 해야 한다. 각각의 건축 여건에서 가능하다면 도시의 핵심 지구에 가까워야 한다. 이를 위해서는 기존의 녹지와 소공원을 부분적으로 특별한 건강의 질을 수반하는 숲의 생태계로 변하게 할 수도 있을 것이다. 이런 것이 유지비용이 많이 드는 균형 잡힌 잔디밭이나 기하학적인 화단보다 더 쓸모가 많다. 미학적인 측면에서도 삼림이나 도심에 섬처럼 박힌 숲 지대는 가치가 높으며, 반듯하게 균형 잡힌 산울타리 시설에 전혀 뒤지지 않는다. '황폐화' 과정이 전개될 때 우리는 의도적인 나무 심기를 통해 간단한 연출을 할 수 있다.

도시 한복판의 숲에는 활엽수 외에 무조건 유럽소나무나 그 밖에 우리 면역체계에 아주 중요한 테르펜을 도시로 공급해주는 침엽수가 있어야 한다. 이것은 자연이 우리에게 시범을 보이듯 적어도 중부 유럽이나 북아메리카 대부분의 지역에서는 건강한 혼합림이라고 할 수 있는 것들이다. 이때 앞서 말한 대로 도시를 둘러싼 자연의 초목에 방향을 맞춘다면, 도시 한복판에서 해당 지역의 자연이 반영되고 도시와 자연 간의 표면적인 분리 상태는 사라질 것이다. 도시 중심에 있는 숲 지대는 교육용 숲길의 형태로 사람들을 지역의 자연이나 수종과 더 가까워지게 하는 데 이용할 수 있을 것이다. 도시의 아이들은 나뭇잎이나 싹, 껍질을 보고 향토의 수목을 알아보는 방법을 다시 배울 것이다. 한때 대부분의 사람에게 일반교양에 속했던 이런 지식은 오늘날 어른이나 아이 할 것 없이 배울 기회가 없다. 우리는 바이오필리아의 미래사회를 촉진하기 위해서 이런 풍토를 바꿔야 한다.

여러 해 동안 '황폐화'하는 과정에서 도시에 생기는 부식토에서는 도시 주민들이 접하게 될 건강한 토양미생물이 나온다. 숲이 도시의 활발한 문화적 삶과 연결될 수 있고 대중교통을 통해 누구나 접근할 수 있게 된다. 오늘날 대성당 광장이나 포장석이 깔린 보행자 구역이 도심의 상징에 속하듯 미래에는 모든 도시 한복판에 시유림을 둘 수도 있을 것이다. 그것은 도시문화의 지극히 당연한 일부가 되어야 한다. 뉴욕 센트럴파크의 숲 지대는 도심에 있는 숲의 전형적인 예로 통한다. 이 숲은 초원이나 공원과는 별개로 온전한 삼림생태계로 발전해왔다. 라이프치히도 도심 한복판까지 바이세 엘스터와 플라이세, 루페의 강변에 활엽수가 빽빽이 자라고 있고 자연 상태의 단풍나무, 떡갈나무, 물푸레나무로 가득 덮여 있다.

도시생태계를 더 복잡하게 만들고 가능하면 자연에 많은 안식처를 조성하기 위해 도시구역 곳곳에 새로운 숲의 섬을 분산할 수도 있을 것이다. 이런 자연의 안식처에서 테르펜과 바이오필리아 박테리아, 음이온을 갖춘 숲의 치유력 삼총사가 발달할 수 있다. 그것은 인간이 자동차 폐기 가스와 미세먼지, 산업시설을 통해 도시로 불러들인 환경오염을 완화하는 균형추 구실을 할 것이다. 도시 대부분에 바이오필리아 섬을 위한 휴한지나 포장용 자갈, 잔디밭 등의 면적은 충분할 것이다. 이뿐만 아니라 우리는 콘크리트나 아스팔트 표면을 열어젖히고 그 위에 자연공간이 생성되도록 나서야 한다. 새로운 도로, 쇼핑센터, 주택단지를 세워야 할 때 시 당국은 대개 나무를 베거나 잔디밭 허물기를 주저하지 않는다. 왜 인간을 위한 도시 바이오필리아 효과의 의미를 알게 된 사회가 거꾸로 콘크리트 황무지를 희생하여 그곳을 녹색의 오아시스가 되게 하면 안 된단 말인가?

미국 북동부 원주민 아베나키족의 후예로 캐나다의 다큐멘터리 영화감독인 알라니스 오봄사윈Alanis Obomsawin은 종종 '크리족 인디언의 예언'으로 잘못 알려진, 세계적으로 유명한 말을 한 적이 있다. 바로 "마지막 나무가 베어지고 마지막 강이 오염되고 마지막 물고기가 잡힐 때, 그때 그대들은 돈을 먹을 수 없다는 것을 깨달을 것이다"라는 말이다. 이 문장은 미래의 바이오필리아 도시를 위한 좌우명으로 삼아도 좋을 것이다. 나는 시유림을 조성하기 위해 수많은 (대개는 지나치게 많은) 쇼핑센터 중 하나가 헐리는 모습을 정말 보고 싶다. 어쩌면 그것은 그동안 곳곳에서 밀려난 중소 소매점이 다시 돌아오는 기회일 수도 있을 것이다. 시유림은 보행자 전용구역과 마찬가지로 공공의 터전으로서 도시 생활의 서비스 다양성을 확대할 것이다. 숲속의 길이나 빈터를 따라 푸드코트(복합건축물 내에 모여 있는 식당가–옮긴이)나 노점, 학교, 유치원, 혹은 문화 행사장 같은 것이 얼마든지 자리 잡을 수 있을 것이다. 인간과 동물을 위한 생태 회랑을 세울 목적으로 첫 번째 도로가 파헤쳐질 때, 나는 큰 경사로 생각하고 축하할 것이다. 도시계획의 우선순위를 새로 조정하는 것은 가능할 뿐만 아니라 국민경제적으로, 생태적으로, 건강 정책상으로도 의미가 크다. 우리는 서로 경쟁하며 오로지 경쟁자에게 자리를 빼앗기지 않으려는 이유에서만 터를 잡은 슈퍼마켓이 모퉁이마다 다섯 곳씩 들어서는 것을 원하지 않는다. 우리의 도시는 생명애의 미래와 더 많은 생태계를 위해 충분한 잠재력이 있다. 다만 이 잠재력을 인간과 지구의 건강을 위해 이용하는 대신, 대기업의 이익을 위해 낭비하는 짓만 멈추면 된다.

우리는 잠재적인 나무와 삼림 공간으로서의 도시 혹은 도시 인근의 고속도로 주변을 등한시해서도 안 된다. 고속도로 주변의 숲은 인근 주민들을 소음과 먼지, 폐기 가스로부터 보호하고 도시 주변의 녹색 허파 같은 구실을 한다. 이로 인해 고속도로의 안전이 손상되지는 않을 것이다. 요즘에는 이미 고속도로 옆까지 숲이 확장되어 그 숲속에 야생동물이 서식하고 있다. 그 밖에 들판과 초원에도 동물들이 살고 있다. 아무튼 고속도로 건설에는 (고속도로 부근에 숲이 있든 없든) 자동차 운전자와 야생동물을 위한 특별한 안전예방책이 요구된다. 여기에는 칸막이벽 외에 동물들이 고속도로 건너편으로 이동할 수 있도록 지하통로로 이어지는 굴도 포함된다. 동물이 이용하는 다리도 같은 목적에 이바지한다. 고속도로 인근의 숲은 안전 상황을 악화하지 않을 것이다. 2010년부터 2014년까지 부르가우와 아우크스부르크 사이에서만 고속도로 옆에 자리한 숲의 빈틈을 메우기 위해 8만 그루의 토착 수목을 심었다. 100미터 당 1,000그루의 나무를 추가로 심은 것이다.[155] 200킬로미터 길이의 베를린 주변 순환도로가 양쪽으로 단지 평균 40미터 폭의 숲으로 뒤덮인다고 하면, 거기서만 16제곱킬로미터에 이르는 도시 인근의 삼림면적이 생겨날 것이다. 고속도로 인접 숲에 대한 통상적인 개념은 도시구역에 있는 고속도로와 준고속도로에도 적용될 수 있을 것이다.

주택신축에도 우리는 마찬가지로 생명애에 기초한 공간계획을 염두에 두어야 한다. 주택건설과 생태계는 서로 배타적인 관계가 아니다. '호모 사피엔스 우르바누스'를 위한 새 주택단지는 자연과 도시 면적으로 통합될 수 있다. 아스페른 수상도시라는 빈 시의 새 구역은 약 5만 제곱미터 면적의 호수 주변에 세워졌는데 현재 9만 제곱미터 넓이의 나무 녹지에 둘러싸여 있다. 이 호수 구역에는 총 7,000제곱미터가 넘는 공동농장이 있는데, 원하는 사람은 이 안에서 직접 과일나무나 채소를 재배하고 수확할 수 있다. 조경사인 다비트 슈탄첼David Stanzel은 "이 농장은 계획된 것이 아니라 주민들의 참여로 조성한 것입니다"라고 내게 말했다. 그는 빈의 공동농장을 조성하고 이 프로젝트를 추진하는 '가르텐폴리로그Gartenpolylog'의 간부다. 아스페른 수상도시의 고층 건물들은 옥상정원과 부분적으로는 건물 벽 녹화사업도 시행하고 있다. 이것은 세계적인 관심을 불러일으킨, 유럽에서 가장 포괄적인 도시개발 프로젝트의 하나로, 지속 가능한 도시개발에 방향을 제시하는 모범으로 여겨진다. 2028년까지 2만 명의 인구가 이 수상도시로 들어와 거주하며 일하게 될 것이라고 한다. 녹지면적의 확대와 공동농장, 옥상정원 등이 계획되어 있다. 빈 동부에 새로 세워진 도시구역에는 지하철역이 있다. 지하철 2호선은 본래 이 프로젝트를 위해 노선이 연장되었으며 수상도시를 직접 도심과 연결한다. 이 프로젝트는 생명애를 바탕으로 한 우리 도시의 변신을 위한 시작에 불과하다. 수상도시는 녹지면적과 호수가 주민의 복지를 위해 새 거주지역과 성공적으로 통합될 수 있음을 보여준다. 빈의 수상도시와 유사한 프로젝트는 스톡홀름 남부에도 있다. 거기서는 과거 공업지역에 하마비 수상도시가 조성되었는데, 생태적인 형태의 주거 구역으로서 증축과 개축이 아직 벌어지고 있다. 이곳은 빽빽하게 들어선 나무녹지, 자연에 가까운 갈대숲, 하천이 특징이다. 또 수많은 옥상정원이 계획 중에 있다. 하마비 수상도시는 22번 전차의 시클라우데 역과 여러 버스 노선이 스톡홀름 교통망과 연결된다.

인구 30만 명으로 바덴뷔르템베르크 주에서 두 번째로 큰 도시인 카를스루에의 도심 북동쪽에는 인구 1만 2,400명의 카를스루에 발트슈타트(숲의 도시)가 있다. 이곳은 카를스루에에서 30번 버스를 타고 갈 수 있는데 발트슈타트의 여러 정거장을 거친다. 자연환경과 가까운 이곳의 거주지역은 1957년에 47제곱킬로미터 면적으로 카를스루에 최대 시유림인 하르트발트에 세워졌다. 이 지역은 부분적으로 자연보호구역에 포함되며 활엽수와 침엽수의 혼합림으로 이루어져 있다. 숲은 온통 테르펜이 풍부한 유럽소나무로 뒤덮여 있고, 숲속 길은 주 통로에 장애물이 없는 형태로 조성되었다. 브란덴부르크의 포츠담에도 1950~1980년에 '발트슈타트 I', '발트슈타트 II'라고 불리는 시 남부의 숲 주거지가 들어섰다. 이 구역은 템플리너 호수 부근, 포츠담 남부의 시유림 가장자리에 있다. 또 숲으로 뒤덮인 에센의 시유림도 똑같이 도심에 있는 거주 구역으로 이바지한다. 이런 '주거용 숲'은 생명애를 지향하는 인간의 욕구에 부합한다.

슈투트가르트의 시유림은 총 25제곱킬로미터에 이르고 전체 시 구역에 퍼져 있다. 이와 연관된 시 최대의 삼림구역에는 1984년 이후 자연보호구역으로 지정된 1.5제곱킬로미터 규모의 그로이터발트가 포함된다. 이 숲은 도시철도 6번의 코른탈 역에서 내려 들어갈 수 있다. 유디트 라인스페르거 Judith Reinsperger 산림청장 대리는《슈투트가르터 나흐리히텐 *Stuttgarter Nachrichten*》지와의 인터뷰에서 활엽수와 침엽수로 구성된 도시 혼합림의 생태적 가치에 찬사를 표하며 말했다. "훌륭한 혼합림이에요. 우리는 기후변화에도 잘 대비하고 있죠."[156] 시 당국은 슈투트가르트의 숲에서 죽은 나무의 비율을 대폭 높이려고 하며 지금까지 했던 것보다 숲을 더욱더 자연에 맡기려고 한다고 했다. 그래야 부식토의 형성과 종의 다양성, 도시의 생태적 복잡성이 늘어나기 때문이다. 슈투트가르트 전체에 스물여덟 군데의 삼림 보호공간 Waldrefugien 이 세워졌는데 거기서 죽은 나무는 100퍼센트 나무 자체에 운명을 맡긴다. 독일의 연방자연보호국 Bundesamt für Naturschutz 은 독일 삼림면적의 5퍼센트를 원시림이 되도록 재자연화할 것과 생태적인 이유에서 자연 그대로 방치할 것을 제안하기도 했다.[157] 하지만 이 5퍼센트에는 산림 경제적인 경영이 이루어지지 않을 것이므로 목재기업은 제안에 반대했다. 아직도 그 계획은 시행되지 않은 채로 있다. 우리 도시를 미래의 원시림 안식처로 간주하자는 것이 나의 제안이다. 나는, 언젠가 모든 도시가 교육용 원시림 산길을 확보해서 각 지역의 원시림이 본디 어떤 모습을 했는지 방문자들이 직접 눈으로 확인하게 하자는 아이디어가 아주 탁월하다고 본다. 원시림을 재구축하는 데는 인내가 필요하다. 모든 숲은 이른바 '절정 단계'로 돌아가도록 허용할 때 번창하는 법이다. 그것은 자연스러운 초목 발달의 목적지이며 이 단계에서 숲은 더 변하지 않고 생태적으로 균형 상태를 유지하게 된다. 이 상태가 원시림에 해당한다.

도심 하천의 해방

도시 공기에 건강을 보호하는 음이온이 풍부하게 들어가게 하려면, 하천의 물이 자연스럽고 불규칙한 하상河床에서 혹은 폭포 속에서 마찰을 일으키게 할 필요가 있다. 우리는 하천을 규제하고 운하를 놓음으로써 폭포 전류와 음이온을 동시에 도시에서 멀찍이 떼어놓았다. 하지만 이런 간섭은 취소할 수 있다. 미래의 바이오필리아 도시는 숲뿐만 아니라 온전한 하천생태계 역시 무조건 되돌려놓을 필요가 있다.

2000년까지만 해도 이자르 강은 뮌헨 시 전 구역에서 규제되었다. 그러다가 2000~2011년에 도심 한복판에 있는 그로스헤세로어 다리와 독일 박물관 부근에 있는 보슈 다리 사이의 8킬로미터 구간이 자연화되었다. 생태학자들 사이에서는 이런 구조변경이 대도시 하천생태계의 활성화를 과시하는 프로젝트로 통한다. 이때까지 이자르 강은 생태적으로 죽어 있었다. 강이 콘크리트로 싸 바른 운하로 시를 관통했기 때문이다. 활성화된 이 구간의 양쪽 강둑은 요즘 자연 하안河岸의 모습을 되찾았다. 이제 이자르 강은 다시 사주를 낀 불규칙한 하상을 통과하며 흐른다. 더 작은 지류도 생겼고 물속에서는 (옛날처럼) 커다란 돌멩이가 흐르는 물을 소용돌이치게 하며 산소를 풍부하게 만들어준다. 강물은 자갈을 강변으로 밀어내며 쌓이게 했는데, 비단 강변뿐만 아니라 강복판에서도 이런 작용이 일어났다. 이를 통해 자연스럽게 물이 넘어가야 할 작은 '둑'이 형성되었다. 이때 마찰 작용을 통해 음이온이 발생한다. 요즘 이자르 강에는 다시 조그만 섬이 생겼다. 그리고 하천의 온전한 역동성을 통해 수해 방지 기능이 아주 자연스럽게 개선되었다. 장기적으로 볼 때 물고기가 뛰어넘을 수 없는 제방 시설은 해마다 산란여행의 목적지로 가야 하는 많은 물고기에게 죽음을 의미한다. 종의 다양성에 유달리 해로운 이 같은 폐해는 그동안 물고기가 제방을 넘도록 해주는 물고기 사다리(물고기의 이동을 위해 설치한 계단형 수로-옮긴이)를 설치함으로써 해결할 수 있었다. 물고기 사다리는 담장을 도는 층층대 형태로 설치한 가는 지류로, 물고기가 일정한 높이의 위치에서 다른 위치로 이동하게끔 되어 있다. 이른바 이 '소용돌이 통로' 덕분에 산란지로 가는 길은 이제 막히지 않게 되었다.

강의 미학적인 가치와 휴식 기능의 가치가 향상되었다. 이제 강변은 (운하 시대와 달리) 통행이 가능하며 하천생태계는 시내의 바이오필리아 구역으로서 가까이에서 직접 체험할 수 있다. 뮌헨 시민은 이제 이자르 강에서 목욕하면서 음이온을 직접 들이마신다. 물론 강은 주변 공기에 건강을 증진하는 입자를 방출한다. 나무 같은 자연의 초목은 이자르 강 주변에서 공기 중의 음이온을 일정 기간 보존한다. 이제 콘크리트 표면으로 강이 파괴되는 일은 더 없다. 또 자연의 정화작용이 되살아나고 생태적 균형이 발생한 덕분에 수질이 눈에 띄게 개선되었다. 새로 심은 시내의 나무들은 공기 중에 있는 미세먼지와 유해 물질을 걸러낸다.

미국 뉴멕시코의 주도 산타페에서도 이와 유사한 결과를 목표로 삼았다. 인구 7만 명의 산타페 시는 해발 2,000미터 고도에 있다. 도시 주위를 3,000미터 고도까지 치솟은 산봉우리들이 둘러싸고 있다. 바이오필리아의 도시생태계를 위해서는 최적의 조건이라 할 입지환경이다. 하지만 몇 년 전까지만 해도 바이오필리아 도시의 미래라는 측면에서 별로 전망이 밝지 못했다. 시를 관통해 흐르는 산타페 강은 2007년에 달갑지 않은 명성을 얻었다. 당시 미국 전역에서 가장 위험한 하천으로 선정되었기 때문이다.[158] 산타페에서 용수 공급의 40퍼센트는 산타페 강을 통해 해결한다. 1940년 이후로는 취수량이 대폭 올라가 지하수층의 수위가 낮아졌다. 그 밖에 도로 건설과 하천 규제로 인해 강의 생태계가 심한 방해를 받았고, 수질은 끊임없이 악화되었다. 그러다가 2007년부터 시 당국은 생태적인 '환자'의 활성화 작업에 매달리고 있다. 그동안 시 경계 내에 있는 2.5킬로미터 구간의 강이 자연에 가까운 모습으로 돌아왔다. 이자르 강과 마찬가지로 강을 억지로 규제한 운하 시설은 자연 하안과 자연스러운 하상으로 바뀌었고, 지역의 수종과 그 밖의 식물이 하안을 안정시키고 있다. 이를 통해 새로운 시유림도 생겨났다.

강의 활성화 구간은 산타페에 바이오필리아 효과를 가져왔다. 강줄기를 따라 산책로와 자전거 길이 놓여 시민과 관광객의 휴식처로 이용되고 있다. 대중의 건강이 강의 건강으로부터 혜택을 받는 까닭은 새로 형성된 하상의 물이 더 많은 마찰전기를 통해 다시 음이온을 만들어내기 때문이다. 수해 방지 기능도 산타페 강의 생태 활성화를 통해 개선되었다. 도시생태계는 재평가를 받았고 한 차원 더 복잡성을 띠게 되었다.

시민들은 미처 깨닫지 못해도 대도시라면 거의 어디나 도로 밑 깊숙한 곳에 더 많은 바이오필리아를 불러올 엄청난 잠재력이 잠들어 있다.

바로 도시계획자들에게 방해가 되어 밀려나야 했던 예전의 냇물이나 강이 그것이다. 적지 않은 도시의 하천은 과거에 직선화되었을 뿐 아니라 지하로 숨어들었다. 또 운하나 배관 시스템을 강요받으면서 흐름이 완전히 변했다. 이런 경우 하상이란 절대 존재하지 않는다. 적어도 구간별로는 강이 완전히 사라진 것처럼 보인다. 생명애가 넘치는 미래의 도시를 위하여 우리는 강의 흐름을 되살리고 물을 표면으로 다시 올려놓아야 한다. 과거 하천구역이 오래전의 건축으로 가로막히고 밀봉된 탓에 사라진 강줄기를 더 이상 복구할 수 없다고 해도 새로운 하상이 깔리게 하는 것은 대부분 가능하다. 예를 들어 2014년 인구 150만 명의 뉴질랜드 대도시 오클랜드에서는 땅속에 갇힌 두 시냇물 페어번과 파라히쿠를 구간별로 다시 지표면 위로 복구하여 해방함으로써 도시 주민의 생활환경에 통합했다.[159] 여기서 라 로사 정원 보호구역 같은 새로운 도시생태계가 생겨났는데, 밀봉에서 해방된 두 하천의 각 200미터 구간에 물줄기가 흐른다. 하상은 많은 돌과 하안 식물이 생기면서 자연에 가까운 모습을 갖추었고 미니 폭포도 생겼다. 이는 미학적으로 가치가 클 뿐만 아니라 이를 통해 긍정적인 부수 효과로 건강을 증진하는 마찰전류의 밀도가 높아진다. 강안江岸은 오클랜드 주민에게 열려 있다. 언뜻 보면, 무無에서 도시 한가운데에 물과 나무를 갖춘 바이오필리아 오아시스가 생긴 것만 같다. 그야말로 최고의 도시생태계 가치를 지닌 탁월한 아이디어라고 할 수 있다. 페어번과 파라히쿠의 구조 전환은 특별한 공익과 관련해 지속적이고 탁월한 프로젝트에 수여하는 뉴질랜드의 아서 미드 환경상을 수상했다.

영국의 셰필드에서는 도시생태학자들이 진정한 의미에서 '땅속으로부터' 녹색의 하천 오아시스를 만들어 보임으로써 56만 명의 시민을 깜짝 놀라게 했다. 이제 셰필드 한복판에는 포터 시냇물이 자연에 가깝고 사랑스러운 녹색 하상에서 시를 통과해 흐르면서 음이온과 바이오필리아의 느낌을 만들어낸다. 전에는 회색 콘크리트만 있던 곳에 이제는 시냇물 주위로 새로운 공원도 생겼다.

죽었다고 여겼던 하천이 아주 인상 깊게 재탄생한 예는 한국의 수도 서울에서도 볼 수 있다. 2005년 이후로 1,000만 명의 서울 시민은 도시 한복판에서 11킬로미터에 이르는 청계천이 흐르는 모습을 볼 수 있다. 이곳은 전에 아스팔트와 콘크리트로 덮여 있었다. 이제 시민들은 고층 빌딩 사이에 새로운 녹지를 형성한 천변의 초목을 즐기며 곳곳에서 발을 담글 수도 있다. 천변에는 자연에 가까운 돌과 관목, 나무, 풀밭, 수상식물이 나타났고 산책객들은 징검다리로 냇물을 건너기도 한다. 인터넷에서 '청계천'을 검색하면 멋진 사진이 나온다. 이 사진들은 하천을 밀봉 상태에서 해방하고 재자연화할 때 도시가 여러 면에서 얼마나 생명애가 흘러넘치는 방향으로 변했는지를 보여준다. 또한 이 예는 전에 지하 배관이 묻혔던 곳에 수 킬로미터의 새 하천이 흐르게 함으로써 건물이 밀집한 도심 구역에서도 해결책을 찾을 수 있음을 보여준다.

독일에서도 하천 해방을 통해 도시생태계의 재자연화에 대한 새로운 흐름이 나타나고 있다. 라이프치히 시 당국은 2007년에 60년 동안 지하 배관에 갇혀 있던 엘스터뮐 도랑에서 토마지우스 슈트라세의 수백 미터 구간을 다시 지표면으로 옮겨놓았다. 약 8미터 폭으로 새롭게 형성된 하상은 돌이 생기고 푸르러지면서 자연에 가까워졌다. 환경학자들은 이런 조처가 홍수방지라는 측면에서 라이프치히나 다른 대도시에 아주 중요하다고 강조한다. "앞을 내다보는 자유시의 정책이 아니었다면, 2013년에 있었던 최근의 위기 상황에서 라이프치히는 완전히 물에 잠겼을 겁니다"라고 말하는 작센 주 환경부의 홍수전문가인 마르틴 조허Martin Socher 교수는 확신에 찬 모습이다.[160] 새로운 하천은 (밀봉된 구간과 반대로) 폭우가 쏟아질 때 많은 양의 물을 받아들이고 흘려보낸다. 또 바닥과 하안의 식물도 물을 흡수한다. 2016년에는 엘스터뮐 도랑의 추가 구간이 지표면으로 이동하면서 재자연화되었다. 시 당국은 똑같은 공사를 라이프치히 소방본부와 상공회의소 건물 뒤에 있는 플라이세뮐 도랑의 일부 구간에도 시행하려 한다. 이곳의 물 역시 지하 배관을 통해 흐르고 있다. 밀봉 상태를 노출하는 것은 모두에게 축복이다. 하지만 새로운 하상의 상태를 놓고서는 논란이 벌어진다. 도시생태계를 목표로 정한 '새로운 하안 협회'라는 라이프치히의 단체는 시 당국이 플라이세뮐 도랑 노출공사를 하면서 본래 자리에 복원하는 대신 다른 곳으로 이동하려 한다고 비판한다. 2017년 11월, 도시 녹지·하천국Amt für Stadtgrün und Gewässer은 미래의 냇물 흐름 토론회에 55만 명의 라이프치히 시민을 초대했다. 2018년 봄, 이 책이 출간된 직후에는 어떤 식으로든 결정이 날 것이다.[161]

유럽 연합의 정치적 심장부에서도 지하에 갇힌 하천의 해방을 부러운 눈으로 지켜보고 있다. 브뤼셀에는 '센'이라는 이름의 강이 흐른다. 그러나 이 강은 시내 어느 구역에서도 거의 눈에 띄지 않는다. 이미 19세기에 강을 땅 밑으로 옮기고 그 위에 건물을 세우기 시작했기 때문이다. 브뤼셀 시 당국은 강줄기를 구간별로 해방하여 120만 명 시민에게 센 강을 되돌려주는 계획을 세우고 있다. 2017년에 벨기에의 일간지 《그렌츠에코 Grenzecho》는 "브뤼셀 국민의 꿈이 실현되고 있다"라고 보도한 적이 있다.[162] 사람들은 다시 한번 하천이 단순히 건강한 음이온을 방출할 뿐만 아니라 생명애의 감정까지 불러일으킨다는 느낌을 받았다.

지금까지 우리는 승용차나 화물차의 주차공간을 확보하기 위해 하천을 지하에 가두었다. 앞으로는 그 반대로 하게 될 것이다. 우리가 도시 면적을 봉인하는 일을 시작하기 오래전부터 이미 그곳에 있던 하천의 공간을 확보하기 위해 도로를 지하 터널로 옮기는 것이다. 우리는 하안을 자연에 가깝게 꾸미고 생명애가 흐르는 오아시스로 만들 것이다. 물이 넘어야 하는 돌과 암반으로 된 천연 장벽을 만들면 새로운 폭포가 생겨날 것이다. 그러면 강물에서 폭포 전류의 밀도가 높아진다. 이것은 도시 공기에 풍부한 음이온을 싣는 지속적이고 생태적인 방법이다.

바이오필리아 회랑

미래의 바이오필리아 도시라는 내 꿈은 녹색의 맥박이 살아 숨 쉬는 대도시로 가득 채워졌다. 그 맥박은 모든 구역을 다른 구역과 연결한다. 이런 아이디어는 근본적으로 도시계획의 역사에서 전혀 새롭지 않다. 앞에서 언급했듯이, 비너발트를 가로지르며 시 외곽을 감싸고 도는 빈의 산악도로 건설은 니더외스터라이히의 건축가인 오이겐 파스벤더의 아이디어에 따른 것으로, 그 기원은 1892년까지 거슬러 올라간다. 파스벤더는 빈 개발계획 아이디어 공모에서 시 외곽을 둘러싼 그린벨트에 이어 추가로 시내를 둥글게 감싸고 도는 제2의 그린벨트를 설정해서 나무를 심자고 제안했다. 그는 녹색의 순환공간이 도심에서 전 방향으로 5킬로미터씩 떨어져 있어야 하고 폭이 750미터여야 한다면서, 그러면 모든 시민이 쉽게 접근할 수 있는 녹색 휴식공간이 생겨날 것이라고 했다. 그러나 이 계획안은 실현되지 못했다. 그러자면 기존 건물을 철거하고 도로를 옮겨야 했기 때문이다. 대신 비너발트 서쪽의 시 외곽에 그린벨트를 설정하는 아이디어만 실현되었다. 도심에 원형의 녹색지대를 설정하자는, 생명애에 기초한 파스벤더의 아이디어는 갑자기 사라졌다. 그러다가 21세기에 들어와 녹색도시라는 개념이 다시 주목받고 있다. 우리는 심각한 환경문제에 직면했고 유해 물질과 미세먼지가 우리 건강을 위협하고 있기 때문이다. 녹색도시라는 과거의 아이디어는 비록 (빈에서처럼) 19세기의 것이라고 해도 다시 빛을 봐야 한다. 나는 앞에서 우리가 어떻게 하면 더 자연에 가까운 섬(시유림이나 원시림, 생태 다리, 새로운 하천생태계 등)을 도심에 다시 가져다 놓을 수 있는지 상세하게 기술한 바 있다. 우선은 이 녹지가 시 경계 내의 곳곳에 골고루 흩어져야 하겠지만, 두 번째로는 이것들을 서로 이어서 연결망을 만들어야 한다. 원형의 자연녹지라는 오이겐 파스벤더의 아이디어는 신도시나 도시구역 계획을 위해서는 아주 매력적이다. 다만 기존 대도시에서는 추후 실행하기가 어려울 것이다. 그러자면 너무 많은 기존 기반 시설을 철거해야 할 것이기 때문이다. 도시생태계는 서서히 그리고 유기적으로 형성되고 변화하도록 해야 한다. 자연에서도 생태계는 하루아침에 발전하는 것이 아니라 유유히 단계적으로 변하기 마련이다. 이런 유기적인 성장이 자연을 안정적인 균형을 갖춘 지속적인 체계로 만든다.

만일 휴한지나 다른 가용면적에 충분한 바이오필리아 섬을 확보한다면, 우리는 이 땅을 도시에 자연을 들여놓기 위한 교차점으로 이용할 수 있다. 그다음 교차점을 서로 연결하는 길을 찾게 될 것이다. 이것이 미래를 위한 현실적인 방안이다. 사실 우리는 끊임없이 새 도로를 건설하거나 도로 상태를 변경할 때가 많다. 새 건물을 지으며 쇼핑센터나 공업단지, 비즈니스센터, 보행자 길, 자전거 길, 교통안전지대, 도시 우회도로 등 많은 시설을 세운다. 새 지하도와 터널, 지하철 노선, 도시철도 궤도도 세운다. 도시계획자들은 거의 언제나 건설계획을 변경할 방법을 찾는다. 때로는 그럴 목적으로 기존의 기반 시설을 허물 때도 적지 않다. 만일 바이오필리아 도시에 미래를 위한 중요한 의미를 부여한다면(우리는 무조건 그래야만 한다) 우리는 분명히 개별적인 도시생태계 사이에 녹색의 접점을 발견할 가능성이 있다. 이것이 바로 바이오필리아 회랑이다. 그것은 '호모 사피엔스 우르바누스'를 위한 생태 다리다.

바이오필리아 회랑은 도로 옆에 혹은 건물 벽과 벽 사이에 세워진다. 생명애를 바탕으로 기존 보행로에 대한 구조 전환을 통해 형성할 수 있고, 자동차 도로 위를 건너가는 다리 형태로도 세울 수 있다. 가능하다면, 바이오필리아 회랑에 물과 나무의 긍정적인 효과가 서로 상승작용을 일으키도록 하천을 따라 세우면 좋을 것이다. 바이오필리아 회랑은 이미 오늘날 많은 전차 궤도나 보행자 길, 자전거 길에서 사용되듯 양방향 차선을 분리하는 녹색 띠가 될 것이다. 철도 궤도 옆이나 휴한지 위에 세울 수도 있다. 폐쇄된 선로도 바이오필리아 회랑으로 전환될 수 있다. 폐쇄 선로는 이미 많은 도시에서 자전거 길이나 보행자 길, 휴식공간이나 녹색공간으로 전환되었다. 예를 들어 뉴욕에서는 가동 중단된 고가철도의 화물열차 궤도가 맨해튼 서쪽의 공중에서 거의 2.5킬로미터 구간을 가로지르는 녹색의 '하이라인 파크High Line Park'로 변했다.[163] 하이라인 파크는 정확하게 사람들의 도보 이동에 이바지하며 잔디와 꽃, 관목 외에 나무도 자라는 바이오필리아 회랑의 초기 형태로 볼 수 있다. 보행자 길은 부분적으로 아스팔트와 석판이 깔린 곳도 있다. 곳곳에서 나무로 된 보도를 통해 시내를 통과하는 보행자는 해마다 500만 명이나 된다. 하지만 미래의 바이오필리아 회랑은 길게 뻗은 생태계 모습으로 발전하기 위해 좀 더 자연에 가깝게 변해야 한다. 마찬가지로 로테르담에서도 더 이상 이용되지 않는 선로가 녹색 회랑으로 바뀔 예정이다. 그리고 베를린 샤를로텐부르크-빌머스도르프 행정당국은 오르츠타일 할렌제와 리첸제 구역 사이에 있는 철도 궤도의 가동을 중단하고 '베스트크로이츠 파크'라는 이름의 길게 뻗은 녹지공간으로 구조변경 계획을 추진하고 있다. 행정당국이 이 지역에 건물을 세우려는 대형 투자회사의 계획에 맞서 궁극적으로 계획을 관철할지는 아직 확실하지 않다.[164]

물론 미래의 바이오필리아 회랑은 전통적인 공원을 통해 모습을 드러낼 수도 있다. 어차피 공원은 도시의 녹색 오아시스를 서로 연결하는 기능을 해야 하기 때문이다. 공원은 필요하다면 지하도를 통해 서로 연결망을 갖추게 될 것이다. 사람을 위해 바이오필리아 회랑을 세우는 것은 보행자 길이나 새 도로 혹은 전차 궤도를 건설하는 것보다 어렵지 않다. 더욱이 온갖 종류의 도시 기반 시설을 장소별로 새로운 녹색 회랑과 조합하는 것도 가능하다. 요즘에는 이미 전차 궤도 옆자리가 녹화되기도 하고 관목이나 나무를 심은 보행자 길과 나란히 달리는 곳도 있다. 전차 노선을 바이오필리아 회랑과 함께 설치하는 것은 전혀 망설일 필요가 없다. 전차는 회랑 내에 유해 물질을 만들어내지 않기 때문이다. 최근 수년간 유럽에서는 갈수록 많은 전차 궤도가 녹화되었다. 선로가 지나는 아스팔트 바닥은 초지로 바뀌었다. 바로셀로나의 교통계획 입안자들은 '그린 트램Green Tram'으로 불리는 이런 구상을 대대적으로 시행했다. T5 노선의 녹색 궤도가 구간별로 나무 띠와 빽빽한 산울타리 사이로 옮겨짐으로써 아스팔트와 콘크리트가 없는 자연 친화적인 전차 회랑이 생겨났다. 여기서 바이오필리아 회랑의 전 단계를 엿볼 수 있다. 순수한 바이오필리아 회랑이라고 말하기에는 아직 보행자 길과 자전거 길, 숲 지대의 조합이 부족하고 유기적 네트워크를 위한 구조변경이 미진한 실정이다.

2017년 여름, 나는 빈의 도나우인젤에서 지낸 적이 있다. 이곳은 시 한복판의 두 개 지류 사이에 있는 섬으로, 완전한 녹지공간이다. 21킬로미터 길이에 넓은 곳은 폭이 250미터에 이르는데, 소규모 시유림도 자리 잡고 있다. 당시 나는 물가에 세워진 산울타리를 따라 걸었는데 위에서 도시철도가 굉음을 울리며 지나갔다. 날이 저문 탓에 불을 밝힌 열차 전조등의 원형 광선이 어둠 속으로 환하게 뻗어나간 모습이었다. 도시철도 궤도는 도나우 강과 도나우인젤 위를 가로지르고 지나갔다. 열차는 나무꼭대기 위에서 덜컹거리는 소리를 냈다. 내 옆에서 높이 자란 갈대숲이 바람에 흔들렸고 귀뚜라미 우는 소리가 들렸다. 강 맞은편 시가지 불빛이 벌써 떠오른 달과 마찬가지로 수면에 반사되었다. 이처럼 현대 도시의 기반 시설과 놀랍도록 아름다운 자연이 미래적으로 조합을 이룬 모습은 내게 미래 도시 생활의 느낌을 불러일으켰다. 두 세계의 존재가, 즉 위에는 도시철도, 아래는 바이오필리아 회랑이 맞물린 모습이다. 우리가 바이오필리아를 지지한다면, 이와 비슷한 모습이 훨씬 많은 도시공간에 나타날 수 있을 것이다. 현대적인 도시의 삶과 자연 사이에는 모순이 없다. 두 세계가 나란히 그리고 맞물린 형태로 존재할 수 있다. 오늘날 빈에서 도나우 강 위로 도로 교량과 철교, 완전히 아스팔트로 된 보행자 길을 지나게 되어 있다면, 앞으로는 회랑 네트워크의 일부를 구성하는 전원적인 녹색의 바이오필리아 교량으로 강을 건널 수 있을 것이다. 이것은 다른 도시에서도 마찬가지다.

우리의 대도시가 생명애를 바탕으로 변신한 결과는 녹지 네트워크가 전 방향으로 가지를 친 형태일 것이며, 신구의 모든 시유림과 천연 오아시스가 서로 연결될 뿐만 아니라 누구든 자연환경을 떠나지 않고도 시내 모든 구역에 도보로 접근할 수 있을 것이다. 암스테르담에서는 이런 일이 자전거 길로 가능해졌는데, 왜 미래의 바이오필리아 회랑에서는 안 된단 말인가? 물론 우리는 어디서나 바이오필리아 회랑에 자전거 길을 설치할 충분한 공간을 확보하게 될 것이고, 그 결과 자동차를 이용할 필요 없이 자전거를 타고 생명 친화적인 생태 다리를 넘어 이동할 수 있을 것이다.

바이오필리아 회랑은 도시 소음을 줄이고 폐기 가스와 미세먼지의 유입을 약화하기 위해 나무와 산울타리로 경계를 삼는 형태가 될 것이다. 나무와 관목이 유해 물질을 충분히 막아주고 공기에서 유해 물질을 걸러낼 수 있다는 것은 이미 상세하게 언급한 바 있다. 유난히 시끄럽고 부담이 되는 도로변과 교통량이 많은 교차로 부근에서는 안쪽으로 굽은 소음방지 벽을 회랑에 덧대면 소음뿐 아니라 폐기 가스도 벽 바깥

쪽으로 제한할 수 있고 녹색지대 내부의 건강한 공기를 유지할 수 있을 것이다. 방지 벽의 윗부분은 바이오필리아 회랑에 있는 식물의 생명이 손상되지 않도록 빛이 통과하게 해야 할 것이다. 새들이 명확하게 장벽으로 인식해서 충돌하는 일이 없게 하려면 우윳빛이나 그 밖의 다른 구조의 물질을 사용해야 할 것이다. 소음과 유해 물질을 차단하는 장벽은 요즘 보행자 길이나 자전거 길을 따라 벌써 설치되어 있으며, 그 밖에 고속도로변에도 인근 주민들에게 소음과 먼지, 폐기 가스를 막아주기 위해 설치되었다.

바이오필리아 회랑은 사람들이 도심 한복판에서 이동할 때 가능하면 부담을 느끼지 않게 자연에 가까운 공간을 제공할 것이다. 회랑에는 새들도 들어와 살 것이 확실하다. 평소 새들이 교통안전지대의 아주 조그만 녹지만 봐도, 도심 한복판에 있는 덤불 하나만 봐도 날개를 접고 내려앉는 것을 보면 알 수 있다. 바이오필리아 회랑은 조류에게 도시 생활의 중심지가 되어 새들 스스로 짓는 수많은 둥지가 생길 것이다. 회랑은 곤충을 불러들이고 꿀벌에게는 화밀의 형태로 식량을 제공할 것이다. 도시에서 종의 다양성은 이런 환경에서 큰 혜택을 볼 것이다.

회랑 시스템 내부의 보행자 길은 다양한 모습일 수 있다. 나무숲이 넓게 자리 잡은 주도로에는 발과 관절에 유난히 좋은 부드러운 오솔길이 생길 것이다. 그런 길은 걸을 때 충격을 흡수하기 때문이다. 신체적인 제약이 있는 사람이나 유모차를 끄는 부모를 고려해서 어디서나 최소한의 설비로 아주 안전한, 장애물 없는 길이 있어야 한다는 것도 유념해야 한다. 바닥의 상태는 점토와 모래, 자갈, 시멘트를 혼합한 것을 써서 충분한 경도를 유지하면서도 아스팔트처럼 딱딱해서는 안 된다. 네

덜란드에서는 플라스틱 쓰레기로 만든 오래가는 재활용 도로 포장재가 발달했는데, 비단 자동차 도로의 포장뿐 아니라 바이오필리아 회랑의 보행자 길에도 적합하다.[165] 이런 식으로 넘쳐나는 플라스틱을 보람있게 처리할 수도 있을 것이다. 늪지대는 요즘 함부르크의 라크모어에서 보듯이, 위로 나무판자 길을 내고 난간을 대면 안전하게 건너갈 수 있다. 미래의 도시에는 해당 지역에 습지 서식공간이 생길 것에 대비해 무조건 늪이 들어갈 자리가 있어야 한다. 바이오필리아 회랑은 (시유림처럼) 전통적인 자연이 나타나야 하는 영역이다. 그것은 밀봉 상태에서 해방된 지대로, 도시 밑에서 잠자고 있는 야생환경의 재생력이 뚫고 나오는 공간으로 생각하면 된다. 균근-균사의 네트워크가 뻗어나가 차츰 새로 생겨난 도시의 부식토 속에서 확산한다. 이것은 단순한 '우드 와이드 웹Wood Wide Web'을 넘어 바이오필리아 회랑의 변두리에서 시 경계를 지나 시골까지 뻗어 있는 '시티 와이드 웹City Wide Web'으로서 도시의 토양 생활과 시골의 토양 생활이 결합하는 것이다.

이전에 지하 배관으로 들어가기를 강요받았던 하천은 이제 많은 지점에서 지표면으로 올라와 시야에 들어오면서 바이오필리아 회랑을 흐르게 될 것이다. 하천이 공기 중 음이온 농도를 높여주는 동안 부식토 면적에는 바이오필리아 박테리아가 생기고 나무는 테르펜을 발산한다. 숲의 치유력 삼총사가 완성되면서 도시 전반에 활기를 불어넣는다. 따라서 생명애를 바탕으로 한 유기적 네트워크가 인간의 삶을 채워야 한다. 이 네트워크는 공동농장과 이동 거리를 위한 공간을 제공한다. 많은 길에 피트니스 기구가 설치되고 자연학습 도로가 들어설 것이다. 넉넉하게 장소를 제공하는 교차점에는 운동공간이 생길 것이다. 또 도시철도가 삼림구역으로 꼭 들어가지 않아도 도시 곳곳에서 중국식 삼림욕, 즉 센린유가 가능해질 것이다. 우리는 바이오필리아 회랑을 따라서 유치원이나 학교, 대학연구소, 박물관, 극장, 그 밖의 문화시설을 세우게 될 것이다. 치료센터와 종합병원까지 새로운 자연공간으로 통합될 수 있다. 도시의 바이오필리악인 우리는 이 회랑에 활기를 불어넣을 것이며 이는 비단 인간뿐 아니라 식물과 동물도 마찬가지다.

바이오필리아 회랑은 생명애가 넘치는 미래도시의 핵심이 될 것이며 우리가 사는 대도시를 생물권과 긴밀하게 맞물리게 하면서 고도로 복잡한 생태계로 바꿔놓을 것이다. 왜냐하면 사람의 혈관이 모든 세포와 인체 기관에 도달하듯이, 회랑은 온 도시를 관통하면서 도시 밖의 자연공간과 강력하게 연결해줄 것이기 때문이다. 이런 식으로 최종 단계의 도시와 자연의 분리 상태도 극복될 것이다. 그리되면 미래의 도시는 지구의 자연 네트워크에서 깔끔하게 통합된 부분이 된다. 바이오필리아 회랑이 완성돼야 비로소 도시는 숲의 모범에 따라 살아 숨 쉬면서 소통하는 거대한 유기체가 되는 것이다. 바꿔 말해, 바이오필리아 회랑은 도시를, 자연 일부라고 할 기술에 토대를 둔 초유기체로 만든다.

도시의 생태 정신신체의학

인간의 유기체는 피부 표면에서 끝나는 것이 아니다. 에스토니아 태생의 생물학자이자 철학자로 1864년부터 1944년까지 생존한 야콥 요한 폰 웩스퀼Jakob Johann von Uexküll은 생명체는 외부의 경계가 없다는 인식을 대표하는 인물이었다. 그는 인간이 (그의 말을 빌리자면) 주변 환경과의 '작용권'에 있다는 것을 알고 있었다. 현대의 바이오필리아 연구는 그의 말이 맞으며 인간은 자연의 물질과 끝없이 교류한다는 것을 우리에게 가르쳐준다. 자연의 물질은 인체의 면역체계, 인간의 신경계, 인간 정신이 작용하는 방식의 일부이기도 하다는 것이다. 숲의 치유력 삼총사 혹은 그 밖의 자연 물질이 결핍될 때 사람은 병에 걸릴 위험성이 높아진다. 이런 통찰로부터 질병과 건강에 관해 시대에 맞는 완전히 새로운 인식이 생겼는데, 이로 인해 사람들은 생활공간을 주목하게 되었다. 사람은 피부 표면에서 끝나는 것이 아니라는 생각은 '생태 정신신체의학Oko-Psychosomatik'이라는 말로 가장 잘 표현된다. 정신신체의학에서는 인간을 정신과 육체가(정신과 몸이) 분리되지 않는 단일체로 간주한다. '생태' 정신신체의학은 한 발 더 나아가 인간과 자연의 분리를 지양한다. 인간은 (웍스퀼의 말을 빌리자면) 환경과 하나의 작용권에 들어 있기 때문이다. 인체 기관의 기능이나 각종 혈중농도에 확실한 개선 효과를 주는 삼림의학이 생태 정신신체의학의 예라고 할 수 있다. 또 다른 예로는 인간의 정신, 가령 불안장애나 우울증에 미치는 자연의 치유 효과를 들 수 있다. 런던의 에핑 숲에서 충격적인 경험을 한 뒤에 정신적 균형감각을 되찾은 조지 이야기가 생각난다. 생태 정신신체의학은 인간이 스스로를 자연 일부로 이해할 뿐만 아니라 거꾸로 자연도 우리의 일부라고 이해한다는 의미이기도 하다. 우리가 생태계에 행하는 모든 것은 우리에게 되돌아온다. 그러므로 생태 정신신체의학은 단순히 의학이나 심리치료의 새 시대뿐만 아니라 지구와 더 나은 교류를 하는 시대를 열었다고 볼 수 있다. 그러나 유감스럽게도 윤리적인 논란으로 인해 지금껏 이런 사고 전환에까지는 이르지 못하고 있다. 아무튼 자연에 대한 모든 손상이 우리 자신에 대한 손상을 의미한다는 것을 이해한다면, 바이오필리아의 사회변화를 위한 가능성은 커질 것이다.

지금까지 생태 정신신체의학은 과학에 뿌리내릴 수 없었다. 이 개념에 관해 교과서에 나올 만큼 보편적으로 수용되는 정의조차 아직 없다. 내 책《자연의 치유 코드》에서 시대에 맞는 학제 간 개념 정의를 개발해서 궤도에 올려놓았으니 관심 있다면 책의 부록을 찾아보면 된다.

생태 정신신체의학은 인간이 생활환경과 밀접하게 결합해 있고, 인간과 자연이 뚜렷하게 구분되지 않는다는 사실을 고려한다. 바이오필리아 회랑은 이런 인식의 실용적인 결과로 나타날 것이다. 공중위생 측면에서 아주 유리한 환경이 조성되겠지만, 나는 그 이상을 원한다. 바이오필리아 연구에서 얻은 인식은 의료 행위가 '펼쳐지는' 곳, 특히 병원으로 전파돼야 마땅하다. 병원 창문으로 나무가 보이는 전망만으로도 인간의 자가 치유력이 활성화하고 건물 벽만 보이는 곳에서는 그런 효과가 없다고 할 때, 병원에 녹지나 치유용 숲이 없다는 것은 전혀 말이 안 된다. 병원은 바이오필리아 회랑의 네트워크에 수용되어야 하고 전용 접근로가 있어야 한다. 앞으로 모든 입원환자는 창문에서 나무나 숲을 볼 수 있어야 한다. 병동 사이에 가로수 길과 정원을 만들어 병원 주변에 건강 증진과 생명의 바이오필리아 환경을 조성해야 하고, 대도시의 소음과 병을 유발하는 폐기 가스는 들어오지 못하게 해야 한다.

나는 병원의 형태에 관해 생명애에 바탕을 둔 온전한 사고 전환이 '시급히' 이루어지기를 바란다. 치료나 건강 그리고 흔히 생존과 관계된 장소에서는 경제적인 이해관계를 '즉시' 부수적인 문제로 밀어내야 한다. 1980년대 이후, 시장경제에 방향을 맞춘 '보건 경제'가 병원 정책에 미치는 영향이 끊임없이 강화되고 있다. 그사이 공공재정의 지원을 받아 한시적으로나 지속적으로 경제 상황을 두려워할 필요가 없는 병원은 거의 사라지고 없다. 경제적으로 엄청난 압박을 받는 바람에, 현재 많은 곳에서 병원 당국이 녹지로 남아 있는 공간을 매각하고 있으며 마지막으로 남은 병원 창문 앞의 가로수 길이나 나무는 대형 투자회사의 굴착기 앞에서 맥을 못 추는 실정이다. 바이오필리아 연구를 통해 얻은 인식으로 볼 때 병원시설에 대한 '철저한 경제적 논리'는 보건정책 결정자들의 대대적인 일탈행위를 드러내고 있다.

나는 생태 정신신체의학을 미래의 의학으로 보았다. 적어도 모든 대학병원이 앞으로 생태 정신신체의학과를 설치, 운영하도록 노력하는 것이 내 목표이기도 하다. 그러면 거기서 인간과 자연의 상관 요법이 치료 방법으로 실행, 연구되고 의학과 학생들에게 전수될 것이다. 생태 정신신체의학과는 늦어도 20년 이내에 내과나 비뇨기과, 치과, 부인과, 안과, 피부과처럼 병원에서 당연한 전공과목으로 여겨져야 한다. 그 후에 나오게 될 생태 정신신체의학과 전문의들은 비뇨기과나 피부과 전문의처럼 특정 질병이나 신체 부위에 우선으로 전문화되는 것이 아니다. 이미 요즘에도 신체 부위에 대한 전문화가 아니라 인간에 대한 기본적인 접근방식으로 두드러지게 주목받는 전문의들이 있다. 정신신체의학과 심리치료의 전문의들은 정신신체의학을 전문영역으로 삼는다. 이들은 질병의 전개 양상과 치료계획의 틀에서 무엇보다 사회환경의 역할과 환자의 정신 상태에 관심을 쏟는다. 생태 정신신체의학과의 미래 전문의들은 추가적인 측면을 고려하고 피부 표면 이상의 범위까지 확대해서 인간을 자연의 세계와 다양하게 맞물린 존재로 바라볼 것이다. 그들은 환자가 자연과의 온전한 작용권에 통합됨으로써, 또 의도적으로 이후 생태 정신신체의학과에 생기게 될 숲과 같은 생태계에 머무름으로써 다양한 의료 전공과목에 적용할 치료 수단을 도입할 것이다.

'호모 사피엔스 우르바누스'가 진정 현명한 도시인이 되게 하려면, 우리는 진로를 변경하고 단기적으로 경제에 치중한 이익의 관점을 미래 지향적인 바이오필리아 사고방식으로 대체해야 한다. 이런 사고는 인간과 인간의 도시 생활권에 대한 포괄적인 생태 정신신체의학적 이해를 바탕으로 한다. 이런 사고 전환을 통해 우리는 인간의 진화에 긍정적인 영향을 줄 수 있다.

최근에 후성유전학Epigenetik-환경요인과 사회적 요인이 인간 유전자의 활동에 미치는 영향을 연구하는 생물학의 전문 분야-에서 습득한 인식은 인류의 발달이 단순한 우연에 내맡겨진 것이 아니라 인간이 무엇을 하고, 어떻게 살며, 또 어디에 사는가에 좌우되기도 한다는 것을 증명한다. 그리고 인간의 생활양식은, 무엇보다 생활공간과 인간의 관계는, 인간 유전자가 어떻게 행동하고 우리가 인간의 어떤 측면을 계속 물려주는가에 결정적인 영향을 받는다는 것이다. 후성유전의 상관관계를 둘러싸고 늘어나는 지식은 점점 더 인간의 진화가 부분적으로 우리 자신의 손에 달려 있기도 하다는 것을 보여준다. 우리는 자연과 모순되지 않고 지구 생물권의 일부로 자처하는, 그래서 그에 걸맞도록 현명하게 행동하는 (호모 사피엔스처럼) 현대사회로 나갈 수 있다. 우리는 그런 사회를 위해 우리가 사는 도시를 포기할 필요가 없다.

병원 창문의 전망과 관련한 문제는 신속하게 해결할 수 있을 것이다.

사실 (엄밀한 의미에서) 병원 건물이 (다른 건물들도 다 마찬가지지만) 콘크리트를 써서 반드시 삭막하게 보일 필요가 있는 것은 아니기 때문이다. 우리의 도시를 좀 더 생명애가 넘치는 곳으로 만드는 간단한 방법은 건물 벽이나 발코니, 창턱을 녹화하는 것이다. 건물 벽에 식물이 자라는 모습은 비록 나무의 전망처럼 이상적이지는 않더라도 삭막한 콘크리트나 벽돌벽보다는 훨씬 낫다. 다음 장에서는 미래의 건축물과 관련해 우리가 자연에서 무엇을 배울 수 있는가를 생각해보고자 한다.

'파충류의 뇌'를 위한 건축

우리가 집 안으로 가져다주기를 기다리는 자연의 모습은 너무도 아름답고 호의적이며 영혼의 치유 효과를 준다.[166]

에드워드 윌슨Edward O. Wilson, 하버드 대학교, 진화생물학 교수

인간의 두개골 깊은 곳에는 진화적으로 볼 때 뇌에서 아주 오래된 부분이 자리 잡고 있는데, 이 부분은 양서류나 파충류처럼 인간과 공통점이라고는 거의 없는 동물의 뇌에도 들어 있다. 그런 점에서 '파충류의 뇌'로도 불리는 이 부분이 바로 뇌간이다. 뇌간은 우리가 의식적으로 간섭하지 않아도 자동으로 작동한다. 사람의 신체 기능을 통제하며 밤에는 우리를 지켜본다. 그리고 꿈을 비롯해 다양한 수면의 단계를 이끈다. 파충류의 뇌는 낮 동안 끊임없이 우리 주변을 감시하며 우리가 처한 상황이 안전한지 위험한지를 순식간에 결정한다. 이것은 대뇌변연계와 함께 혈액 중 스트레스호르몬 수치를 조절한다.

스티븐 켈러트는 "인간이 자연과의 접촉에 종속되어 있다는 것은 인간의 진화가 전반적으로 자연 세계에서 일어났다는 사실을 반영한다"라고 썼다.[167] 파충류의 뇌는 40만 년 전부터 (원인原人과 초기 인류까지 포함

히면 수백만 년 전부터) 자연에 익숙하다. 이것은 숲이나 사바나 그리고 전반적인 자연공간의 인상에 대처를 잘한다. 반대로 쫓기는 생활이나 소음, 대도시 환경에서는 올바른 결정을 내리기 어려워한다. 진화의 기준에서 볼 때 인간이 도시에서 산 것은 지극히 짧은 '순간'에 지나지 않는다. 오랜 옛날부터 작동해온 인간의 경고 시스템은 대도시의 쫓기는 생활 속에서 너무도 빈번히 위험을 감지하고 안전을 위해 도망치든 맞서 싸우든 시급히 반응하도록 스트레스호르몬을 분비한다. 스트레스 수치가 지속해서 올라가면 사람은 병이 든다. 소화나 면역체계, 정신 건강 같은 건강의 중요한 부분이 손상되기 때문이다. 우리가 끊임없이 실적의 압박을 받는 것도 지속적인 스트레스 요인이다.

미래의 바이오필리아 도시는 외관이나 전반적인 분위기가 인간의 자연인지나 타고난 미적 감각에 부합하는 형태를 띨 것이다. 말하자면, 딱딱한 바닥과 날카로운 모서리, 끝없는 콘크리트 바다를 포기한다는 말이다. 건축가들은 단독주택에서 마천루에 이르기까지 건물이 서로 유기적인 조화를 이루도록 애를 쓸 것이다. 그들은 건물을 식물이 생존공간을 찾고 꿀벌이 화밀을 찾는 생태계로 만들면서 거기에 생명의 숨결을 불어넣을 것이다. 유기적인 미래의 건축은 우리가 사는 도시를 관통하게 될 바이오필리아 회랑에 들어맞는다. 건축가들은 대도시가 주민들로부터 거칠고 방해가 되며 비유기적인 복합건물이 침입하지 못하는, 조화롭고 온전한 생태계로 인식되도록 애쓸 것이다. 이것이 도시의 긍정적인 생활감정의 토대라고 할 수 있다. 그러나 앞으로 보겠지만 바이오필리아 건축은 건물의 형태를 뛰어넘는 개념이다. 인간은 그 자신이 가진 파충류의 뇌 이상의 존재다. 인간처럼 복잡한 생존 형태를 단순히 신경생물학적인 기초 기능의 시각으로만 본다면 만족스럽지 못할 것이다. 미래의 바이오필리아 도시에서 '호모 사피엔스 우르바누스'는 그 자신이 살아가는 생태계와 더불어 정신 상태와 영적 균형, 신체 건강에 긍정적인 영향을 미치는 생태 정신신체의학의 작용권에 들게 된다.

미래의 마천루가 자라는 곳

건축가나 기술자들은 이미 자연에서 늘 영감을 받아왔다. 에펠탑 아래쪽에 있는 아치는 사람의 대퇴골에서 윗부분의 굴곡을 모방했다. 허벅지나 에펠탑의 기초 부분은 무너지지 않으려면 밖으로 향하는 강력한 힘을 지탱해야 한다. 미국 태생의 건축가 리처드 버크민스터 풀러 Richard Buckminster Fuller(1895~1983)는 지구를 본뜬 지오데식 돔으로 유명하다. 그는 이 건축물의 구조를 극히 미세한 단세포동물로, 기하학적으로 완벽하고 매우 안정적인 방산충의 골격을 보고 배웠다. 풀러의 건축 가운데 가장 유명한 것은 플로리다의 월트 디즈니 리조트에 있는 54미터 높이의 '우주선 지구 Spaceship Earth'다. 루이지애나 주의 뉴올리언스 부근에 있는 1200년 된 떡갈나무는 전 세계의 건축가와 역학 전문가들에게 어떻게 하면 미래의 건축물을 회오리 돌풍에 견딜 수 있게 만들 것인지를 가르쳐준다. '오크 일곱 자매 Seven Sisters Oak'라는 이름이 붙은 이 나무는 2005년에 미국 역사상 가장 파괴적인 자연재해의 하나로 꼽히는 허리케인 '카트리나'가 밀려왔을 때도 버텨냈다. 이후 과학자들은 이 나무에서 미래건축의 모범적인 답안을 읽어내기 위해 줄기는 물론 강력하게 가지를 친 수관의 복잡한 구조와 특성을 연구했다.

흰개미는 마천루 건축의 진정한 스승이다. 흰개미의 건축물이 7미터 높이까지 치솟는다는 말은 앞에서 이미 언급했다. 아프리카 흰개미 집단에게서 나온 이 규모는 세계기록이다. 건립자의 크기를 기준으로 할 때, 인간의 손으로 세운 지구상의 어떤 마천루도 그처럼 어마어마한 높이에 이르지는 못했다. 흰개미의 도시는 피상적으로 볼 때와 달리 절대 단순한 흙더미가 아니다. 곤충의 건축물은 외벽에 구멍이 뚫렸지만 안정적으로 떠받치는 구조다. 이때 구멍은 내부와 외부의 공기 교체를 가능하게 해주며 탑 내부의 복잡한 미로와 연결되어 있는데, 이것은 다시 환기 통로와 굴뚝으로 이어진다. 건축가들은 바로 이 공동의 교묘한 시스템을 간파했다. 낮 동안에 흰개미 도시에서 바깥쪽에 있는 더 작은 공동이 햇볕으로 가열되는 동안 안쪽의 완전히 격리된 수직갱은 서늘한 상태를 유지한다. 그 결과 바깥 구역의 더운 공기는 위로 올라가고 안쪽의 서늘한 공기는 밑으로 가라앉는다. 이 과정에서 지속해서 통풍을 조절하는 공기의 순환이 발생한다. 이 구조에 기초한 냉각 현상은 아프리카 사바나의 뜨거운 낮 기후도 효과적으로 조절한다. 습도와 유해 물질은 밖으로 배출되고 끊임없이 새로운 공기가 만들어진다. 이런 환기 시스템은 완전히 자연스러운 방식으로 이루어지므로 지속해서 유지되고 동시에 친환경적이다. 앞으로는 인간이 짓는 마천루와 주택, 복합 사무공간에는 이와 같은 곤충의 기술이 담길 것이다.

인간이 곤충 왕국을 기본적으로 모방하는 것은 벌써 시작되었다. 짐바브웨의 수도 하라레에 있는 이스트게이트 쇼핑센터에는 흰개미 도시의 통풍 기술을 적용했다. 그러나 이것은 단지 건축의 측면에서 첫걸음을 뗀 것에 불과하다. 흰개미 건축의 복잡한 구조는 아직도 연구 중이다. 인간은 앞으로 (흰개미처럼) 탑이나 초고층 건물을 지을 때 더 이상 각진 모습이 아니라 곡선과 원형의 형태로 지을 것으로 보인다. 이는 우리에게 있는 파충류의 뇌에도 부합한다. 인간은 자연에서 알고 있는 유기적인 형태에 맞춰져 있기 때문이다. 나무와 언덕, 산, 꽃, 잔디, 나뭇잎 등의 미학적 형태가 은연중에 우리에게 영향을 미친다. 단조롭고 딱딱하며 각이나 모서리가 진 현대건축의 형태는 스트레스를 유발할 뿐이다. 이것은 환경심리학의 연구에서 거듭 입증된 사실이다. 예컨대 환경심리학자인 캐나다 워털루 대학교의 콜린 엘러드 Colin Ellard는 현대적인 의료측정 도구를 이용해, 피실험자들이 자연에 가까운 녹지를 걸을 때는 긴장이 풀어지는 효과가 나타나지만 상업건물의 유리 벽을 지날 때는 스트레스 수치가 올라가는 것을 증명했다. 복잡하고 다양한 구조의 건물 벽과 도로, 혹은 변화무쌍한 건축 형태도 단조로운 건물 벽과 비교할 때 실험 참여자들의 스트레스 수치를 떨어뜨렸지만, 자연녹지의 효과에는 미치지 못했다. 연구 결과, 자연에 가까운 모습을 한 건물과 유기적인 건축 형태는 스트레스만 떨어뜨리는 것이 아니라 기분을 고조해준다는 것을 보여주었다.[168] 우리는 자연의 존재이며 삭막하고 단조로운 환경에는 좋은 기분을 느끼지 못한다는 말이다. 우리에게는 유기적인 것과 곡선, 다양한 형태가 필요하다. 인간에게 있는 파충류의 뇌가 그것을 요구한다. 미래의 바이오필리아 건축은 현재 우리를 지배하는 '현대적인' 건축과는 완전히 다른 형태와 구조를 불러낼 것이다.

이 같은 미래는 예를 들면, '스위스 리 Swiss Re'라는 약칭으로 부르는 스위스 재보험회사의 건물에서 최초로 표현되었다. 이 보험사는 런던

지사에 180미터 높이의 41개 층으로 된, 스물세 대의 유압식 승강기가 딸린 초고층 건물을 세웠다. 건물의 강철 구조는 마치 DNA처럼 안쪽으로 뒤틀린 나선형 밧줄 모양을 하고 있다. 각진 모서리가 없어서 평면도 없다. 건물은 배가 불룩한 형태지만 둔한 느낌을 주지 않는다. 위쪽으로 올라갈수록 폭이 좁아지면서 둥근 돔으로 끝난다. 건물 윤곽은 두툼하면서도 끝부분이 뾰족하게 말린 쿠바산 시가를 떠올리게 한다. 이 건물에서 최대의 면적은 밑바닥이 아니라 중간 높이에서 나온다. 건물 벽은 마름모꼴의 유리판으로 뒤덮여 있다. 건설회사는 심해에 사는 파이프 모양의 해면동물을 모방해서 건물의 통풍 시스템을 설계했다. 건물의 중심핵은 밑에서부터 위로 전체를 관통하면서, 마치 심해의 해면동물처럼 안에서 밖으로 물과 에너지를 공급한다. 사무공간은 이 중심핵 주변에 원형으로 배치되었고 가용면적은 총 6만 5,000제곱미터에 가깝다. 계단도 직선이 아니라 나선형으로 구불구불 올라가는 형태다.

다른 고층 건물에 둘러싸인 가운데 이처럼 보기 드문 모습은 런던 금융가의 스카이라인에서 즉시 눈에 띈다. 각지고 단조로운 다른 많은 건물과 정반대로 이 건물은 더 조화롭고, 더 유기적인 느낌을 불러일으킨다. 바이오필리아 회랑 사이에 우뚝 솟은 미래의 고층 건물도 이와 비슷하게 생각하면 될 것이다. 좀 더 그림을 보충해서 미래의 건물 벽에 식물이 자라고 그 위로 넝쿨이 뻗어 오르는 모습을 상상한다면, 뉴욕이나 베를린, 샌디에이고, 빈, 시드니, 취리히, 로스앤젤레스, 프랑크푸르트, 토론토, 파리, 리우데자네이루, 혹은 지구상의 어느 도시든 생명애를 토대로 한 우리의 미래에 대한 느낌이 생길 것이다. 방금 설명한 마천루는 런던에서 '더 게르킨the gherkin'으로 불리는데, 오이피클이라는 뜻이다. 실제로 건물은 조금은 거대한 오이피클을 떠올리게 한다. 아마 녹색의 식물 벽이라면 이런 인상은 더 강해질 것이다. 그러면 이 초고층 건물은 땅에서 솟아난 산처럼 도시경관을 장식하며 미래의 녹색 도시상과 완벽하게 하나가 될 것이다.

그러나 동식물의 왕국에서 둥글거나 특이한 형태의 예를 따르는 것만으로 바이오필리아 건축을 말한다는 것은 뭔가 한참 미진하다. 미래의 도시는 복잡한 생태계가 되기 위해 생존 형태를 모방하는 것 이상으로 훨씬 더 많은 순수한 생명이 필요하다. 본격적인 난제는 마천루의 형태가 아니라 우리가 자연을 추상적으로만 모방하는 대신, 어떻게 도시 건물에 생명을 불어넣을 것인가이다.

자연과 조화를 이루는 도시계획

2006년에 나는 뉴질랜드의 퍼머컬처 전도사인 조 폴라이셔 Joe Polaischer를 알게 되었다. '퍼머컬처 permaculture'란 영속적인 농업을 뜻하는 'permanent agriculture'를 줄인 말이다. 이는 단일재배나 을씨년스런 콘크리트 대신 자체의 힘으로 유지되는 안정적인 생태계와 생활공간을 창조해내도록 자연과 조화를 이루는 농업이나 건축 형태를 말한다. 퍼머컬처의 관점에서 보면 사람은 농업생태계나 마을, 도시를 통합하는 구성 요소로 여겨진다. 인간 스스로 생태계가 구석구석 의미가 깊도록, 지속해서 이용되도록 생기를 불어넣는다는 말이다. 정원과 경작지, 에너지원 그리고 주거 공간 같은 것이 서로 융합된다.

본디 조 폴라이서는 나와 마찬가지로 슈타이어마르크 출신이지만 생애 대부분을 뉴질랜드에서 농부로 살았다. 마타카나에서 아내인 트리시 알렌과 함께 고도의 생태 기준에 따라 레인보 밸리 팜Rainbow Valley Farm을 경영했다. 퍼머컬처를 주제로 세계 곳곳에서 강연했으며 유기농 외에 지속 가능한 건축과 주거생활에도 남다른 관심을 쏟았다. 우리는 맥주를 한잔하며 미래의 주택과 도시에 관해 대화했다. 그때 조는 내게 이렇게 말했다. "가장 중요한 것은 우리가 땅에서 빼앗은 모든 것을 지구의 옥상에 돌려주는 것입니다." 조는 우리가 가져온 것 이상으로 많은 것을 자연에 돌려줘야 한다고 확신하며 덧붙였다. "내가 짓는 주택이나 농장건물을 보면 지붕이 모두 기초 벽과 분리된 채 높이 올라가 있습니다. 그래서 옥상정원이 바닥의 건축면적보다 훨씬 더 넓어요." 채소 묘판시설을 만들 때도 조는 채소밭을 높이 돋우고 줄을 맞춰 만들기 때문에 언제나 바닥면적보다 경작면적이 넓다. 채소밭이 자리 잡은 바닥보다 양쪽의 경사면이 훨씬 더 넓은 것이다. 조는 자신의 생활공간에서 천연자원을 이용하는 데 그치지 않고 그것을 확대하는 법까지 알았다. 우리는 바로 이런 아이디어를 미래의 도시에서 활용할 것이다. 조는 평생 도시와 시골에서 바이오필리아 성향의 사람들에게 주문을 받고 수많은 주택을 지어주었다. 그 주택 하나하나는 다양한 품종으로 뒤덮인 옥상정원을 품고 있어서 생물 다양성과 영양, 기쁨의 원천으로서 기능할 뿐만 아니라 동시에 지붕의 완벽한 격리와 나아가 쾌적한 실내공기에 이바지한다. 조는 2008년에 잠시 중병을 앓다가 60세 나이로 세상을 떠났다. 평생 저서와 강연 세미나를 통해 전 세계 사람들에게 나무와 각종 동물로 둘러싸인 정원과 풍부한 결실을 이루는 채소밭으로 바이오필리아 삶에 대한 영감을 주었다. 그는 언젠가 빈 시내 한복판에 있는 단독주택을 내게 보여준 적이 있다. 그가 설계에 도움을 준 집으로, 대지가 500제곱미터밖에 되지 않았다. 그런데도 자연의 다양성이 살아 숨 쉬고 품종이 풍부한 오아시스에 와 있는 느낌을 주었다. 정원은 끊긴 흔적 없이 지붕 면적까지 계속 이어져 있었다. 그뿐만 아니라 자연에 가깝게 갈대숲으로 뒤덮인 연못도 자리 잡고 있었다. 그럼에도 불구하고 과일과 채소를 재배할 면적은 넉넉했고 천연의 벌집까지 보였다. 대도시에 산다는 사실을 완전히 잊게 한 도심의 오아시스에서 나는 깊은 인상을 받았으며 지금도 잊지 못한다. 불과 500제곱미터밖에 안 되는 면적에 사는 종의 다양성은 집중적으로 이용되는 시골의 어떤 경작지보다 훨씬 풍요로웠다.

오늘날 우리는 퍼머컬처에 관한 아이디어가 점점 정치가나 도시계획가의 의식으로 들어가는 시대에 살고 있다. 환경문제가 상당히 심각하고 도시 주민이 유해 물질로부터 받는 부담 또한 너무 커서 우리는 본격적으로 사고 전환을 강요받기에 이르렀다. 바이오필리아 도시계획의 실험적인 시도는 (놀랄 일도 아니지만) 특히 건강 문제로 몹시 심한 부담감을 느낀 시민들이 보호용 마스크 없이 잘 외출하지 않는 대도시에서 이루어질 것이다. 이처럼 도심 오염이 심각한 도시의 하나는 중국 광시좡족자치구에 있는 인구 350만 명의 류저우다. 류저우 시 당국은 높은 스모그 농도와 도시 온난화에 대처하기 위해 4만 그루의 나무를 심어 삼림 도시를 건설하려고 한다. 오염물질 배출에 따른 모든 공기오염을 '스모그'라고 표현한다. 류저우 남부에는 2020년부터 고층 건물이 생기고 마천루에 사무공간과 학교, 병원이 들어선다고 한다. 그런데 모든 건물을 완벽하게 녹화한다는 것이다. 이들의 추산대로라면 삼림 도시의 식물과 나무가 도시 공기에서 해마다 57톤의 미세먼지와 1만 톤의 이산화탄소를 빨아들일 것이다.[169] 건물이 들어선 공간은 한 치도 빠짐없이 옥상과 테라스에 나무를 심고 정원을 꾸며서 자연으로 되돌아가게 할 것이다. 조 폴라이셔가 평생 소규모로 실천한 방식 그대로다. 다만 류저우의 계획에서 특이한 것은, 옥상뿐만 아니라 건물 벽까지 식물로 뒤덮이게 한다는 점이다. 이들은 건물 벽의 녹화를 위해 100가지 다양한 방식을 염두에 두고 있다. 이리되면 현대적인 건물에서 생태계가 생성될 것이다. 건축물이 생명에 '눈을 뜨는' 셈이다. 완전히 새로운 도시 건축의 시대가 시작되는 것이다.

중국은 이미 바이오필리아 미래를 위한 그 이상의 계획까지 세워놓았다. 중국 남서부에 있는 인구 540만 명의 난징에서는 고층 건물이나 마천루와 결합한 규모가 좀 더 작은 삼림 도시가 생길 것이라고 한다. 이런 건물들 역시 옥상정원과 나무 테라스, 녹화된 벽을 통해서 유기적인 모습을 띠게 될 것이다. 이런 식으로 수립된 프로젝트는 처음부터 에너지 자급자족의 구조를 생각한다. 에너지 자급자족은 바이오필 리아 미래를 위해서 중요한 요인이다. 그것은 전기와 온수, 발열 에너지 Wärmeenergie를 태양전지나 풍차, 열에너지 Thermalenergie를 통해 직접 현장에서 얻는다는 의미다. 그 밖에 강변에 들어서는 삼림 도시는 적절한 지역의 수력을 통해 에너지를 공급받을 수 있다. 미래의 도시설계에 동원할 에너지원이 다양할수록 우리는 더 수월하게 지속적인 방법으로 그리고 전천후 형태로 도시에 에너지를 공급할 수 있을 것이다. 비가 오거나 폭풍이 불 때는 풍차와 수차가 전속력으로 돌아갈 것이고 건조하거나 맑은 날에는 태양전지가 유난히 활기를 띨 것이다. 남는 것은 저장시설로 보내 도시 전체에 골고루 배분하게 해서 균등한 공급이 이루어지게 하면 된다. 앞으로는 지하 깊은 곳에서 끌어올리는 열에너지의 이용도가 올라갈 것이다. 미래의 바이오필리아 도시는 에너지 공급의 분산화를 꾀해서 이미 우리 생태계를 심하게 파괴하는 대규모 발전소에 의존하는 방식을 탈피할 것이다. 이는 피해를 재자연화 조처를 통해 회복한다는 말이다.

건물에 새 생명 불어넣기

추가로 심은 도시의 나무를 처음부터 새로 지은 건물에 통합할 수 있다고 상상해보라. 그것도 건물의 구조와 직접 조합을 하는 것이다. 너무 이상적으로 들리는가? 그렇지 않다. 인구 14만 명의 스위스 로잔에서는 117미터 높이에 이르는 '수직의 숲'이 생길 것이라고 한다. 설계가 끝난 이 고층 건물에는 공원과 테라스가 있고, 나무 80그루와 수천 포기의 여러해살이 초본과 관목이 자라는 생명 공간이 들어서고, 건물 내부의 700채 주택에는 '호모 사피엔스 우르바누스'가 살게 된다고 한다. 그런데 이 건물은, 건강 증진 효과를 내는 나무가 통합의 구성요소로 들어가는 최초의 건물은 아니다. 인구 130만 명의 이탈리아에서 두 번째로 큰 도시 밀라노에서는 이미 2014년부터 이 프로젝트의 모범이라고 할 계획이 잡혀 있다. 바로 건축가 스테파노 보에리 Stefano Boeri 의 녹화 고층 건물 두 동이 그것이다. 두 건물에는 주택이 들어가고 높이는 80~110미터에 이를 예정이다. 테라스와 옥상에는 총 900그루의 나무와 관목이 자라게 될 텐데, 일부 표본은 벌써 늠름하게 자라서 수관이 여러 층 높이까지 솟아 있다. 이것은 녹화된 테라스와 고원을 서로 맞물리게 배치해서 나무가 옆으로 퍼지도록 위로 올라갈 공간을 충분히 확보하면 가능하다. 이 특이한 쌍둥이 건물의 수직 벽도 부분적으로 녹화하고 덩굴이 뻗어 오르게 할 것이다. 그러나 이 시범 프로젝트에서는 아직도 식물 사이 공간에 삭막한 콘크리트 면적이 많이 보인다. 다만 중요한 것은 미래의 징후를 살짝 보여준다는 점이다. 바이오필리아 도시에는 실제로 완전히 초목으로 뒤덮이고 (창문을 제외하면) 빽빽한 식물의 벽 너머로 사라지게 될, 수많은 건물과 복합빌딩이 들어설 것이기 때문이다. 이것은 넝쿨식물과 이른바 '수직 정원'을 통해 가능하다. 이것도 이미 존재한다.

프랑스의 식물학자이자 조경사인 패트릭 블랑Patrick Blanc은 탐험 여행을 떠나 열대우림의 식물상을 상세하게 조사했다. 그는 식물이 밀림의 수직 암벽과 나무에 달라붙어 수직으로 공간을 차지하며 자라는 모습에 흥미를 느꼈다. 우림지대에서 식물이 이용하지 않는 빈틈은 없다. 우리가 생태적인 복잡성의 최대치를 끌어내려면 바로 이런 원칙을 도시에 적용해야 한다. 블랑은 자신이 식물에서 관찰한 것을 토대로 '식물 벽'을 개발했다. 이때부터 그는 전 세계의 고객들을 위해 수직의 화단을 만들어주고 그곳에 지역 특색에 어울리는 식물이 자라게 한다. 이 방식은 일리노이 대학교에서 교수와 연구 활동을 병행하며 1891년부터 1979년까지 생존한 조경학 교수 스탠리 하트 화이트Stanley Hart White로 거슬러 올라간다. 하트는 1938년에 수직 정원시설을 위한 방법을 개발했지만, 그의 사후에 잊히고 말았다. 그러다가 패트릭 블랑이 이 오랜 방법을 발굴하고 21세기 도시에 맞게 현대화했다. 수직 정원은 건물 벽에 설치하는 경금속 보강재로 된 구조물을 통해 만들어진다. 고층 건물일 때 수직 정원에서는 걷기에 손으로 물 주기가 간단치 않으므로 관개수로를 설치해야 한다. 보강재 사이에 펠트와 재활용 아크릴, 재활용 섬유로 이루어진 재료를 얇은 판의 형태로 부착한다. 이 재료는 촘촘하게 맞물린 실 같은 구조가 특징으로, 토양의 형성과 장차 토양미생물을 위한 생존공간에 이바지한다.[170] 두 번째 층의 펠트에는 길쭉하게 구멍을 내고 식물을 심는다. 두 군데의 펠트는 스테인리스 재질의 특수강 집게를 사용해 단단히 묶어야 한다. 블랑은 기후 특성을 고려해 유럽과 북아메리카에는 이끼류나 양치류, 잔디, 소관목류처럼 추위에 잘 견디는 식물을 추천한다.[171] 이런 식물은 우림의 수직 암벽에서도 단단히 달라붙어 자라며 심지어 나무줄기 위에서도 자리를 잡고 자란다. 이런 종류를 '착생식물'이라고 부른다.

블랑은 2013년에 파리의 프티카로 거리와 아부키르 거리의 교차로에 있는, 높이 25미터 되는 한 주택의 전면 벽에 식물이 빽빽하게 자라도록 해서 콘크리트 부분이 전혀 보이지 않게 했다. 나뭇잎들 사이로 보이는 것이라곤 (원시림처럼) 창문밖에 없었다. 창틀도 녹색의 전원 풍경 뒤로 사라져 보이지 않았다. 미술관으로 문화 행사장 기능을 하는 마드리드의 카이샤 포럼은 블랑에 의해 건물 전면이 완벽하게 살아 있는 녹지로 뒤덮였다. 브뤼셀에서는 식물학자와 조경예술가들이 마찬가지로 단독주택 한 채 전체를 식물로 뒤덮어 보이지 않게 만들었다. 심지어 브뤼셀에 있는 EU 의회 건물 외벽은 이미 식물이 무성하게 자라는 수직 정원으로 변해버렸다. 오슬로와 파리 그리고 슈투트가르트에서는 실험적으로 공기에서 미세먼지와 폐기 가스를 빨아들이기 위해 고속도로와 교통이 번잡한 거리를 따라 수직의 이끼 정원이 설치되었다.[172] 이것 역시 (나무와 시유림의 식물 외에도) 말썽 많은 디젤 폐기 가스나 미세먼지, 산화질소로부터 도시 공기를 정화하고 새로운 친환경 연료 개발에 필요한 시간을 확보하는 데 크게 이바지한다.

마천루가 아니라면 건물 전면을 좀 더 간단한 방법으로 녹화할 수 있다. 앤아버에 있는 미시간 대학교의 학생회관은 건물 전체가 담쟁이덩굴로 뒤덮여 있다. 건물 벽을 뒤덮은 덩굴식물은 지구상 어디에서나, 또 모든 도시에서 이미 오래전부터 보였다. 저비용으로 도시를 신속하게 복잡성이 갖춰진 생태계로 만들고 공기의 질을 개선하기 위해 이 고전적인 방식을 간단히 확대할 수 있다. 건물 벽을 타고 오르는 데는 담쟁이 외에 겨울에도 잘 견디는, 가령 포도나무나 그레이프 아이비, 홉, 덩굴장미, 나무딸기, 클레마티스, 등나무, 나도싸리, 능소화, 심지어 복숭아나무나 살구나무 같은 다른 덩굴식물도 잘 어울린다. 높이 올라가도록 받침대만 세워주면 된다. 길거리 벽에도 이 방법으로 큰 비용을 들이지 않고 생명을 불어넣을 수 있다. 낮은 담장과 건물에는 0.5~1미터 간격으로 정원용 과일나무를 심어 둘레를 장식할 수 있다. 이런 나무는 3~4미터 높이까지 자라지만 가늘어서 많은 자리를 차지하지 않는다. 또 여름과 가을이면 맛난 체리와 자두, 살구, 복숭아, 사과, 배가 열린다.

현재 기네스 세계기록 목록에 따르면, 지구 최대의 수직 정원은 인구 560만 명의 도시국가인 싱가포르에 있다. '트리 하우스'로 불리는 한 고층 건물의 벽을 녹화한 것으로, 식물이 차지한 면적은 2만 4,600제곱미터에 이른다.[173] 여기서는 건물의 한 면만 녹화되었다. 이런 방법이라면 새로운 도시녹지를 상상할 수 없는 범위로 확대할 수 있을 것이다. 그러면 조 폴라이셔의 요구를 훌륭하게 이행할 수 있고, 우리는 건축을 통해 자연의 바닥에서 빼앗은 것을 공중에서 몇 배로 자연에 되돌려주게 될 것이다. 광합성작용을 하는 녹색식물을 위해 도시의 수직 면적을 이용함으로써 우리는 도시 공기와 도시 기후 개선에 극적으로 이바지할 수 있다. 수직의 초목 면적은 유해 물질과 미세먼지를 흡수한다. 꿀벌은 거기서 화밀을 발견하고, 인간의 머릿속에 있는 파충류의 뇌는 스트레스 없이 부드럽게 대할 수 있는 유기적인 면적을 보고 기뻐할 것이다. 여기서 미래의 도시생태계를 위한 소중한 기여가 이루어진다. 만일 우리가 현재의 건물에 더 둥글고 더 곡선을 이루는 유기적인 형태를 부여한다면, 미래의 바이오필리아 건축은 지구의 생물권과 더 큰 조화를 이루며 그 속에 수용될 것이다. 그러면 우리는 식물이 빽빽이 뒤덮은 구역을 바라보며 건강한 자연의 생활공간에서 지낸다는 느낌을 받을 것이다. 이런 느낌은 거짓말을 하지 않는 법이다.

점토의 도시

건축의 측면에서 볼 때, 우리가 생각하는 천연의 바이오필리아 동맥은 녹화된 건물 벽이나 옥상정원, 모서리나 각이 없는 유기적인 건축 형태뿐만 아니라 자연의 건축자재를 통해서 감동을 주기도 한다. 주택에 '생명'을 불러일으키는 것은 건물을 점토로 짓거나 점토 반죽으로 미장 처리를 할 때도 가능하다. 점토 건축은 8,000여 년 전에 인류의 조상이 농사를 짓기 시작하며 정착 생활을 한 신석기시대에 생겼다. 당시 인류는 장기적인 시간을 염두에 두고 튼튼한 토대에 오래가는 건물을 세우기 시작했다. 이 시기에 원예도 시작되었다. 가장 오래된 점토 건축물은 이미 여러 층의 형태로 3,500년 전에 세워졌다는 것이 고고학적으로 증명되었다. 시리아에서는 점토 기와로 집을 짓거나 건물 벽에 점토를 발랐다.[174] 오늘날까지도 온통 점토로만 이루어진 고대 건물들이 남아 있다. 예컨대 모로코에 있는 아이트벤하두Ait-Ben-Haddou도 그중 하나다. 2,500명의 주민이 사는 이 도시는 유네스코 세계문화유산이며 베르베르인이 주민의 다수를 차지한다. 이 도시는 오아시스에 대추야자나무가 무성하게 자라는 아시프 멜라 강변의 해발 1,300미터 산꼭대기에 있으며, 성벽에서부터 주택을 거쳐 높은 탑이나 성처럼 생긴 건물 등 모든 것이 오로지 점토 건물로만 이루어졌다.

그렇다고 점토가 역사적 도시에 국한된 고대의 건축자재인 것은 전혀 아니다. 점토 건물도 벽돌이나 콘크리트 건물과 똑같이 시대 분위기에 걸맞게 지을 수 있다. 점토 벽돌과 기와는 주택건축에 허용된 현대적인 제품이다. 건축용 점토는 찰흙과 고령토, 모래를 섞은 것이다. 그러니까 입자 크기가 다양한 100퍼센트 천연재료로 이루어진 제품이다. '고령토'란 입자가 찰흙처럼 곱지는 않아도 아주 고운 침전물을 말한다. 현대적인 점토 건물에 들어가 본 사람이라면 흙이 "숨을 쉰다"고 주인이 열광적으로 설명할 때 그게 무슨 말인지 알 것이다. 점토 주택의 실내공기는 온화하고 쾌적하다. 나는 그런 집에 많이 가보았으며 갈 때마다 사람을 잡아끄는 묘한 분위기에 사로잡혔다.

점토는 열저장 능력이 뛰어나서 실내온도에 심한 편차가 생기는 것을 막아준다. 그런 점에서 천연의 온도 완충장치이기도 하다. 그 밖에 점토는 습도를 조절하고 흰개미 굴의 벽과 유사하게 통풍 기능이 있다. 이것은 실내 환기가 잘된다는 말이다. 숨 막히는 공기는 점토 건물에서 발생하지 않는다. 또 천연 소재 자체에서 상쾌하고 은은한 분위기를 발산한다. 아주 유기적인 목조건물을 제외하면, 둥근 집과 곡선이 진 조화로운 형태의 점토 건물은 다른 건축자재보다 더 유기적인 효과를 낸다. 목재와 점토의 조합은 바이오필리아 건축에 잘 어울린다. 점토가 목조에 보존 효과를 더해주기 때문이다. 점토는 지구상 어디서나 자연 상태로 존재하는 지속적이고 생태적인 천연 소재라고 할 수 있다. 점토 건축자재를 준비하고 제작하는 데는 다른 건축자재보다 큰 비용이 필요하지 않다. 더구나 재활용할 수도 있다. 건축자재 기업은 붕괴한 점토 건물의 건축자재에서 정화 과정을 거쳐 새로운 건축자재를 만들어낼 수도 있다.[175] 점토 자재는 항균 효과가 있으며 해충의 접근을 막아준다. 또 유해 물질을 빨아들이고 이를 통해 실내공기를 정화한다. 널리 알려진 편견과 달리 점토는 '비위생적'이지 않으며 오히려 사람의 건강에 좋다. 목재와 조합될 때 건강 증진 효과는 더 커진다. 일본의 연구진은 실내공간의 목재가 긴장을 풀어주고 스트레스 해소 효과가 있음을 확인했다. 이는 혈압이나 맥박 같은 병리적인 스트레스 마커를 통해, 그리고 침 속에서 스트레스 호르몬인 코르티솔의 수치를 측정함으로써 입증했다. 연구 결과는 실내공간에서 목재 비율이 30~40퍼센트일 때 스트레스 해소 효과가 최대가 됨을 보여준다. 목재 비율이 이보다 더 높으면 건강 증진 효과가 다시 떨어진다. 목재가 너무 많이 들어가면 억

압적인 분위기가 깔린다.[176] 이때 점토와 목재를 조합하면 뛰어난 상호 보완 작용이 발생한다. 점토는 친근한 분위기를 연출하고 목재의 '압박감'을 없애준다. 뛰어난 열저장 능력을 바탕으로 점토 가옥은 겨울 난방에 에너지를 절약해준다.

물론 나는 미래의 대도시를 완전히 점토로 세우자고 주장하는 것은 아니다. 그것은 불가능할 것이다. 점토로 마천루를 세울 수도 없다. 하지만 단독주택과 여러 층으로 된 주거 건물은 당장이라도 점토 건축방식으로 설계할 수 있다. 점토를 바른 전면의 벽과 녹색의 옥상정원을 조합하면 아주 조화롭고 생태적인 효과가 나타날 것이다. 벽은 대지를 상징하고(지구는 실제로 이 땅의 점토 광물로 이루어졌으니까) 그 땅 위에서 녹색의 생태계가 자라니 말이다. 이 조합은 보기만 해도 바이오필리아 느낌을 불러일으킨다. 또 도시의 점토 건물이나 주거지 하나하나는 도시의 생태계가 될 것이다. 어쨌든 유기적 분위기의 가치를 높여줄 것이다. 몇몇 학교와 유치원을 점토 자재로 지을 수도 있을 것이다. 공원과 시유림에는 경관과 완벽하게 하나가 되는 녹색 지붕의 점토 정자를 세울 수도 있을 것이다. 또 녹지에서는 카페와 주점도 이런 방법으로 지을 수 있을 것이고, 시립공원 한복판에 있는 숱한 콘크리트 건물과는 반대로, 분명히 우리의 조화와 미적 감각을 해치지 않을 것이다. 그 밖에 점토 건물은 바이오필리아 회랑에 아주 잘 어울릴 것이다. 거기서 점토 건물은 행사장이나 미술관, 문화적 만남의 장소로 기능할 수 있을 것이다. 또 도시의 강변에 〈반지의 제왕〉에 나오는 전원적인 호빗족의 땅을 연상케 하는 점토 건물 구역을 세울 수도 있을 것이다. 녹지에 점토로 된 호텔과 방갈로를 세우면 여행자들에게 극적인 호기심을 불러일으킬 수 있고 전 세계 관광객들에게 도시에서 바이오필리아 휴가를 지내도록 유인할 수 있을 것이다. 이처럼 점토로 지은 숙박업소는 가령 라이프치히 교외에 이미 들어섰다. 일간지 《베를리너 쿠리에 Berliner Kurier》는 2000년에 당시 최초로 들어선 베를린의 '에코 하이테크 하우스'라고 표현하며 점토 건물을 보도한 적이 있다. 디플롬 학위를 지닌 기사이자 한 집안의 가장으로서, 당시 친구들과 함께 직접 건물을 설계한 페터 A.는 신문기자에게 이렇게 말했다. "점토는 무엇보다 쾌적한 실내공기를 공급하며 지속해서 50퍼센트의 습도를 유지하게 합니다. 그리고 전통적인 단독주택 한 채 이상의 비용이 들지 않아요."[177]

조 폴라이셔는 자신이 단독주택이나 다가구주택으로 지은 점토 건물의 사진을 내게 보여준 적이 있다. 그는 예술적으로 섬세한 모자이크처럼 다채로운 재활용 유리를 사용했는데, 그것을 점토 벽과 조합하고 그 유리를 통해 햇빛이 실내로 들어오게 했다. 빛은 다채로운 유리 때문에 여러 빛깔로 물이 들고 굴절되었다. 이로 인해 집 안에서는 자극적이면서도 친근한 분위기가 배어 나왔다. 헌 맥주병이 새롭고 독창적인 용도로 쓰이기도 했다. 조의 점토 주택은 종종 둥글고 곡선을 띠었지만 각이 지거나 삭막한 모습은 아니었다. 그는 점토 주택의 둥근 지붕은 아치형 천장, 돌출 창으로 장식했고 대형 유리창으로 정원이 내다보이도록 했다. 조는 또 탑을 세우고 나선형 계단을 설치했다. 그의 건축 가운데 직선으로 각이 진 계단은 없으며 대신 나무의 근재로 된 계단과 난간을 설치해서 그 유기적인 형태로 인해, 마치 현장의 땅에서 자라는 듯한 효과를 준다. 이런 방법으로 일종의 '목조가옥 분위기'가 연출된다. 바이오필리아를 지향하는 인간의 뇌가 좋아하는 형태와 자재는 전토 건물 외의 건축에도 적용할 수 있다. 물론 거대한 마천루도 바이오필리아 정신에 맞게 자연스럽고 유기적으로 지을 수 있다. 예일 대학교의 건축학 교수인 켄트 블루머Kent Bloomer는, 바이오필리아 실내 디자인은 서로 뒤섞인 채 반복해서 나타나는 자연의 모범을 근거로 삼아야 한다고 강조했다. 조가 끔찍이 좋아했던 유기적 계단 난간과 창턱은, 우리가 사는 집에서 자연의 쾌적한 공기를 위해 필요하다고 블루머도 추천하고 있다.[178]

실내와 실외 구분이 사라지다

미래의 바이오필리아 건축에서 중요한 점은 실내와 실외의 경계가 희미해진다는 것이다. 자연의 존재로서 인간은 자연의 리듬과 주기에 맞춰져 있다. 이 상관관계를 연구하는 분야가 현대의 시간생물학이다. 현재의 도시 형태는 우리의 세포에까지 영향을 미치는 자연의 거대한 제어회로로부터 우리를 차단한다. 우리는 삭막하고 비유기적인 벽에 갇히고 외부 세계와 차단된 채 온종일 인공조명을 받는 공간에서 혹은 콘크리트나 아스팔트 위에서 시간을 보낸다. 우리는 지금까지 도시의 주거 및 근무 공간에 자연의 바이오필리아 힘을 연결해줄 창문과 유리 벽의 건축적인 잠재력을 거의 활용하지 못하고 있다. 밤의 도시는 어둡지 않다. 거리의 불빛이나 조명 광고에서 발산하는 '조명오염'이 하늘을 훤히 밝히기 때문이다. 이 문제는 잘 알려져 있다. 대도시 하늘에서 별을 관찰하는 것이 점점 힘들어진다. 반대로 맑은 날 산이나 한적한 숲의 빈터로 가서 밤하늘을 바라보면, 우리는 본격적으로 별의 바다에 잠긴다.

도시의 조명오염은 생태적으로 심각한 문제를 일으키는데, 이로 인해 방해받는 것은 비단 야생동물, 특히 조류나 박쥐, 곤충의 신체 시계와 방향감각뿐만이 아니다. 인간의 생체시계도 뒤죽박죽된다. 지금까지 자연의 리듬과 차단되는 것이 우리의 건강에 어떤 영향을 미치는지 충분한 연구가 제대로 이루어진 적이 없다. 물론 우리는 생체 리듬이 방해받으면 탈진으로 이어지고 압박감과 우울증이 나타나며 잠자는 동안 회복이 덜 된다는 것을 오래전부터 알고 있다. 하지만 실제로 그 결과로 나타나는 건강 문제는 훨씬 심각하다. 날이 가고 계절이 바뀌는 자연의 영향에 맞춰진 인체 세포의 생체시계는 세포의 성장도 통제한다. 생체시계는 새 세포에 자리를 물려주어야 할 때면, 호르몬 체계를 통해서 갱신의 단계를 확정하고 세포의 죽음을 통제한다. 이때 세포의 자연사는 진행 중인 인체 기관의 재생과 건강 유지를 위해 필수적이다. 자연사는 세포 안에 들어 있는 자연시계에 달려 있다. 특히 여기서 핵심 역할을 하는 것이 뇌의 송과체Zirbeldrüse에서 생산되는 호르몬인 멜라토닌인데, 이 호르몬이 우리의 주야 리듬을 통제하고 인체 특유의 암 예방 기능에서 중요한 역할을 한다는 것이 수없이 증명되었다.[179] 자연의 영향으로부터 차단되면, 그로 인해 신체 리듬과 인체 기관의 호르몬이 균형을 잃게 되고, 이는 세포의 자연사를 방해할 수 있다.[180] 앞에서 설명한 것처럼 세포가 죽지 않으려고 할 때 거기서 악성종양이 생길 수 있다.

아브라함 하임Abraham Haim과 보리스 포트노브Boris Portnov는 이스라엘 하이파 대학교의 시간생물학 연구소와 천연자원 및 환경 관리 연구소의 교수다. 두 사람은 무수한 연구를 통해 자연의 리듬과 암 발생의 상관 관계를 이해하는 데 과학적 업적을 크게 세웠다. 예를 들어 이들은 역학 연구(주민들의 건강 자료에 대한 대규모 통계분석)에서 유방과 전립선 악성종양은 인조 야간조명의 영향을 많이 받는 지역일수록 발생빈도가 올라간다는 것을 증명했다.[181] 당연히 이 분석에서는 병을 일으키는 도시 생활의 다른 요인도 고려했으며 수학적인 방법으로 결과를 '산출해냈다.' 여기서 확인되는 사실은 조명오염이 수많은 종양 발생에 두드러진 역할을 한다는 것이다. 두 과학자는 자신들의 자료 분석을 통해 야간의 컴퓨터 사용이 인체 특유의 항암 구조를 약화함이 드러난다고 강조했다. 실내 모니터가 부자연스러울 정도로 밝아서 우리의 생체시계를 혼란에 빠뜨리기 때문이라는 것이다.[182] 저녁이나 밤에 PC를 사용하는 것은, 말하자면 낮처럼 밝은 화면을 들여다보는 것이다. 두 사람은 특히 암 발생과 관련한 중요한 요인으로 도시 조명오염이 이미 언급한 암 예방 호르몬인 멜라토닌에 주는 영향을 확인했다. 일반적으로 조명오염과 자연의 리듬 단절은 송과체의 멜라토닌 생산을 방해하는 작용을 한다.[183]

환경학자인 이타이 클루그Itai Kloog는 좀 더 복잡한 통계방식을 토대로 역시 조명오염이 인체 내부의 제어회로를 방해함으로써 특히 유방암과 전립선암의 위험성을 높인다는 결론에 이르렀다. 조명오염의 역할을 (또 다른 암 형태의 관점에서) 좀 더 정확하게 조사하고 이해하기 위해서는 앞으로도 많은 연구가 필요할 것이다. 하지만 요즘에도 우리가 거대한 리듬 시계인 자연과 차단될 때 암 발병 증가의 원인이 되고, 특히 유방과 전립선의 악성종양은 현격한 차로 가장 빈번하게 발생한다는 것이 이미 확인되고 있다. 남자 암 환자의 25퍼센트는 전립선암으로 시달리며 그다음이 폐암으로 13퍼센트에 이른다. 여자의 경우에는 30퍼센트 이상이 유방에서 암이 발생한다. 그다음은 큰 차이를 두고 12퍼센트를 차지하는 대장암이다.[184] 뉴욕의 의학 학술지인 《도시 보건 저널 *Journal of Urban Health*》에 발표된 한 연구는 가장 빈번하게 발생하는 9대 암(유방암도 여기에 포함된다)이 시골 사람보다 도시 사람에게서 발병 위험성이 유난히 높음을 보여준다. 이 연구에서 도시와 시골의 사회적인 차이에서 올 수 있는 영향은 배제되었다.[185] 이 모든 것은 인위적인 도시의 조명오염으로 인한 암의 '기여과실 Mitverursachung(주의 의무를 게을리함으로써 손해에 기여하는 행위-옮긴이)'을 보여주는 또 다른 증거다. 암의 치료도 자연의 리듬과 연결될 때 성공률이 높아지고 거기서 차단될 때 증상은 더 악화한다.[186]

특히 심박변이도(HRV)의 방해에 따른 자연순환으로부터의 이탈이 뚜렷이 감지된다. 사람의 심장은 시간의 흐름 속에서 다양한 리듬의 순환을 따른다. 건강한 심장은 기계나 메트로놈처럼 완벽히 균등하게 박동하는 것이 아니라 그때그때의 상황에 유기적으로 유연하게 적응한다. 각 박동 사이의 간격은 변화무쌍하다. 그것이 건강의 표시라면, 반대로 단조로운 심장박동은 병을 가리킨다. 이처럼 스트레스는 변이가 적은 가운데 불리하고 단조로운 심장박동으로 이어진다.[187] 이것은 우리가 기계처럼 '작동'해야 하는 현대인의 일상 세계(예컨대 직장이나 학교)에 어울린다. 하지만 우리의 몸과 마음이 피해를 보지 않고서는 장기적으로 이런 요구를 충족할 수 없다. 또한 유기적인 자연보다 콘크리트나 아스팔트와 더 많이 접촉하는 요즘, 도시의 공기는 심박변이도에 부정적인 영향을 주기 때문에 우리의 심장은 '리듬 기관'보다는 메트로

놈에 가까워가는 실정이다. 한국 충남대학교의 환경의학 교수인 박범진은 현장 연구를 통해 건물이 빽빽하게 들어선 도심 구역에서의 산책이 저조한 심박변이도로 이어짐을 증명했는데, 이는 스트레스의 신호라는 것이다. 반대로 숲에서 하는 산책은 심장의 리듬에 지극히 유리한 영향을 주고 높은 변이도로 이어진다고 한다. 그러므로 이 연구는 고혈압 환자의 경우 숲에서의 산책은 고혈압을 낮춰주는 조절 효과가 있지만 도심에서의 산책은 그런 효과를 보여주지 못한다는 것을 증명하는데, 이는 놀랄 일이 아니다.[188]

휴식과 회복의 신경인 부교감신경의 활동은 건강한 심장박동과 긴밀하게 맞물려 있다. 자연과의 접촉은 이 박동을 통해서 우리에게 가장 중요한 체내의 생체시계에 긍정적인 영향을 준다. 인체의 심장박동은 우리가 자연에 있는지, 인위적인 조명의 삭막한 사무실에 있는지에 따라 결정적인 영향을 받는다. 그러므로 심장은 자연의 리듬에 연결되어 있고 이 연결이 끊어질 때 위축된다고 말할 수 있을 것이다.

바이오필리아 건축은 내부와 외부 사이의 견고한 벽을 허물어주며 우리의 심장과 호르몬 체계, 인체 기관과 세포, 나아가 우리의 정신을 다시 인간의 거대한 시계로서의 자연과 연결해준다. 자연을 모방하고 자연을 불러들이는 건축은 우리의 주거 및 사무 공간을 활짝 열고, 예를 들어 하루의 흐름 속에서 변화하는 햇빛을 받아들인다. 바이오필리아 건축은 우리를 계절의 변화, 기후, 자연의 자극 및 소리, 냄새 등과 연결해준다. 창밖의 풍경이 인체 건강에 결정적인 역할을 한다는 것은, 앞에서 언급한 로저 울리히가 입원실에서 보이는 나무 풍경이 환자의 상처 회복을 촉진한다는 것을 연구한 이후로 우리도 아는 사실이다. 그 밖의 연구도 입원실에 자연의 일광이 더 많이 들어올수록 환자의 입원 기간이 뚜렷이 줄어들며, 입원실에서 자연 일광을 맛보는 환자는 진통제 사용이 줄어든다는 것을 증명했다.[189] 햇빛의 효과는 수술 후에 그리고 신체질환이나 정신질환의 입원 기간에 모두 확인된 것이다. 우울증과 흔히 '조울증'으로 표현되는 양극성 장애를 앓는 환자는 빛이 통하는 방에서 가장 큰 혜택을 본다.[190] 뉴욕 렌셀러 폴리테크닉 대학교 산하 번개연구센터의 과학자들은 연구와 실험을 통해 햇빛이 인체의 바이오리듬 조절에 미치는 영향이 암 예방에 중요한 역할을 한다는 사실을 밝혀냈다.[191] 이것은 인간이 자연의 영향으로부터 심하게 차단될 때 병이 든다는 것을 보여주는 또 다른 증거다. 한국 인하대학교의 임상 연구자들은 부인과 환자들의 경우, 햇빛이 들어오는 병실에 있던 사람들은 햇빛이 차단된 병실에 있던 사람들보다 평균 입원 기간이 41퍼센트나 짧았고 진통제 소비는 22퍼센트 적었다는 결과를 발표했다.[192]

미래의 바이오필리아 도시에서는 아파트나 주택, 사무실을 막론하고 대형 유리창을 달게 될 것이다. 접근하기 쉬운 테라스와 옥상정원은 낮이면 푸른 하늘을, 밤이면 달과 은하수를 볼 수 있게 해줄 것이다. 커다란 창문은 우리를 자연의 순환과 연결해줄 것이다. 이 창을 통해 우리는 시유림과 이끼, 사바나, 도시의 원시림, 바이오필리아 회랑, 녹화된 건물 벽, 수직 정원을 볼 것이다. 우리는 삶의 더 많은 부분을 밖으로 옮길 것이고 도시의 숲과 녹지대에서 일하고 공부할 것이다. 시 당국이 오늘날의 벤치나 테이블, 일광욕을 위한 의자, 스포츠 시설처럼 공공장소에서 일할 수 있게 근무 구역을 마련해줄 것이기 때문이다. 기업들도 테라스와 옥상에 바이오필리아 구역을 설치해서 맑은 날이면 직원들이 노천공간에서 업무를 보도록 해줄 것이다. 일을 하면서 어떻게 집중력이 올라가고 기쁨이 찾아오는지는 이미 설명했다. 우리는 발코니나 테라스, 옥상 혹은 정원에 지붕이 있는 야외주방을 갖게 되고 봄부터 가을까지 이용할 수 있을 것이다. 이런 추세는 벌써 시작되었다. 비교적 따뜻한 지역에서는 일부 주택이 이미 야외주방을 활용하고 있다. 나는 심지어 중부 유럽의 추운 겨울에도 정원에서 요리할 때가 많다. 내게는 그런 용도를 위한 화덕이 하나 있는데, 그 위에 삼발이 냄비와 주전자를 걸고 사용한다. 불을 피우면 내 몸도 따뜻해진다. 자연의 모범에 따라 숲의 정원으로 꾸민 나의 정원은 내게는 제2의 거실이며, 거기서 언제든 해와 달, 별과 계절의 변화 등 자연의 시계에 나를 연결할 수 있다.

미래의 바이오필리아는 경계가 희미해지고 장벽이 없어진다. 생태계에는 명확한 경계라는 것이 존재하지 않는다. 모든 것이 모든 것과 결합해 있고 서로를 향해 부드럽게 흐른다. 우리의 복잡한 도시생태계에서도 이런 일이 일어날 것이다. 우리는 초현대적인 건물과 대도시를 계속해서 세우겠지만 (인류의 조상이 그랬듯이) 태양과 하늘, 나무 그리고 끊임없이 변하는 자연현상과의 결합을 추구할 것이다. 진보란 우리 스스로 기술에 굴복하는 대신 문명과 기술을 자연의 욕구에 적응시킨다는 의미다.

이 장에서 자연과 우주의 영향을 흡수하기 위해 주거지나 근무지를 개방하는 것이 우리를 자연의 리듬에 다시 맞추기 위한 중요한 전제 조건임을 보여주었지만, 이것만으로는 충분하지 않다. 일목요연하게 설명했듯이, 우리를 병들게 하는 것은 무엇보다 인체 호르몬 균형의 주야 리듬을 혼란스럽게 하는 조명오염이다. 따라서 미래의 바이오필리아 도시는 인공조명이 줄어들 것이다. 차도나 인도, 공공장소 등 인공조명을 필수 불가결한 곳으로 제한해야 한다. 광원은 가능하면 의도적으로, 하늘을 향해 무질서하게 빛을 발산하지 않고 조명이 필요한 구역만 비추는 형태가 되어야 한다. 밤새도록 깜빡이는 수많은 조명은, 순수한 미관이나 광고, 상업전략 등 이유를 막론하고 대폭 줄여야 한다. 도시 주민의 건강이 기업의 이익보다 더 중시되어야 한다.

2040년, 실내의 바이오필리아

2040년 9월, 하이델베르크. 자클린은 알테 브뤼케 구역의 바이오필리아 회랑인 '네카어 강 북단의 주도로'에서 출발한다. 이 길은 생태 정신신체의과대학의 캠퍼스 바로 옆에서 강을 따라 이어진다. 이 대학은 하이델베르크 루프레히트-칼스 대학교 의학부에 속해 있다. 19세의 자클린은 다양한 의학적 효과를 내는 나무들이 늘어선 가로수 길을 통해 자연의 숲길을 걷는다. 이 나무들은 유난히 풍부한 테르펜의 원천임이 확인되었다. 원하는 사람은 나무 이름이나 가장 중요한 테르펜, 그것이 인체 기관과 면역체계에 미치는 효과 등 정보가 적힌 팻말을 읽어볼 수 있다. 자클린은 늦여름의 공기를 한껏 들이마시며 햇볕이 내리쬐는 파란 하늘을 향해 두 팔을 내뻗는다. 그녀의 시선은 가로수 길 끄트머리에 있는 60미터 높이의 고층 건물로 향한다. 건물의 외곽선은 둥글다. 건물의 둘레는 위로 올라갈수록 더 넓다. 전면은 창문까지 완벽하게 녹화되었다. 중간 높이의 가장 넓은 지점에서 둥글게 건물을 둘러싸는 나무가 테라스를 녹지로 만든다. 그 위에서는 밀림처럼 벽에서 식물이 자라고 건물은 다시 좁아지면서 옥상까지 이어진다. 옥상에서는 바닥을 뒤덮은 식물의 가지가 늘어져 있다. 테두리 밖으로 돌출한 수관은 그 위에 숲의 정원이 숨어 있다는 사실을 말해준다. 만족한 자클린은 미소 짓는다. "여기가 생태 정신신체의과대학이로군." 자클린은 '의학과 해당 전공 분야 안내'라는 순환 강의 때문에 이곳에 왔다. 신입생으로서 그녀가 대학과 처음 접촉하는 순간이다. 자클린은 의학 공부를 위해 만하임에서 하이델베르크로 온 것이다.

실험실과 사무실이 있는 고층의 대학건물 옆에는 낮고 둥근 건물이 하나 있는데 엄청나게 넓고 거대한 둥근 지붕이 보인다. 활엽수와 침엽수가 건물을 둘러싸는 가운데, 둥근 지붕은 나무꼭대기 위로 우뚝 솟구친 모습이다. 옥상에서 늘어뜨려진 식물은 곳곳에서 유리면 밖으로 나와 있다. 신입생 안내서를 본 자클린은 이 건물에 강의실이 있음을 알고 둥근 지붕의 건물 쪽으로 갔다. 입구 위에는 '하이델베르크의 생태 정신신체의학 15년'이라고 쓰인 커다란 현수막이 붙어 있다. 얼마 남지 않은 기념 축하 행사를 알리는 안내문이다. 자클린은 출입문을 열고 화장실과 옷장이 있는 로비로 발을 들였다. 대학의 현장 연구 프로젝트를 소개하는 학술안내 게시판을 지나가는데, 이 프로젝트에서는 이미 탄탄한 기반이 세워진 삼림의학을 토대로 이른바 '신종 암'의 치료 방법을 좀 더 자세하게 연구한다고 한다. 이 연구 프로젝트는 유럽 보건부의 재정지원을 받는 생물학적 암 예방 프로그램의 일환이다.

자클린은 햇빛이 들어오는 강의실로 들어갔다. 강의실 양쪽 가장자리는 바위가 둘러싸고 있고 그 사이에 유럽소나무와 자작나무, 노간주

나무가 자라고 있다. 나무들은 실내공기에 상쾌하고 맑은 향기를 배출한다. 강의실은 중앙을 향해 아래로 경사진 구조로 가장 낮은 곳 중간에 교단이 있어서 사방에서 잘 보인다. 책상이 딸린 좌석 열 사이에는 관목과 잔디, 양치류, 채소류 등이 바닥에 붙은 다양한 형태의 화분과 화단에서 무성하게 자라고 있다. 벽과 지붕의 받침대에도 부분적으로 덩굴식물이 자라고 있어서 밀림 같은 분위기를 연출한다. 강의안내서에 따르면 이 녹색 강의실은 400석을 갖추었다.

자클린이 나지막이 흐르는 물소리를 듣고서 소리 나는 곳을 확인해 보니 좌석 사이에 바위와 돌이 깔린 바닥이 있고 그 위를 시냇물이 아래쪽으로 흐르고 있었다. 자클린은 강의안내서를 훑어보고 강의실에 총 다섯 개의 시내가 있음을 알았다. 이 시냇물은 빗물과 지하수를 받아 모으는 물탱크에서 공급되는데, 별도의 에너지를 쓰지 않고 물을 위로 올려보내기 위해서 지하수체 Grundwasserkörper (지하수의 물리적 상태-옮긴이)의 수압을 이용한다. 강의안내서는 이 물이 화학부와 지질학부 학생들이 친환경 정수를 위한 실험장으로 운영하는 생태 인공습지로 흘러간다고 설명한다. 거기서 물은 다시 자연으로 회귀한다는 것이다. 그러므로 이것은 지하수의 균형 상태에 어떤 변화도 주지 않는 폐쇄적인 순환이라고 할 수 있다. 강의안내서에는 이 건물이 2030년에 완공된 이후 바이오필리아 건축에 대한 공로로 세계적으로 유명한 에리히 프롬 상을 받았다는 사실도 전한다. 그 뒤로는 대학운영진이 '에리히 프롬 강의실'로 명명했다고 한다.

둥근 지붕의 강의실은 점점 학생들로 채워졌다. 자클린은 조그만 유럽소나무 옆에 자리를 잡고 채광이 잘되는 실내를 훑어보았다. 시냇물의 물줄기는 각각 교단 좌우로 흘러서 바닥에 돌이 깔리고 녹색 수초가 자라는 얕고 잔잔한 연못 두 군데에서 끝났다. 다음으로 물은 건물을 빠져나와 계속 인공습지로 흘러가고 거기서 조류와 미생물, 수초 그리고 자연의 모래여과를 통해 정화된 후 다시 지하수로 스며든다. 자클린은 특히 연단 뒤가 초목으로 무성하게 뒤덮인 모습이 마음에 들었다. 그곳에는 평평한 바닥에 조그만 '실내 숲'이 조성됐는데, 그 사이로 좁은 길이 나 있고 쉬는 시간에는 들어가도 되었다. 경사가 져서 앞문보다 낮은 곳에 있는 뒷문은 유리 벽을 통해 직접 생태 정신신체의학과의 삼림의학을 위한 하이델베르크 실습림으로 이어지기 때문에 실내의 작은 숲과 문 앞의 큰 숲 사이에 장벽이 없는 듯한 느낌을 주었다.

자클린은 이런 바이오필리아 분위기에 아주 상쾌한 느낌을 받았다. 이날 입문 강의를 할 교수가 강의실로 들어섰다. 교수가 연단 밑에 있는 단추를 누르자 실내의 모든 유리면이 분자구조의 가역변화로 인해 어두워졌다. 이어 아치형 천장 밑에서 홀로그래피 프로젝터가 돌아가며 연단 위 공간에 커다란 3차원의 인체 모습을 만들어 보였다. "'의학과 해당 전공 분야 안내' 순환 강의 중 '생태 정신신체의학'의 첫 수업에 오신 여러분을 환영합니다." 이후 몇 달 동안 자클린은 자신이 에리히 프롬 강의실에서 식물과 시냇물과 관계를 형성하고 그곳의 수업에 참여하도록 동기부여가 강화된다는 것을 확인했다. 자클린은 나무와 양치류, 돌, 하천 사이에서 강의에 귀를 기울이는 것이 즐거웠다. 강의가 없는 시간에도 공부하기 위해 녹색 강의실을 찾았다. 5년 뒤, 자클린은 하이델베르크 대학병원에서 생태 정신신체의학의 전문의 과정을 시작하게 되었다.

바이오필리아 도시에서는 점점 더 많은 자연을 주거, 학습, 사무 공간과 통합하게 될 것이다. 우리는 실내 오아시스를 창조해낼 것이고 그를 통해 도시의 생태적 복잡성을 한층 더 높이 평가할 것이다. 강의실에 시냇물이 흐르게 한다는 아이디어는 이미 현재에도 과학적인 근거가 있다. 예컨대 뉴욕 렌셀러 폴리테크닉 대학교의 연구팀은 졸졸 흐르는 시냇물 소리가 사람의 집중력과 정신적 수용력을 증진해준다는 것을 증명했다. 이것은 자연의 다른 소리에도 똑같이 적용된다.[193]

실내건축가들은 이미 건강을 증진해주는 자연의 힘을 살피기 시작했다. 지금도 천연의 흙 속에서 식물이 자라는 확장된 녹지면적에 사무실을 차리는 기업들이 있다. 식물은 대형 화분이나 바닥에 순수한 흙을 채워 설치한 실내화단에 뿌리를 내리고 있다.[194] 구글 사는 전 세계에서 직원들의 창의력과 주의지속 시간을 높여주기 위해 근무공간으로 자연을 불러들였다. 가령 취리히의 구글 사무실에서 일하는 프로그래머들은 휴대용 컴퓨터를 들고 무성한 식물로 원시림과 비슷한 분위기가 연출되는 녹색공간으로 자리를 옮길 수 있다.[195] 텔아비브의 구글 구역에서는 직원들이 시가지 위로 펼쳐진 멋진 전망을 볼 수 있다. 동시에 사무실 안에서도 자연적인 공간을 볼 수 있으며 자연 사진을 벽에 투사해서 감상할 수도 있다.[196] 일본 지바 대학교의 보건학자인 이주영은 세 명의 동료와 공동으로 행한 실내연구에서 숲을 촬영한 대형 화면이 스트레스를 줄이고 기분을 북돋우며 집중력을 강화하는 효과가 있음을 입증했다. 이주영은 새의 노랫소리와 숲의 바람 소리, 물이 졸졸 흐르는 소리를 녹음한 것도 똑같은 효과를 낸다는 것을 증명했다.[197]

플로리다 주 나폴리의 헌팅턴 레이크 아파트 단지 한가운데에는 바다이 돌로 된 연못이 있는데, 연못 주위로는 야자수를 비롯한 열대 초목과 바닥을 뒤덮은 식물이 둘러싸고 있다.[198] 이 작은 '실내 생태계'는 바이오필리아 건축의 사례로 세계적으로 유명해졌다. 또 호텔 체인 마리오트의 소유로, 테네시 주 내슈빌에 있는 게이로드 오프리랜드 호텔의 폭포도 유명하다. 이 폭포는 대형 유리지붕 밑의 호텔 안뜰에 있으며 녹색정원 안에 들어서 있다.[199] 싱가포르에서는 건축가이자 도시계획가인 모셰 사프디 Moshe Safdie의 설계에 따라 공항에 거대한 유리 돔을 세울 계획인데, 바닥면적만 13만 제곱미터에 이른다고 한다. 새로운 터미널에 지역의 열대우림 초목이 자라는 오아시스를 들어서게 한다는 것이다. 사프디는 그 한복판에 40미터 높이의 실내폭포를 설치해 천장에서 물이 떨어지게 할 계획이다.[200] 둥근 지붕 밑에 우림지대가 들어선다는 아이디어는 멋지다. 하지만 나는 인공폭포를 바이오필리아 건축계획으로 표현하고 싶지는 않다. 아무리 건강에 유익한 음이온을 많이 방출한다고 해도, 그처럼 거대한 폭포를 공항 한복판에 세워 지속해서 물을 공급하는 일은 어려울 것이기 때문이다. 나는 오로지 지속적이고 생태적인 수단으로 물 공급이 가능한 곳에만 인공하천 들여놓기를 옹호한다. 가령 하이델베르크 에리히 프롬 강의실에 관한 미래의 비전을 설명할 때 나왔듯이, 모아둔 빗물에 의존하거나 폐쇄된 물의 순환구조를 만들어낼 수 있을 때가 그런 경우라고 할 수 있다. 배관이나 운하로부터 해방할 수 있는 땅 밑의 하천이 흐르는 곳에서, 자연스럽고 지속적인 방법으로 흐르는 물줄기를 실내공간에 놓을 수도 있을 것이다. 그렇지 않다면 건물 내의 폭포는 포기해야 한다. 어떤 경우에도 그런 목적으로 식수를 사용해서는 안 된다. 나는 종합적으로 아주 드문 경우에만 실내폭포가 생태적으로 정당화될 수 있다고 본다. 그 대신 가능한 한 운하화된 수많은 하천을 해방하고 노천 상태에서 공공장소에 음이온을 방출하는 새로운 생태계를 만드는 것이 좋을 것이다.

그 밖에도 누구나 즉시 큰 비용을 들이지 않고 네 벽을 녹화하는 일을 시작할 수 있다. 여러 층에 걸쳐 화분에 담긴 식물을 벽에 늘어뜨리면 된다. 식물 전문매장에 가면 실내 벽을 녹화할 설비를 살 수 있는데, 그것들로 거실을 녹색의 오아시스로 꾸밀 수 있다. 집이 작으면 분재 형태로 된 미니어처 숲을 꾸밀 수도 있다. 나는 종종 면역체계를 강화해주는 나무 테르펜을 집 안에 들일 수 있느냐는 질문을 받는다. 그것은 맑은 기름을 기화함으로써 가능하다. 가령 유럽소나무나 독일가문비나무, 전나무, 우산소나무, 히말라야삼나무의 기름을 기화하는 것이다. 자리가 넉넉하면 여러 종의 생기 있는 나무를 집 안에 들이는 방법이 있다. 침엽수 중에는 난쟁이 변종이나 아파트에 적합한 품종으로 고를 만한 것들이 많으며, 대형 화분에 심어 햇빛을 충분히 받게 하면 서식지처럼 무성하게 자란다. 그 잎사귀가 테르펜을 함유한 맑은 물질을 방출한다. 하지만 실내공간을 녹화하는 수단만으로는 당연히 자연에서 특히 숲 공기에서 발견되는 생물학적 활동이 활발한 물질의 엄청난 다양성과 밀도를 절대 모방할 수 없을 것이다. 따라서 다음 장에서는 우리 모두 개인적으로 바이오필리아 도시의 발전을 후원하기 위해 지금 할 수 있는 일을 살펴본다는 의미에서, 다시 열린 하늘 아래 있는 도시의 자연을 추적해보도록 하겠다.

미래의 바이오필리아로 가는 길

인간 사회와 자연의 아름다움은 함께 누리도록 만들어진 것이다.
그것은 하나가 되어야 한다.[201]

에버니저 하워드 Ebenezer Howard, 영국의 도시계획가, 정원도시의 창안자(1850~1928)

나는 열세 살 때 도시에서 인상적인 바이오필리아를 경험한 적이 있는데, 앞으로도 잊지 못할 것이다. 1993년의 일이었다. 생물 선생님은 우리를 데리고 자연으로 소풍을 나갔다. 멀리 나갈 필요는 없었다. 우리는 그라츠에 있는 학교에서 출발해 차가 많이 다니는 먼지 낀 도로를 따라 걸어갔는데, 5분쯤 가니 도로와 다를 바 없이 먼지 낀 집들이 나타났다. 사방을 둘러봐도 녹지는 볼 수 없었다. 승용차와 화물차들이 우리 곁을 지나갔다. "그런데 나무가 어디 있다는 거지?" 우리 가운데 한 명이 따지듯이 물었다. 선생님은 눈을 찡끗해 보이며 한 낡은 집의 철문을 두드렸다. "기다려 봐"라고 선생님이 말했다.

문이 열리더니 한 남자가 우리를 친절하게 맞았다. 우리는 자동차 한 대가 주차한 전통적인 주택의 아치 양식을 지나갔다. 건물 맞은편에 이르러 다시 밖으로 나가자, 나는 눈을 의심하지 않을 수 없었다. 마치 바이오필리아 평행우주로 들어가는 문을 통과한 듯 갑자기 우리 앞에 녹색의 오아시스가 펼쳐졌다. 과일나무가 꽃을 피웠고 달콤한 화밀 향기가 났다. 주변의 나무 위에서는 벌들이 윙윙거렸고 새들이 지저귀었다. 곳곳에 채소밭이 있었고 나무와 관목 사이에는 장과漿果가 자라는 산울타리가 쳐져 있었다. 도시의 오아시스 한복판에는 아담하고 낡은 집이 한 채 있었는데, 그 뒤로 벌집 몇몇 개가 줄지어 있었다. 우리는 양봉가의 낙원에 온 것이었다. 도시의 소음과 악취는 전혀 느낄 수 없었다. 주변을 둘러싼 고층 건물들이 바깥세상과 정원을 차단했기 때문이다. 정원에 아주 깊이 감동한 탓인지 나는 요즘도 도시의 바이오필리아를 생각할 때면 그때 생각이 난다. 함께 간 일행 중에 삭막한 담장 너머에 그런 오아시스가 있으리라고 예상한 사람은 아무도 없었다. 그날 나는 처음으로 도시와 자연 사이에는 원칙적으로 차이가 없다는 것을 알았다. 내가 도시의 원예와 처음 접한 것도 그때가 처음이었다. 우리를 맞이하고 자신의 정원에서 수확한 꿀과 장과, 과일주스를 대접한 남자는 그라츠에서 도시원예와 도시 양봉의 선구자였다. 당시 나는, 비록 콘크리트와 아스팔트에 뒤덮여 있다고 해도, 사람은 개별적으로 자신의 주변 환경에서 아주 긍정적이고 아름다운 일을 해낼 수 있다는 것을 배웠다. 누구나 도시에 오아시스가 생기는 데 이바지할 수 있다. 이 장의 주제도 바로 그것이다.

쿨레아나, 지구에 대한 고귀한 책임

미국 하와이 주의 주도인 호놀룰루는 열대우림 지대에 자리 잡고 있다. 행정구역상의 시내에는 아스팔트와 콘크리트보다 자연 면적과 산비탈이 훨씬 더 많다. 다이아몬드 헤드는 돌무더기 급경사로 이루어진, 300만 년 된 화산으로 호놀룰루의 상징이라고 할 만하다. 이 화산은 호놀룰루 남부의 태평양 해안에 있다. 도시의 동부와 북부 전체는 열대 자연보호구역에 포함되는데, 몇몇 연방도로와 고속도로가 지나고 있어서 도심에서 대중교통으로 접근할 수 있다. 북쪽에는 또 수원림 보호구역도 있다. 숲이 우거진 자연 구역에는 위풍당당한 마노아 폭포가 있다. 이 열대 폭포는 비록 그곳에서 3킬로미터만 더 가면 시 경계이지만, 동화적인 분위기의 천연밀림에 자리 잡고 있다. 이 폭포는 건강에 유익한 대량의 음이온을 공기로 방출한다. 공식적인 산책로는 마노아 폭포까지 이어진다. 호놀룰루 시내에서 출발하는 5번 버스를 타고 마노아로드 역에서 내리면 그 부근에 입구가 있다. 이 구역은 호놀룰루 시민 34만 명과 기타 인구 밀집 지역에 사는 총 100만 명의 주민에게 중요한 근린휴양지라고 할 수 있다. 하와이 원주민인 마올리족 후손들에게는 그 이상의 의미를 지닌다. 마올리족은 조상의 땅으로서 이곳과 하나로 결합해 있다고 느낀다.

오리건의 포틀랜드 주립대학교 사회학 교수 알마 트리니다드Alma Trinidad는 "소수민족으로서 특히 하와이의 젊은 원주민은 식민지화에 따른 숱한 문제에 직면해 있다. 지속적이고 구조적인 억압을 받는 것이나 땅을 빼앗기고 토속적인 지식을 상실하는 것도 그중 하나다"라고 썼다.[202]

하지만 수년 전부터 마올리족의 상황에 관심을 쏟고 있는 이 과학자는 이런 난관으로부터 희망에 찬 새로운 청년운동이 호놀룰루를 중심으로 일어나는 것도 묘사한다. 트리니다드 교수는 자율적으로 생태농장을 경영하면서 도시의 휴한지를 다양한 품종의 정원으로 바꿔놓은 젊은 원주민의 이야기를 전한다. 이를 통해 새로운 희망이 생겨날 뿐만 아니라 젊은이들이 그들 민족의 오랜 전통에도 손을 내밀고 있다. '말라마 아이나Malama 'Aina(땅을 소중히 하라)'는 과거에 마올리족이 세대에서 세대로 전수하는 의무였다. 이 전통의 이름으로 환경과 자연보호 프로젝트가 뿌리를 내렸다. 젊은이들은 호놀룰루는 물론이고 하와이 전체의 자연 구역도 소중하게 생각한다. 이들은 조상의 땅이 대형 건설사들에 의해 산업단지로 밀려나고 밀봉되는 현실을 더는 가만히 보고만 있지 않으며 이제 스스로 책임을 느끼고 환경보호에 적극적으로 가담한다.

마올리족은 그들이 살면서 긴밀하게 결속해 있다고 느끼는 땅에 대한 책임을 언급할 때 '쿨레아나'란 말을 쓴다. 이는 모든 사람이 자신에게서 발견할 수 있는 책임감을 말하는데, 우리는 이것을 명예의 표현으로 받아들여야 한다. 지구와 이웃을 충만한 책임감을 지니고 대할 때, 그것은 우리를 명예롭게 해주고 우리에게 품위를 안겨준다. 나는 '쿨레아나'를 '고귀한 책임'으로 번역하는 것이 가장 적절하다고 본다. 마올리족은 쿨레아나를 삶의 의무 혹은 소명으로 인식한다. 사람은 지구와 이웃에게 책임을 짊어지고 '태어난다'는 것이다. 이것은 부담이 아니라 기쁨과 결합해 있다. 다음의 글에서 알 수 있듯이, 위대한 독일계 미국 철학자인 한스 요나스Hans Jonas도 지구에 대한 인간의 책임감에서 뭔가 고귀한 것을 보았다. "미래에는 인간이 살기에 적합한 세계가 있어야 한다. 그 세계에는 앞으로 언제나 그 이름에 걸맞은 인류가 들어와 살아야 한다."[203]

쿨레아나 운동은 이른바 '풀뿌리 운동'이다. 다시 말해 그것은 무엇보다 바닥으로부터, 즉 이 사회를 지방자치 측면에서 인간과 환경의 장점으로 변화시키고 싶어 하는 참여 시민들로부터 출발한다. 누구나 어떤 정치적 입지에 있는지와 상관없이, 고귀한 책임을 떠맡을 수 있고 다른 사람들과 함께 정치인이나 정책결정자들에게 긍정적 영향을 주려고 노력할 수 있다. 인구 1만 명 정도 되는 하와이의 소도시 카파아의 쿨레아나 아카데미 홈페이지에는 다음과 같은 말이 있다. "하와이에는 대기업의 이익을 생각하지 않고 '아이나'[Aina]'를 높이 평가하는 좀 더 진보적인 정부 구성원이 필요하다."[204] 마오리족의 개념인 '아이나'는 직역하면 '우리를 먹여 살리는 것들', 즉 지구나 자연을 뜻한다. 내가 볼 때, 우리가 추구하는 미래의 바이오필리아의 핵심은 바로 이 쿨레아나라는 말의 지혜에 담겨 있다. 쿨레아나는 상업적이고 경제적인 가치 혹은 억압의 방향이 아니라 책임에 대한 올바른 감정의 방향으로 나아가는 것을 의미한다. 그것은 인간이 바닥에서 함께 행동하고 삶의 가치가 있는 미래에 참여한다는 뜻이다. 쿨레아나 운동은 마오리족 젊은이들의 범위를 넘어 퍼지고 있는데, 갈수록 많은 하와이 사람이 지구와 인류의 미래에 책임을 의식하고 있다.

하와이 밖으로도 퍼져나간 '쿨레아나'란 개념은 지구 보호와 인권, 도시생태 보존에 매달리는 집단이 사용하고 있다. 예컨대 미국 콜로라도 주의 소도시 두랑고에는 면적 1,500제곱미터의 오하나 쿨레아나 커뮤니티 가든이 있다.[205] '오하나 쿨레아나'란 하와이 말로 '쿨레아나 가족' 즉, 책임공동체란 뜻이다. 두랑고 시 당국의 허가를 받아 과거의 휴한지에 세운 이 정원은 종의 다양성이 살아 숨 쉬는 오아시스를 보여주며 주로 재래종 채소와 과일이 번성한다. 뉴질랜드에 있는 조 폴라이셔의 레인보 밸리 농장처럼 이곳도 퍼머컬처의 원칙에 따라 경영된다. 공동체를 위한 프로젝트라서 누구나 참여할 수 있고 쿨레아나(지구에 대한 고귀한 책임)란 구호 아래 자신의 식품을 재배하고 동시에 도시녹화에 이바지할 수도 있다. 오늘날 이런 기회는 새천년 초부터 지구의 거의 모든 도시에서 생겨나고 있다.

도시의 공동원예:
먹거리 보급 숲

2012년 여름에 나는 3개월간 유럽 여행을 했다. 당시 나는 소비자들에게 슈퍼마켓과 할인점에서 난무하는 광고와 숱한 품질보증의 사기적 수법의 배후를 보여주고자 기업식 농업과 식품산업을 조사했다. 그때 나는 끝없는 단종재배와 중독된 농지, 잔인한 동물 대량사육, 산업화한 도살장만 본 것이 아니라 시골이나 도시를 막론하고 사람들이 실제로 유기농을 하려고 애쓰는 프로젝트도 보았다. 나는 수많은 도시의 원예 프로젝트 현장을 찾아가 보았다.

베를린에서는 지하철 모리츠 광장 역 부근에 있는 프린체신가르텐을 견학했다. 수십 년 동안 휴한지로 놀리던 땅이었다. 시 당국의 호의적인 동의를 얻은 끝에 도시의 아스팔트에 높이 설치한 화단과 식물 상자에 다양한 채소와 약초, 장과, 관상용 식물의 오아시스가 들어섰다. 녹지공간에는 자체 생산품과 묘목을 위한 판매대와 정원 카페, 어린이놀이터가 있다. 도시에서 원예를 하고 싶은 사람은 누구나 프로젝트에 참여할 수 있고 자체 프로그램인 '녹색 엄지' 코스를 이수하거나 도시 양봉을 배울 수도 있다. '알멘데 콘토르Allmende Kontor(공동정원)'라는 이름이 붙은, 이와 비슷한 프로젝트를 지금은 사용하지 않는 베를린 템펠호프 공항에서 볼 수 있다. 이 프로젝트로 '알멘데'로 표현하는, 거의 잊혀가는 공동농장의 아이디어가 부활 중이라고 한다. 구 공항부지에서 5,000제곱미터에 이르는 땅이 도시 원예사들에 의해, 또 상자형 화단과 화분, 식물 상자, 재활용 손수레, 쇼핑카트, 그 밖에 식물을 심는 데 사용하는 도구 덕분에 채소와 약초가 자라는 재배단지로 가치가 올라갔다. 또 다른 200명에 이르는 도시의 바이오필리악은 베를린 베딩 구역에서 이른바 '히멜베트' 계획을 추진 중이다. 이 프로젝트는 과거 독일 국가대표 축구팀 골키퍼였던 올리버 칸이 후원하고 있다.[206] 함부르크의 상 파울리에서는 2011년에 베를린 프린체신가르텐과의 협력으로 가든데크가 생겼다. 1,100제곱미터 크기의 옥상정원과 400제곱미터의 녹색 분리대, 식물 상자와 돋움 화단이 있는 콘크리트 바닥에 172종의 화훼식물 수천 포기가 잘 자라고 있다. 그중에는 채소와 약초 외에 장과 관목과 소형 과일나무도 있다. 이 공동체 프로젝트는 다섯 군데에서 꿀벌을 키우고, 참가자들은 유기비료 생산에 열심히 매달린다. 이리하여 그들은 동시에 온전한 토양 생활을 실천하고 있으며 건강을 증진하는 바이오필리아 박테리아를 도시로 불러들인다. 유럽 전역의 환경과 개발을 위한 공공재단의 후원을 받는 가든데크 사업은 프로젝트 홈페이지에서 "가든데크를 추진하는 사람은 거기서 원예를 하는 모든 사람이다"라고 강조한다.[207] 7,000제곱미터가 넘는 규모로, 지하철 2호선을 타고 가는 빈의 호수지구 아스페른의 공동원예는 앞에서 이미 언급했다. 이곳 역시 관심 있는 누구에게나 열려 있다.

라인란트팔츠 북부에 있는 안데르나흐 시 당국은 2014년에 '살 보람이 있는 도시'라는 전국적인 아이디어 공모에서 '먹을 수 있는 도시'라는 프로젝트로 1위를 차지했다.[208] 이 아이디어 경쟁은 독일 환경협회 및 살아 있는 도시 재단으로부터 극찬을 받았다. 안데르나흐 도시 원예국은 시 전체의 공공녹지에 채소밭과 과일농장을 운영해서 도시 이미지의 미학적인 평가를 높였을 뿐만 아니라 3만 명의 시민과 이곳을 찾아오는 관광객들에게 수확물을 무료로 나누어주기도 했다. 바이오필리아를 토대로 한 이 구조 전환에 책임을 진 사람은 원예 기사 Gartenbauingenieur인 하이케 봄가르덴 Heike Boomgaarden과 지질생태학자인 루츠 코자크 Lutz Kosack였다. 봄가르덴은 '3위성' 텔레비전과의 인터뷰에서 "기본 생각은 도시의 가치를 높이고 도시를 다시 삶의 중심으로 만들자는 것이었습니다"라고 말했다. "다시 말해, 도시에 채소와 과일나무, 장과 관목 등의 형태로 먹거리를 들여오는 것이죠. 도시를 더 아름답게, 미학적으로 더 뛰어나게 만들자는 생각이에요. 요즘에는 안데르나흐 전 구역에서 원예가 이루어지고 있습니다."[209] 그러자 코자크가 덧붙였다. "우리는 사람들에게 말합니다. 농장에서 자라는 것을 가져다가 먹으라고 말이죠. 다만 씨앗도 가져가서 각자의 정원에 심고 싹이 나게 하라고 합니다. 그래서 이 희귀한 종들을 널리 퍼뜨리라는 것입니다." 그 이유는 슈퍼마켓에서 살 수 있는 요즘의 채소품종 대부분과 달리, 안데르나흐에서 재배하는 희귀 재래품종은 지금도 자연스러운 방법으로 증식하기 때문이다. 즉, 그들의 파종용 씨앗을 해마다 종묘기업에서 구매할 필요가 없는 것이다. 이런 품종을 '씨앗 고정samenfest'이라고 부른다. 배양 종자는 다시 수확이 많은, 건강한 채소로 자라고 생태적으로 그 입지에 적응할 능력을 갖춘다. 이런 식으로 위기에 처한 재배식물의 다양성을 유지하고 촉진한다. 도시원예는 재배식물의 다양성이라는 인류의 유산을 위한 중요한 피난처를 제공한다고 할 수 있다. 이 유산은 지배적인 종자회사의 다수확품종을 통해 위협받는 것이 현실이다. 말하자면 이들 다수확품종은 현재의 입지와 끊임없이 변하는 기후조건에 적응할 수 있는 새롭고 건강한 식물 세대를 더는 씨앗에서 만들어내지 못한다. 따라서 상투적인 기업의 파종용 씨앗은 씨앗 고정의 종묘가 아니다.

토드모든Todmorden 시 당국도 안데르나흐와 비슷한 프로젝트를 추진하고 있다. 영국 서부 요크셔에 있는 인구 1만 5,000명의 소도시도 마찬가지로 '먹을 수 있는 도시'로 변모했다. 워싱턴 주 최대 도시인 시애틀에서는 2009~2012년에 대중에게 개방된 미국 최초의 '먹을 수 있는 도시'가 생겼다.[210] 비컨 푸드 포리스트Beacon Food Forest는 퍼머컬처 차원에서 생긴 3헥타르, 즉 3만 제곱미터 크기의 먹거리 보급 숲이다. 이 도시의 삼림 프로젝트는 공공예산 2만 2,000달러의 지원을 받았으며 과일나무와 호두나무, 밤나무 등의 대형 수목을 키우고 덩굴 장과와 관목, 약초, 채소밭 같은 것을 운영하고 있다. 비컨 푸드 포리스트는 자연스럽게 숲의 종별 분포 구조로 되어 있어서 모든 식물은 생태적 균형의 테두리 안에 있다. 그사이 미국의 여러 대도시에는 다수의 먹거리 보급 숲이 생겼다. 예컨대 몬태나의 주도 헬레나에 있는 여섯 번째 워드 공원도 그중 하나다. 노스캐롤라이나의 애슈빌에 있는 조지 워싱턴 카버 Dr. George Washington Carver 공원은 모든 도시의 바이오필리악에게 먹거리 보급 숲으로 기능한다. 인디애나 주의 블루밍턴은 시 당국의 지원을 받는 시민운동 덕에 먹거리 시유림을 운영하고 있다. 샌프란시스코 도시과 수원 프로젝트는 샌프란시스코 시유림에 과일나무와 채소가 딸린 도시 숲을 조성하는 일을 후원한다. 텍사스의 오스틴에서는 2013년 시 당국이 도시 삼림 프로젝트를 통해 앞으로 수년간 계획된 도시녹화 사업의 하나로 먹거리 보급 시유림 조성을 확정했다.[211] 우리가 예상하는 미래의 바이오필리아 도시에서는 지구 어디서나 채소 화단과 과일나무, 먹거리 보급 시유림이 일상적인 도시 모습이 될 것이다. 또 이런 모습은 바이오필리아 회랑을 따라 조성될 것이다.

먹거리 보급 시유림이 아직 널리 퍼진 것은 아니지만, 채소와 약초, 약간의 과일을 재배하는 도시의 공동원예는 그동안 거의 모든 도시에서 벌써 시행되고 있으며 그 수도 갈수록 늘어나고 있다. 이것은 도시 생태계의 식물 다양성을 촉진하고 휴한지를 문화가 살아 숨 쉬는 자연 면적으로 바꿔놓고 있다. 공동원예는 동물의 피난처를 만들어내는 데도 아주 중요한 역할을 한다. 도시의 정원을 삶의 공간과 부화 장소로 이용하는 종은 소형 포유류와 조류뿐만이 아니라 곤충도 마찬가지다. 꿀벌의 대규모 집단폐사는 우리와 우리 농업에 갈수록 심각한 문제가 되고 있다. 줄어들 줄 모르는 곤충 구충제 살포가 꿀벌 폐사 원인의 하나다. 잡초 제거제도 꿀벌의 생명을 위협한다. 특히 구충제 네오니코티노이드는 꿀벌 수를 대폭 감소시킨다는 의심을 받는다. 이 성분은 특히 종묘 및 화학 기업 몬샌토를 통해 널리 퍼진 제초제에 들어 있다. 그 밖에 네오니코티노이드는 꿀벌뿐만 아니라 사람의 건강도 위협한다. 라이프치히 대학교에서 퇴직한 수의학 교수 모니카 크뤼거 Monika Krüger는 자신의 연구에서 이 유독 물질이 사람의 장 박테리아 구성 성분에 지극히 부정적으로 작용한다는 것을 확인했다. 크뤼거는 '아르테' 텔레비전의 다큐멘터리 프로그램 〈테마〉에서 "제초제 글리포세이트 흡수를 통해 위와 장 박테리아는 불균형 상태에 이르고 이것은 정상의 생리적 상태에서는 절대 주어지지 않을 기회를 박테리아에 주게 된다"라고 설명했다. 이 말은 해당 유독 물질이 해로운 장 박테리아의 번식을 촉진하고 건강을 보호하는 장 미생물은 죽인다는 것을 의미한다. 이런 식으로 건강한 바이오필리아 박테리아와는 정반대로 사람의 면역체계 그리고 장과 뇌에 부정적인 영향을 준다. 크뤼거의 연구는 유럽인 50퍼센트의 소변에서 주로 곡물 생산품을 통해 흡수하는 글리포세이트가 검출되었음을 보여준다.[212] 이와는 무관한 다른 과학자들도 네오니코티노이드가 농업용 화학약품 외에 사람과 동물의 건강뿐 아니라 인간의 생태계에도 해롭다는 것을 의심하지 않는다.

많은 도시의 공동농장에는 꿀벌이 살고 있다. 지난 몇 년 동안 방문한 거의 모든 프로젝트마다 누군가 양봉에 매달리고 있었다. 원예에 종사하는 사람은 생태에 관심 있는 사람이며, 이들이 도시 꿀벌에게 건강한 터전과 많은 화밀, 동시에 삶의 기본 토대를 제공한다. 야생곤충도 여기서 혜택을 본다. 도시농장이 대부분 고층 건물이나 담장에 둘러싸이거나 옥상에 자리 잡음으로써 나타나는 두 가지 장점이 있다. 첫째, 녹색의 오아시스가 유해 물질 유입으로부터 보호받기 때문에 적어도 꿀벌의 직접적인 생활공간에는 유독 물질이 없다. 둘째, 건물과 담장 탓에 꿀벌은 비행 직후 높이 올라가지 않을 수 없다. 그리하여 이들은 사람의 생활권에서 사라지고 아무도 꿀벌 때문에 방해받는다는 느낌을 받지 않는다.

도시에서 꿀벌의 생존공간으로 적합한 곳은 공동농장 외에 개인 농장, 옥상, 테라스, 발코니, 회사 부지, 휴한지(조금 앞서가는 설득과 함께), 학교 농장, 공원, 공원묘지, 그 밖에 대중에게 개방된 녹지도 있다. 꿀벌의 먹이를 위해 우리는 도시에서 조금 신경 쓸 필요가 있다. 앞에서 언급한 대로, 이제 도시는 단일재배를 하는 시골 지역보다 더 높은 종의 다양성과 꽃의 다양성까지 제공한다. 도시는 꿀벌의 생존에 중요한 피난처가 되고 있다. 우리가 사는 대도시가 바이오필리아 센터가 될수록 그만큼 도시는 곤충 세계에 더 긍정적인 영향을 준다. 이 역시 미래의 인간 세대를 위해 중요하다. 영양분을 제공하는 식물의 수분이 꿀벌에 의해 충분히 이루어지지 않을 때, 우리는 심각한 식량 위기에 빠지기 때문이다. 우리는 바이오필리아를 토대로 한 도시의 변화를 통해 그런 위기가 닥치지 않도록 하는 데 이바지할 수 있다. 빈의 한 도시 정원사는 녹색공간을 위한 공동 노력에의 기쁨을 다음과 같이 표현했다. "나는 이것도 정치적인 발언이라고 생각하지만, 좋아요, 우리는 이제 우리가 사는 도시구역에 주도권을 잡고 거기서 아름다운 것, 우리의 주장과 상상에 적합한 것을 만들어냅니다. 우리가 원하는 것을 형상화하는 거죠. 이것은 함께 결정하고 함께 꾸미는 과정입니다."[213]

유기농을 위한 연대 도시농업

인구 160만 명의 가나 수도인 아크라에 있는 밸리뷰 대학교는 도시의 농업생태계 문제에서 세계적으로 유명한 사례에 해당한다. 아크라 교외에 있는 캠퍼스는 전체 아프리카 대륙에서 최초로 생태적 기준에 따라 만들어진 곳이다. 2001년의 일이었다. 유기농업이 이루어지는 녹지면적은 1.2제곱킬로미터에 이른다. 경작은 퍼머컬처의 원칙에 따랐다. 전기는 대부분 옥상에 설치한 태양열 전지와 자체의 바이오가스 공장을 통해 생산한다. 대학 당국은 전기수요를 조만간 100퍼센트 자체 생산으로 해결하려고 노력 중이다. 급수를 위해 빗물을 모으고 거기서 식수도 조달한다. 이런 계획은 가장 친환경적인 급수 형태이며 퍼머컬처의 종합적인 구상에 속하는 것으로, 폐쇄적인 생태적 순환 속에서 중요한 역할을 한다. 밸리뷰 대학교의 연구진은 생태적인 도시계획의 개념을 발전시키고 있는데, 이 계획은 머지않아 지구 곳곳에서 대규모로 실현될 수 있을 것이다. 이런 희망에는 시민의 식량 대부분이 지역적으로 도시 내부와 그 인근에서 경작된다는 사실도 포함된다.

나는 도시 유기농의 커다란 잠재력을 빈의 학창 시절에 경험했다. 대학에 다니면서 학우들과 함께 빈의 동쪽 교외에 1헥타르의 농지를 임차해서 경작했다. 1헥타르면 1만 제곱미터다. 우리는 그 프로젝트에 '땅의 열매'란 이름을 붙이고 옛날의 씨앗 고정 품종을 많이 재배했다. 우리는 자체 생산한 씨앗에서 새롭고 건강한 식물 세대를 뽑아냈다. 이것은 종자회사가 나타날 때까지 농업에서 1만 년 동안 계속된 일이다. 우리가 빈 교외 땅에서 재배하는 모든 품종은 멸종위기에 처한 문화재였다.

다양성을 토대로 한 우리 밭에서는 거의 온갖 색깔과 형태의 토마토가 자라났다. 가장 오래된 재래 토마토 품종처럼 샛노란 것이 많았다. 어떤 품종은 형태가 배 같아서 '노란 배'라는 이름이 붙었다. 빨간색으로 빛나는, 달고 육질이 많고 동시에 즙이 풍부한 품종은 '소의 심장'이란 이름이 붙었는데, 진짜로 모양이 '포유류의 심장' 같았다. 실제로 맛 좋은 '땅의 열매' 중에 많은 것의 크기와 무게가 심장 같았다. '검은 왕자'라는 이름의 체코산 품종은 특이하게 검은색에 가까운 암적색을 띠었는데 토마토 색소인 리코펀의 농도가 유난히 높았기 때문이다. 이 물질은 인체 내에서 활성산소를 감지하고 해롭지 않게 해주어 암 예방 효과가 있다. 리코펀은 카로티노이드에 속하므로 테르펜이다.

우리가 재배한 토마토 품종 가운데 녹황색이나 적황색 줄이 쳐진 것에는 '녹색 얼룩말'이나 '빨간 얼룩말'이라고 이름 붙였다. 내가 좋아한 품종의 하나는 '황금 여왕'이었다. '밝은 황색'에 공처럼 둥근 형태로 달콤하고 부드러운 맛이 났다. 우리는 종 모양을 한 새빨간 가지와 우편마차 나팔처럼 생긴 호박, 새까만 색이나 백설처럼 흰색의 옥수수, 보라색과 갈색, 흰색, 검은색에 다양한 무늬가 쳐진 콩도 수확했다. 그 밖에 우리는 일반적으로 알려지지 않은 품종을 재배했다. 그중에는 가짓과 식물인 토마티요와 금땅꽈리, 가시오이인 키와노, 애호박과 호박 사이에서 나오는 녹색의 가시 달린 열매인 차이오티 같은 것이 있었다. 땅속에서는 달콤한 맛이 나는 구근식물인 땅콩이 익어갔다. 우리는 도시의 농지에서 수분을 위해 어리뒤영벌을 정착시켰다.

우리가 키운 채소와 직접 가공한 애호박이나 호박 처트니, 토마토케첩, 오이피클, 절인 옥수숫대 등의 수확물을 빈의 유기농 판매점이나 고급 레스토랑에 납품했다. 또한 시내의 농산물시장에서 우리의 수확물을 판매하거나 채소 상자에 담아 직접 고객의 집까지 배달했다. 우리가 키운 채소의 맛은 고객들을 감동하게 했고 희귀한 생김새 때문에 모두 놀랐다. 당시 우리는 사람들이 대개 토마토가 어떤 맛인지 모른다는 것을 확인했다. 바꿔 말해, 본디 어떤 맛인지를 모른다는 말이다. 사실 시장에 나오는 현대의 품종은 다수확과 장기간의 유통기간에 맞춰진 것이기 때문이다. 더 무른 맛은 단지 토마토 본래의 맛을 서투르게 모방한 것에 지나지 않는다. 현대적인 종자회사의 성공을 위해 중요한 것은 품종의 향기나 질적인 성분이 아니라 무엇보다 이른바 '긴 유통기한', 즉 선반이나 운송 상자에서 오래 보존되는 것이다.

'땅의 열매' 프로젝트는 고도의 품종 다양성을 갖춘 소규모 지역농업을 위해 빈 같은 대도시보다 더 좋은 곳은 없다는 것을 가르쳐주었다. 우리는 '시장 안에' 살면서 농사를 지었기 때문이다. 우리의 운송로는 구간이 짧았고 비용이 거의 발생하지 않았다. 고객과 접촉하거나 새 고객을 알게 되기가 아주 쉬웠다. 그들은 종종 우리의 재배 현장에 직접 찾아와 우리가 어떻게 농사를 짓는지 보았다. 한번은 오스트리아의 일간지 《쿠리에 Kurier》 편집진이 '땅의 열매' 프로젝트를 보도하려고 우리를 찾아오기도 했다. 2006년의 일이다.

도시의 휴한지나 오래된 경작지, 정원, 그 밖의 땅이나 그 주변은 종종 살충제로 인한 부담이 있지만 단일재배 농지에 둘러싸인 시골 땅보다 더 좋은 경작조건을 갖추고 있다. 유기농을 하는 사람들은 자신의 농지가 비와 바람을 통해 주변의 인습적인 경작지의 화학 성분에 오염되는 것을 막기 위해 빈번하게 고역을 치른다. 한편 도시의 건축은 농업기업의 영향으로부터 도시 농부를 보호해준다. 도시는 거대한 농지를 일구고 기계로 경작하기에는 적당하지 않은 소규모의 다양한 공간으로 이루어진 곳이기 때문이다. 도시는 가파른 산비탈을 제외하면, 농업기업으로부터 해를 입지 않는 최후의 '축복받은 섬'이다. 고도의 품종 다양성과 고객과의 긴밀한 접촉 가능성을 갖춘 소규모 지역농업을 위해서는 이상적인 조건을 제공한다. 시 당국은 도시계획 단계에서 이런 측면을 무조건 고려해야 한다. 도시농업을 장려하고 보조금을 지급함으로써 시 당국은 도시녹화와 생태 활성화에 이바지할 뿐만 아니라 농민과 원예사가 갈수록 거세지는 압박을 받지 않고 유기농에 매달릴 공간을 마련해줄 수도 있다. 농장경영은 성장이나 침체에 따른 압박을 너무 심하게 받는다. 농장을 유지하려면 식품기업의 논리와 경영방식에 의존할 수밖에 없다. 요즘엔 유기농 농가조차 농업이나 식품 기업과 계약을 맺는 것이 보통이다. 그들은 스스로 키운 농작물을 기계로 분류하고 포장하는 집화소로 가져간다. 수확물 분류집단에 따라 과일과 채소의 50퍼센트까지 추려내는데, 농산물이 기업의 최적화된 기준에 미치지 못하기 때문이다. 이런 식으로 무의미한 불량품은 농부들의 소득에서 공제된다. 거래에 관한 가격정책을 기반으로 농민은 점점 더 넓은 농지에 점점 더 효율적인 기계로 경작할 것을 강요받는다. 이런 이치는 유기농 제품에도 적용된다. 나는 수년 전부터 규칙적으로 수행한 유기농 식품기업 조사에서, 우리가 슈퍼마켓에서 보는 유기농 채소마저 실제로는 전적으로 농산물 재배 대기업의 다수확 씨앗에서 나왔음을 확인했다. 오스트리아의 바이오 인증마크를 단 토마토는 다양성을 갖춘 소규모 농장에서 재배했다고 광고했지만 추적해보니 마크에 표시된 바이오 토마토는 상투적인, 즉 유기농 증명이 되지 않는 몬샌토 종자에서 생산한 것이었다. 유럽 연합의 유기농 지침에 따르면, 인습적인 종자 파종이 전반적으로 금지된 것은 아니다. 나는 독일과 오스트리아, 스위스의 슈퍼마켓 진열대에서 종자를 세포질적 수컷불임(CMS) 기술로 만든 유기농 채소를 발견했다. 이것은 일종의 '가벼운 유전공학'인데, 여기서는 세포핵의 DNA가 조종되지는 않지만 '미토콘드리아'로 표시되는 다른 세포조직의 DNA가 에너지원으로서의 세포에 이바지한다. 이 미세한 '세포발전소'는 자체의 유전자를 가지고 있다. CMS 조종은 많은 생물학자에 의해 이미 유전공학으로 분류되지만, 유럽 연합의 입법기준으로는 아직 아니다. 아무튼 이런 채소가 적어도 유기농 생산 과정에서 빠지는 일이 있으면 안 될 것이다.

이미 유기농의 선구자들은 지역에 적합한 씨앗 고정 품종의 투입을 요구한 적이 있다. 이것은 유기농을 위한 가장 중요한 요구 가운데 하나라고 해도 과장이 아니다. 오늘날 유기농업이 국제적인 종자회사의 다수확품종과 심지어 부분적으로는 유전공학을 슬쩍 스치고 간 것에 불과한 CMS 품종으로 지배되는 것은, 유기농 시장을 장악한 식품기업의 영향 때문이다. 농업과학자들은 이런 발전 양상을 '유기농의 인습화'라고 부른다. 이 말은 생물학적 농업이 점점 더 상투적인 생산에 가까워 간다는 뜻이다. 이처럼 걱정스러운 전개 양상은 모든 유럽 국가뿐 아니라 전 세계에서 엿볼 수 있는 현상이다. 예컨대 유기농 달걀과 유기농 가금육의 생산에서는 인습적인 생산방식과 똑같이 거의 국제적으로 덜 알려진 사육회사의 실험실에서 나온 닭만 세계적으로 투입되는 실정이다. 이 말은 고성능을 염두에 둔 닭의 유전학은 농업기업의 처리방식과 특허에서 유래한다는 뜻이다. 'JA-757'이나 '브라운 클래식', '컨버터' 혹은 '빅-6' 같은 이름을 달고 있는 품종은 유기농 방식의 우리에서 살기도 한다. 계약을 맺은 농민들은 자신들이 어떤 동물을 키울지에 관해 전혀 영향력을 발휘하지 못한다. 병아리는 농부들과 계약 맺은 가금 기업의 화물차로 공급된다. 조사하면서 나는 유기농 방식에 따른 독일의 수많은 칠면조 사육장을 견학하기도 했다. 다수의 사육장 주인들은 내게 사실상 (유기농 생산방식에서 주의!) 항생제가 없이는 칠면조 무리를 감당하지 못한다고 털어놓았다. 그 이유는 자신들이 강요받은 인습적인 칠면조 사육방식은 병에 취약하며, 채산을 맞추려면 갈수록 좁은 공간에서 키울 수밖에 없기 때문이라는 것이었다. 한 칠면조 사육장 주인은 유아식품 회사에 유기농 식육을 납품하는데 독일 유기농협회 '나투어란트Naturland'에서 발행한 자격증을 갖고 있었다. 유럽 연합의 유기농 지침은 유기농 가금 사료에서 항생제를 제외하지 않는다. 모든 유기농 가금은 몇 주 안 되는 생존 기간에 한 번씩 사료와 물에 항생제를 투여해서 치료하는 것이 허용된다. 벌써 이것만 해도 유기농 선구자의 요구와 충돌하며 소비자의 기대에 어긋난다. 여기서 그치지 않고 추가로 항생제 투여가 있었는지 아닌지는(가령 비가 많이 오는 해에는 유난히 병이 많이 발생한다) 유기농 감독관이 검증할 수 없다.

나는 독일과 오스트리아, 스위스의 대규모 도살장을 견학했는데, 거기서는 지게차에 실린 유기농 양계들이 넓은 홀로 운송되어 완벽하게 의식 있는 상태에서 공포에 질린 채 컨베이어벨트 위의 감자처럼 이동하다가 떨어져서 1초에 세 마리씩 기계로 도살된다. 전통적인 방식으로 사육한 닭들이 가는 곳과 똑같은 공장이다. 바로 이런 방식으로 유기농

소와 유기농 돼지, 유기농 양은 (품질인증 도장이 찍힌 채) 슈퍼마켓에서 팔리는 고기가 되어 시장에 출하된다. 이처럼 유기농의 인습적인 처리 과정 때문에 수많은 생태학자와 농업과학자들은 오래전부터 골머리를 앓고 있고 나도 마찬가지다. 이제는 진정으로 우리가 당당하게 (쿨레아나 방식으로) 지구와 동물, 인류의 미래에 책임져야 할 때다. 어쩌면 도시가 바이오필리아의 전환을 위한 씨앗이 될 수도 있을 것이다.

베를린 가토우에 있는 피어펠더호프는 농업 다양성을 위한 유기농 농장이다. 거기서는 조그만 이동식 우리에서 한눈에 알아볼 수 있는 닭 무리가 산다. 이들 중에 유전적으로 사육회사와 관계 있는 닭은 한 마리도 없다. 피어펠더호프에는 오로지 자체의 번식으로 나온 오래된 종만 자라기 때문이다. 이는 소규모 가족농장이라 해도 이제는 찾아보기 어려울 정도로 순수한 희귀 사례에 해당한다. 그 밖에 이 닭들은 이른바 '2용도 닭'이다. 비육계 용도나 고품질의 산란계 용도, 두 가지로 얼마든지 쓰인다는 뜻이다. 따라서 바이오산업에서 여전히 보이듯, 수컷 병아리라고 해서 부화한 첫날 그것도 컨베이어벨트에서 죽일 필요는 없다. 베를린 서부에 있는 피어펠더호프에서는 거위와 오리도 산다. 도살장에서 죽는 동물은 단 한 마리도 없다. 이 작업은 농장의 현장에서 마무리한다. 내가 조사 과정에서 도시농장 일을 수행한 피어펠더호프의 농민들은 수많은 씨앗 고정 품종의 채소와 곡식을 재배한다. 농장경영의 특색은 '밤베르크 다람쥐', '파란 스웨덴인', '쥐'같이 희귀한 품종의 감자를 재배하는 데서 드러난다. 이처럼 지속 가능한 계획은 이 농장이 오로지 대기업이나 산업으로부터 완전히 독립해 있어서 가능하다. 또한 농장이 베를린에 있는 것과도 관계가 있다. 134번 버스를 타고 알트 가토우 정거장에서 내리면 갈 수 있는 농장의 매장은 베를린 시민들도 빈번히 찾는다. 이 기회에 고객은 농장도 견학할 수 있다. 피어펠더호프의 수확물은 시내의 농산물시장에서 구매할 수 있고 다수의 베를린 유기농 매장에도 공급된다. 피어펠더호프에는 농장유치원이 있으며 농업이나 식품을 주제로 한 강연과 세미나도 다양하게 열리고 있다.

런던 남쪽 교외에 있는 테이블허스트 농장의 농업지도자로 유기농을 하는 피터 브라운Peter Brown은 돼지우리에서 돼지 키우기를 하찮게 여긴다. 그의 농장에서 돼지들(모두 재래종)은 밖에서 산다. 브라운은 농장을 방문한 내게 "돼지우리에 짚을 깔아주는 것만으로는 충분하지 않아요"라고 말했다. "돼지한테는 땅과 접촉하는 것이 아주 중요합니다. 동물은 필수영양소와 철분을 흙에서 섭취하죠. 돼지는 온종일 흙을 파헤치면서 영양분을 찾아요. 호기심이 많고 밖에서만 돼지 특유의 행동 방식을 펼칠 수 있으니까요." 테이블허스트 농장에서는 돼지 외에 거위와 칠면조도 녹색의 풀밭 위에 설치한 한눈에 보이는 이동식 축사에서 산다. 양과 소도 기르며 채소와 곡식을 재배하는 밭도 있다. 파종용 씨앗이나 사료는 100퍼센트 농장에서 생산하고 자체의 도살시설도 현장에 있다. 기업과는 무관하게 농장을 경영하는 농부 브라운은, 다양성의 유기농 경영이 가능한 것은 오로지 대도시 런던에 가깝기 때문이라고 설명했다. 시민들이 농장 매장을 찾아오고 특히 '농부의 장터'나 런던의 유기농 매장에 있는 농산물을 구매한다. 농장에서는 시내의 레스토랑에도 납품한다.

식물학자 페터 라스니히Peter Laßnig와 직원들은 빈 동북쪽 교외에서 생물 다양성 농장을 경영한다. 원예농장 옥센헤르츠 부지에는 60종의 채소와 약초가 무성하게 자라고 있다. 모든 종류마다 다양한 품종이 있다. 오로지 씨앗 고정의 품종만 재배하며, 종자회사나 비즈니스와는 무관하다. 원예농장 옥센헤르츠가 특별한 계획을 추진하는 것은 인구 300만 명에 육박하는 빈의 대도시 부근인 탓에 가능하다. 현재 300명의 회원이 연 기부금을 통해 원예사들의 일을 지원하는데, 대신 회원들은 수확물에서 자기 몫을 보장받는다. 이것은 '연대농업' 간단히 줄여서 'CSA'라고 부른다. 국제적으로 쓰이는 '공동체 지원 농업 Community Supported Agriculture'을 줄인 말이다. 이 책을 쓰기 위한 조사 후에, 나는 도시농장이나 도시 인근의 농장에는 'CSuA', 즉 연대 도시농업이라는 표현을 쓴다. 이 계획을 연대라고 하는 까닭은 수확의 무게가 기준이 아니라 농부들의 일을 기준으로 대가를 공평하게 지급하기 때문이다. 다시 말해, 수량이나 무게로 구매하는 것이 아니라 농민들의 참여에 재정지원을 하는 것이다. 생산자와 소비자는 서로 접촉하며 해마다 공동으로 기여금의 수준을 확정한다.

이런 방법으로 농부와 원예사들은 시장의 압박에서 해방되고 소비자들이 원하는 방식으로 농장을 경영할 수 있다. 돈을 별로 벌지 못하거나 직업이 없는 소비자라고 해도 이 개념에서는 대부분 기여에 대한 대가를 공평하게 받는 것, 이 역시 연대라고 볼 수 있다. 그러면 소득이 높은 소비자가 자발적으로 균형을 맞춰주기 때문이다. 역시 연대다. 'CSuA' 모델은 세계적으로 갈수록 인기를 끌고 있다.

녹색의 오아시스, 도시 정원

갈수록 많은 도시의 녹지면적이 의도적으로 사회적인 만남의 장소로 꾸며지고 있다. 편안하고 정신적으로 자극을 주는 자연의 분위기가 사람들 간의 만남에 마음을 열게 해주기 때문이다. 바이오필리아는 자연에 대한 기쁨으로서 모든 사람을 서로 연결해준다. 공동원예, 녹색 오아시스를 조성할 때의 협동은 사회적인 활동이다. 우리가 생존공간으로 공유하는 도시를 더 녹색으로, 더 살 만한 곳으로 만들자는 공동목표가 남녀노소를 묶어주고 토박이와 뜨내기를 결속해준다.

공동원예는 공유가 생명이다. 연로한 사람은 자신의 오랜 원예 지식을 젊은이와 공유하며 기쁨과 의미를 맛본다. 그들은 흔히 거의 모든 가정마다 소규모의 자급자족 농장이 있던 시대에 성장한 세대다. 식물학자이자 산림관리인이었던 내 조부도 돌아가실 때까지 자신의 자연 경험과 화훼식물 지식을 설명할 때면 얼굴이 활짝 펴지면서 쾌활해지셨다. 나이가 지긋한 사람은 신체적인 제약이 있다 해도 상자형 화단 앞에 서면 꼿꼿이 서서 몸을 지탱한다. 이런 화단은 심지어 휠체어를 타고서도 접근할 수 있다. 나이 든 사람은 가령 물을 주거나 잡초를 뽑거나 수확할 때처럼 단순한 화단 작업을 하면서 식물재배에 적극적으로 참여할 수 있다. 2012년 나는 뮌헨의 도시 공동정원인 '오 플란츠트 이즈 o'pflanzt is'를 방문한 적이 있는데, 수년간 슈베레라이터 가에 있는 휴한지에 자리 잡은 곳이었다. 그런데 2017년 말에, 이 녹지에 건물이 들어서는 바람에 비워줘야 했다. 내가 방문한 날, 나이 지긋한 한 부인이 보행기에 의지한 채 정원을 찾았다. 녹지는 누구나 접근할 수 있도록 개방되었기 때문이다. 물기 많은 엽록소 속에서 잘 익은 옥센헤르츠(소의 심장) 토마토가 빨간색으로 빛나는 것을 본 부인은 두 눈을 반짝였다. 부인은 즉시 그 기쁨을 나와 공유했다. 부인이 어렸을 때부터 그 품종을 알고 있었기 때문이다. 우리는 달콤한 열매를 함께 맛보며 대화를 시작했다. 나이 지긋한 부인은 어린 시절의 정원을 설명했고 나는 귀 기울여 들었다. 두 사람이 원예에 공통으로 느끼는 감동은 이상적인 소통의 기반이 되었다. 우리 앞에 놓인 토마토는 구 품종에 속하는 것이었다. 구 품종이 유난히 가치가 있는 것은 오랜 역사를 지녔기 때문이다. 우리의 대화 중에 구 품종은 성숙해지고 나이를 먹어가는 것의 가치를 대변하는 상징이 되었다. 두 사람의 마음을 풍요롭게 해준 대화는, 아마 콘크리트 건물이 즐비한 거리나 버스 정거장에서라면 시작되지 않았을 것이다. 나이 든 사람은 정원 작업에 몰두할 때 외로운 느낌이 줄고 정신적으로 깨어 있는 의식이 촉진되며, 심지어 치매 증상이 약화하기도 한다. 이것은 특히 2017년에 열세 명의 학자가 참여한 싱가포르의 용루린 의학대학의 연구에서 밝혀낸 사실이다. 연구진은 결과 보고서에서 원예 효과에 관해 습득한 놀라운 인식을 다음과 같이 기술한다. "이런 결과는 앞으로 고령자들의 성공적인 프로그램을 위해 엄청난 가능성을 보여주며 더 넓은 범위의 시민들에게도 적용할 수 있다."[214] 도쿄 의과대학의 다카노 다케이토Takehito Takano 교수 연구팀은 장기적인 연구에서, 도시 녹지공간에 규칙적으로 머무를 때, 도시에 거주하는 노인의 기대수명이 올라간다는 것을 증명했다.[215]

노인들은 젊은 세대에게서 자연과 원예를 배울 수도 있다. 젊은이들은 공동원예에 대해 새롭고 개혁적인 성향이 있기 때문이다. 젊은이들은 돋움형 화단과 나선형 허브 정원을 설치하고 예술과 재배기술, 자연을 서로 결합한다. 그들은 점토와 목재, 볏짚으로 정원에 원형 단독주택을 세우며 고철 처리장에서 발견한 낡은 쇼핑카트와 빈 욕조에 흙을 채워 거기에 채소와 장과 관목을 심는다. 젊은 세대는 점토로 된 피자용 오븐을 설치하고 노인들을 정원 파티에 초대한다. 이 자리에서는 모든 손님이 공동화단에서 수확한 채소를 섞어 스스로 피자를 굽고 고층 건물에 둘러싸인 오아시스에서 나누어 먹는다. 도시의 정원은 생명문화의 다양성이 숨 쉬는 장소이자 자연과 문화의 교차점이며 만남의 장소다.

베를린 쾨페니크에는 '불레 산책로의 불레 정원 Wuhlegarten am Wuhlewanderweg'이라는 이름이 붙은 문화 상호 간의 공동정원이 있다. 후원협회는 해당 홈페이지에 도시 정원의 기능을 다음과 같이 기술한다. "어른이나 아이나 '상대'를 수용하고 편견에서 벗어난 공동체의 자기 이해를 바탕으로 삼을 때 끊임없이 새로운 지평이 열린다. 이들은 자연의 본질적인 측면을 전반적인 다양성 속에서 피부로 체험하며 말 그대로 자신이 먹는 식품의 출처를 '파악'한다."[216] 문화 간의 원예는 우리의 시야를 넓혀준다. 유럽에서 재배하는 거의 모든 식물은 지구의 다른 부분에서 왔다. 예를 들어 토마토와 파프리카, 호박, 감자는 남아메리카산이다. 콩은 멕시코와 아시아에서 왔고 밀과 귀리는 동양에서 왔다. 문화 간의 공동원에 활동을 하는 도시 원예사들도 마찬가지로 세계의 다양한 지역에서 온다. 공동정원은 모든 면에서 다양성이 살아 숨 쉬는 장소다. '토착 주민'은 이주민들로부터, 그들이 가져와 정원에서 재배하는 새롭고 이국적인 식물을 소개받을 수 있다. 사람들은 종종 다른 기후대에서 새로운 관개나 화단시설에 관한 흥미로운 방법을 배우기도 한다. 반대로 자신의 지식을 그들과 공유할 수도 있다. 자연과 정원은 우리에게 공동의 주제를 쉽게 찾게 해준다. 그것은 우리가 다른 사람과 대화할 수 있는 충분한 화제를 제공한다. 그리고 공동원예는 동시에 우리가 마음 편하게 서로 소통할 수 있는 공간을 제공한다. 문화 간의 도시원예는 모든 국가에서 인기를 끈다. 카셀 대학교의 사회학자인 클레르 물랑두스Claire Moulin-Doos는 도시 공동원예에 관한 다년간의 연구 끝에 다음과 같은 결론을 내렸다. "이런 상호작용의 공간은 사회통합에 필수적인 인간의 기본 욕구로 볼 수 있다. 문화 간의 원예 활동은 적극적인 상호존중과 다른 사회행위자들과의 협동작업에서 이루어지는 이주자들의 특별한 욕구를 충족한다. 그것은 자신과 상대에 대한 존중을 훈련하는 공간을 제공한다."[217]

도시의 정원은 나아가 정신적 외상을 입은 사람들의 치료를 돕는 데 활용되기도 한다. 예컨대 고문과 전쟁폭력에서 살아남은 사람들을 위한 치료센터인 베를린 '생존센터'의 치료사들은 자연 체험을 통해 당사자들의 정신적인 치유를 지원하기 위해 도시의 치유 정원을 활용한다. 치료센터의 홈페이지에는, 정신적 외상을 입은 사람들에게 정원 작업은 치유 과정에서 중요한 원천으로 기능하고, 당사자는 이 활동으로 건강이 개선되었다는 느낌을 받는다는 말이 쓰여 있다.[218] 자연이 불안을 없애주는 효과에 관해서는 런던에서 야간습격을 받고 정신적 외상을 입은 뒤에 에핑 숲으로 도피했던 조지도 내게 말한 적이 있다. 그리고 나는, 미국의 정신과 의사로서 정신적 외상을 입은 군인들을 치료한 마니 버크먼이 한 말도 기억한다. 즉, 자연만큼 빠르게 효과가 나타나는 불안치료제는 없다는 것이다. 도시 정원은 세련된 자연공간이다. 그런 전제에서 우리가 정원에서 자연의 숱한 효과를 누리는 것은 이상할 것이 없다.

도시농장에서는 농사 활동을 통해 정신적 고통을 치료하기 위한 프로그램이 제공된다. 동식물과의 접촉은 정신치료 효과가 있다는 것이 입증되었기 때문이다.[219] 현장 연구는 도시의 녹지면적이 공격적인 태도의 빈도를 낮춰준다는 것을 보여주었다. 이로 인해 많은 사회학자는 녹색의 도시에서 범죄 발생률이 낮아질 것으로 생각한다.[220] 미시간 대학교의 생물학자인 크리스틴 한Kristine Hahn은 수년간 원예 활동의 사회문화적 효과에 매달렸다. 한은 도시의 공동원예를 '범죄 퇴치 수단'이라고 표현한다.[221] 자연이 더 나은 사회를 위해 세우는 이런 소중한 공로를 바탕으로, '그린 케어'로 불리는 세계적인 사회운동이 태동했다. 자연은 긍정적인 가능성에서 나오는 심리적·사회적 잠재력을 갖추고 있다. 슈타이어마르크 출신으로 뉴질랜드의 퍼머컬처 전도사인 조 폴라이셔는 자신의 세미나에서 항상 "땅을 돌보라, 사람을 돌보라!"라고 말한다. 이 역시 그린 케어를 단적으로 표현한 말이다. 생활공간의 건강을 돌보는 것과 사람의 건강을 돌보는 것은 동전의 양면과 같다. 두 가지는 같은 문제이며 서로 분리될 수가 없다. 자연의 존재인 사람은 자연의 공간 없이는 위축되기 마련이다. 온전한 자연은 인체 건강에 속한다. 인체 기관은 건강하게 작동하기 위해, 가령 테르펜이나 음이온, 바이오필리아 박테리아 등 자연의 물질 중 많은 것이 필요하기 때문이다. 자연은 인간의 정신 건강에도 필수적이다. 자연은 먼 옛날부터 인간의 평안을 나타내고 다양한 자극을 통해 휴식과 정신적 균형, 매혹, 기쁨을 주며 일상의 문제와 거리를 두게 해주기 때문이다. 그리고 자연은 건강한 사회를 위한 토대를 제공한다. 자연은 인간이 서로 만나는 공간을 만들어주기 때문이다. 자연을 돌본다는 것은 인간 자신을 돌본다는 의미이기도 하다.

“마지막 나무가 베어지고, 마지막 강이 오염되고, 마지막 물고기가 잡힐 때,
그때 그대는 돈을 먹을 수 없다는 사실을 깨달을 것이다.”

미래의 도시, 인간의 도시

바야흐로 세계적인 변혁의 시대에 무엇이 우리를
연결해주는지 아는 것은 중요한 일이다.[222]

로만 헤르초크 Roman Herzog, 전 독일연방 대통령(1934~2017)

지금 내 눈앞에는 우리가 미래의 바이오필리아 회랑에 생명을 불어넣고, 녹색의 도시 혈관을 따라 도시 정원을 가꾸며, 의학적이고 심리적이며 사회적인 자연의 잠재력을 가꾸는 모습이 또렷이 떠오른다. 전 세계 사람들은 우리의 도시를 살아 있는 생태계로 만들고 자연과 문화의 정수를 하나로 결합하는 생각에 흥분한다. 나는 미래의 바이오필리아 도시라는 꿈을 강력하게 지지하고 그와 관련한 대화를 나눈 모든 사람이 즉시 녹색으로 빛나는 대도시를 자신들이 얼마나 원하는지 내게 보여주어서 기쁘기 그지없다. 오스트리아의 배우이자 연출가로서 빈 부르크 극장의 단원이기도 한 울리케 바임폴트 Ulrike Beimpold 는 편지 교환을 통해 다음과 같이 자신의 마음을 드러냈다. "인공적인 도시를 떠나자는 내 바람이 완전히 시골로 옮기는 결과가 되어야 하는지를 놓고 분명한 생각이 떠올랐어요." 시골 지역으로 이사하면, 그녀의 직업과 맞추기 어렵다는 말이었다. 게다가 그녀는 빈의 친구들 곁을 떠나고 싶어 하지 않았다. 바임폴트는 도시의 바이오필리아라는 아이디어가 훌륭한 해결책으로 보인다고 했다. 거주지를 바꾸지 않고도 도시 주민에게 자연과 조화를 이루는 생활을 가능하게 해준다는 점에서 말이다. "너무도 아름다운 지구에서 녹색 허파를 조성함으로써 도시에도 자연을 공급해준다는 비전 때문에 숨이 확 트입니다!"[223]

그라츠 대학교의 강사로 심리학자이자 심리치료사인 알로이스 코글러Alois Kogler도 나와 의견을 교환하면서 우리 도시의 녹색 변신이라는 아이디어에 즉시 감동을 표했다. '바이오필리아 회랑'이라는 표어를 듣자 그는 도시의 오아시스에서 살았던 자신의 생활을 들려주었다. "따지고 보면 나는 이미 '바이오필리아 회랑'에 살고 있습니다! 그라츠에 있는 우리 정원은 무어 강의 강가 시내 한복판에 있거든요. 강폭이 약 80미터 되는 무어 강이 도심을 가로지르며 흐르죠. 녹색의 자전거 길과 산책로가 옆에 나 있고 주변 도로와 전차 궤도에서 들리는 도시의 소음이 정원과 집을 통해 하루 24시간 '배경 선율'처럼 울린답니다." 도시의 소음이 새들의 노랫소리나 나무 위로 지나가는 바람 소리, 흐르는 물소리와 뒤섞인다는 것이다. 알로이스 코글러는 '가을에 주차한 자동차 지붕 위로 밤이 떨어지는 것'이 마음에 든다고 했다. 이 책에서 기술한 자연 리듬과 사람 건강 간의 상관관계와 관련해 마찬가지로 바이오필리아 기반의 도시주택 생활을 생각했다. "강은 끊임없이 또 힘차게 마음을 가라앉히는 배경의 리듬을 내어줍니다. 우리는 그것을 통해 (도심 한복판에서) 자연의 리듬과 연결됩니다."[224]

콜로라도 대학교에서 퇴직한 교수로서 진화생물학자인 마크 베코프 Marc Bekoff는 미래의 도시를 주제로 서신을 교환할 때, 자신의 과거를 떠올렸다. "얼마 전까지 (무려 35년 동안) 나는 콜로라도의 볼더 교외에 있는 산에서 살았어요. 너무도 멋지고 호기심 가는 동물들 사이에서 산다는 것에 축복받은 느낌이었죠. 어느 날 아침에 붉은여우 한 마리가 내 서재 창가를 지나가던 모습이 생각납니다. 녀석은 그 자리에 멈추더니 안을 들여다보고는 다시 발길을 옮겼어요."[225] 제인 구달Jane Goodall과 함께 '동물에 대한 윤리적 대우를 위한 동물행동 연구가들'이라는 기구를 설립하기도 했던 베코프는 그 이후 여우가 반복해서 자신의 집을 지나간 상황을 묘사했다. 그는 영광스러운 느낌이었지만 야생동물과 일정한 거리를 유지했다고 한다. 그리고 "여우는 내가 기르는 가축이 아니었으니까요"라고 단서를 달았다. "내게 길들어 봤자 여우의 삶에는 전혀 좋을 게 없었을 겁니다. 여우를 비롯해 산에 사는 숱한 다른 동물이 나를 보면 언제나 매혹적인 미소를 보내는 듯했지만, 내가 들어가기 오래전부터 그곳이 먼저 그들의 집이었다는 사실을 절대 잊지 않았어요. 그들의 터전을 존중하고 그들을 위해 그곳을 안전하고 친근한 장소로 만드는 방법으로 행동할 수 있기를 바랐어요."[226]

마크 베코프와 나는, 우리가 야생동물의 안전이라는 측면에서 도시를 건설해야 한다는 데 의견이 일치했다. 독일 자연보호연맹(NABU)은 독일에서 해마다 유리창에 충돌해 죽는 새가 1억 마리에 이른다고 추산한다.[227] 미국의 '야생조류보전협회'에 따르면, 이 숫자가 미국에서는 10억 마리에 이를 것이라고 한다.[228] 세계에서 조류에게 가장 위험한 도시로는 토론토가 꼽히는데, 해마다 100만 마리의 새가 유리 벽에 부딪쳐 죽는다는 것이다.[229] 아마 녹화된 건물 벽과 수직 정원, 바이오필리아 회랑이 있다면 그리고 불필요한 유리 벽을 포기한다면 이 숫자는 대폭 줄어들 것이다. 남아 있는 유리 벽도 은박 처리를 하고 스티커를 삽입함으로써 새가 일정한 거리에서 볼 수 있도록 해야 한다. 앞으로 유리창과 유리 면은 조류 보호 차원에서, 충분히 투명성을 유지하고 빛이 통과할 뿐만 아니라 사람의 눈으로 봤을 때 미관상 문제없게 하면서도 제작단계에서부터 각인이나 삽입 구조로 충돌을 방지해야 할 것이다. 완벽하게 투명할 필요가 없다면 우윳빛 유리를 사용해야 한다.

자연을 무시하거나, 천연자원을 오로지 경제적 이익을 위해 사용하거나, 지구상에서 터전을 닦고 건강한 생존공간을 요구할 동등한 권리를 지닌 다른 생물 종을 배려하지 않는 선택권은 일체 더 용납하지 말아야 한다. 인간은 자연의 세계에 마음이 끌린다. 이런 유대감은 우리의 유전자 속에 숨어 있다. 인간은 거의 누구나 (개별적으로 볼 때) 바이오필리악이며 자연을 소중하게 생각한다. 우리가 '패거리'를 짓고 끊임없이 반생태적인, 즉 자연 파괴적 행동을 하는 것은 경제적인 압박 때문이며 그것은 집단현상으로서의 모습이다. 하지만 우리 안에는 자연과 조화를 이루며 사는 생태적인 미래를 위한 잠재력이 들어 있다. 그것은 인간 개개인이 자신의 내면에서 찾을 수 있는 바이오필리아의 힘을 기초로 한다.

바이오필리아 도시가 많은 사람의 관심사라는 것을 알면 기분이 좋아진다. 나는 이 책을 위한 조사 과정에서 함께한 수많은 대화에서 그것을 분명하게 확인했다. 그러니 작업용 장갑을 끼고 삽을 든 다음 도시의 땅을 파서 아스팔트 밑에 잠자고 있는 자연의 잠재력을 해방하자. 나무를 심고 도시 정원을 가꾸고 바이오필리아 회랑의 네트워크를 세우기 시작하자. 도시는 인간에 의해 모습이 결정되는 생존공간이다. 그러므로 바이오필리아 도시를 현실로 만드는 것은 우리 손에 달려 있다.

우리의 도시 주변에 찾아갈 숲이 무척 많다는 것을 알게 될 것이다. 그중 몇 군데를 방문하고 무엇보다 당신이 사는 도시의 생태계를 체험하며 영감을 얻기를 바란다. 내 인터넷 사이트 www.clemensarvay.com에서는 관련 글과 비디오를 통해 도시의 바이오필리아에 관한 추가로 업데이트된 정보를 볼 수 있을 것이다.

녹색의 미래에서, 어쩌면 한가운데에 자리 잡은 시유림이나 바이오필리아 회랑에서 우리가 다시 만나기를!

사진: 루카스 벡 Lukas Beck

| 감사의 말 |

당신이 손에 든 이 책은 내게 유난히 애착이 가는 책이다. 저자로서 이 책을 쓰기 위해 나는 지난 몇 년 동안, 크고 작은 여러 유럽 도시를 (조사하거나 언론 인터뷰 형태로) 찾게 되었다. 그러는 도중 갈수록 도시의 자연에 매혹되었다. 내 안에는 도시마다 아주 다양한 차이를 보이는 도시생태계와 언제나 개성적인 특징을 보이는 도시 자체를 발견하고 탐험하고 싶은 열정이 있었다. 도시생태계는 도시의 지리적인 입지에 결정적으로 좌우된다. 언론과 인터뷰할 때면 나는 언제나 기차를 타고 간다. 그러니까 객지에서 대중교통에 의존한다는 말이다. 이런 선택이 도시생태계를 찾는 데 방해가 되지 않는다는 것은 금세 밝혀진다. 지난 몇 년간 내 마음속에 가장 빈번하게 떠올랐던 의문, 즉 "도시 주민은 어떻게 바이오필리아 효과를 경험할 수 있는가?"라는 질문에 바로 답하기는 쉽지 않다. 여러 생각 끝에 나는 마침내 그와 관련한 책을 한 권 쓰기로 결심했다. 이 과정에서 내게 중요했던 것은 오늘날 도시의 자연이 생각보다 우리 가까이에 있고 접근하기 역시 쉽다는 인상을 전달하는 것이었다. 이런 목적을 가지고서 도쿄와 시드니, 로스앤젤레스, 바르셀로나, 타이베이, 시애틀, 호놀룰루, 기타 내게 낯선 여러 도심의 대중교통망을 파악하기는 즐거웠다. 각 교통회사의 인터넷 사이트에 환승 관련 상세정보가 꼭 나오는 것은 아니므로, 해당 기업의 사무실로 직접 전화해야 할 때도 있었다. 시드니의 블루마운틴 라인(BMT)에 관해, 숲이 무성한 도쿄의 미토 산으로 가는 이쓰카이치 선에 관해, 2번 버스를 타고 리바스 캐니언 공원으로 가는 로스앤젤레스의 메트로 로컬 버스에 관해…… 내게 자세한 정보를 늘 끈기 있게 제공해준 해당 직원들에게 감사한다. 또 먼 곳에 있는 수많은 도시의 국립공원과 산림국에 근무하는 직원들에게도 진심으로 고맙다고 인사하고 싶다. 홈페이지에서 정보를 찾지 못하고 헤맬 때, 그들은 자신들이 관리하는 녹지공간에 서식하는 동식물에 관한 정보를 내게 간결하게 제공해주었다.

이런 아이디어를 책으로 출간할 기회를 주고 처음부터 이 책에 믿음을 보여준 골트만 출판사에 감사를 표한다. 누구보다 이 출판 프로젝트를 꼼꼼하게 진행해준 카타리나 포켄, 교정책임자 유디트 마르크에게 기꺼이 협조를 아끼지 않은 데 대해 고마운 마음을 전한다. 잉게 쿤첼만은 텍스트의 함축성 있는 내용이 일반독자들에게 매끄럽게 전달되도록 능력을 발휘해주었다. 쿤첼만은 이 출판물이 서점으로, 독자의 손으로 배포되는 과정을 지켜볼 것이다. 이런 소중한 도움이 대단히 고맙다.

이 책은 단순히 우리가 이미 도시의 바이오필리아 효과를 누릴 수 있는 현재만을 대상으로 하지 않고 미래에 대해서도 중점을 둔다. 내가 원고에 매달리는 동안 도시를 녹색으로 바꾸는 일이 얼마나 중요한지, 개인적인 대화를 통해 동기를 유발해준 모든 분께 감사한다. 이런 기회가 있어 많은 사람이 내 책을 '원하며' 진심으로 기뻐해주리라는 것을 알게 되었다. 삼림의학자이자 도쿄 의과대학 교수인 칭 리, 취리히 텔레비전 진행자인 쿠르트 에슈바허, 정신신경면역학자이자 의사이며 인스브루크 대학교 교수인 크리스티안 슈베르트, 빈의 음악가이자 저널리스트인 안드레아스 단처, 빈 대학교 강사 페터 바이시, 그라츠 의과대학 교수이자 '폭포 연구가'인 막시밀리안 모저, 파리에서 성장한 아동 홍보대사이자 음악가, 자기주도학습 전문가인 안드레 슈테른 등 책 속에서 대화하며 자신들의 전문지식이나 개인적 경험을 나와 공유해준 모든 분께도 고맙다는 인사를 전한다. 마찬가지로 빈 출신의 배우 울리케 바임폴트, 콜로라도 대학교 볼더 캠퍼스의 마크 베코프 교수, 심리학자이자 그라츠 대학교 강사인 알로이스 코글러에게도 미래의 바이오필리아 도시에 관해 의욕적으로 대화한 데 대해 고맙다는 말을 전하고 싶다.

내게 아주 의미가 큰, 매끄러운 머리말을 써준 독일에서 손꼽히는 뇌과학자이자 잠재력 개발 아카데미 원장인 게랄트 휘터에게 감사한다. 끝으로 빼놓을 수 없는 인사를 하자면, 이 책을 읽고 신뢰를 보내주게 될 독자 여러분께 진심으로 감사를 드린다. 아무쪼록 이 책의 내용이 마음에 들기를, 또 독자들의 정신을 풍요롭게 해주었기를 바라며.

클레멘스 G. 아르바이

2018년 봄, 빈에서

생태 정신신체의학이란 무엇인가?

나의 책 《자연의 치유 코드》에서 나는 이제까지 거의 알려지지 않은 '생태 정신신체의학'이라는 과학을 다음과 같이 정의했다.

"생태 정신신체의학은 식물과 동물, 생태계가 피부 표면을 통해 확대된다고 여겨지는 인간의 신체적 · 정신적 건강에 미치는 물질적·비물질적 증거를 토대로 한 과학이다. 인간은 모든 생명체와 마찬가지로 자연의 생존공간과 함께 진화조건에 따른 기능 회로에 뿌리를 둔다. 생태 정신신체의학의 연구 분야는 다음과 같다.

(1) 자연 · 동물 접촉이 인체 기관(신체)과 정신에 미치는 의학적 효과

(2) 신체 · 정신 질환이 발생할 때, 환경 유해 물질의 역할

(3) 질병 발생 시에 자연 물질·자연의 감각 자극적 영향이 결핍될 때의 역할

이런 인식에서 효과를 검증하는 생태 정신신체의학의 치료 방법이 나온다. 생체의학의 현장과 실험실 연구는 생태 정신신체의학 연구의 구성 요소다.[230]

| 주 |

1 영어 원문: ≫Even a New York City girl needs a connection to the wild≪, Mark Hoelterhoff, University of Cumbria, Artikel: New York State of Mind, in: Psychology Today, New York, 27.04.2012, online: www.psychologytoday.com/blog/second-nature/201204/newyork-state-mind, 검색 04.07.2017.

2 Erich Fromm, The Heart of Man, in: Ruth Nanda Anshen(편), Religious Perspectives, Vol. XII, Harper & Row, 1964.

3 Qing Li, Maiko Kobayashi und Tomoyuki Kawada, ≫Relationships between percentage of forest coverage and standardized mortality ratios(SMR) of cancers in all prefectures in Japan≪, in: The Open Public Health Journal 1/2008, Beijing 2008, 1-7쪽, 그리고 Qing Li & Tomoyuki Kawada, ≫Effect of forest environment on human immune function≪, in: Qing Li(편), Forest Medicine, Nova Biomedical, New York 2013, 69-89쪽, 또 Marc G. Berman, Omid Kardan, Peter Gozdyra, Bratislav Misic, Faisal Moola, Lyle J. Palmers und Tomáš Paus, ≫Neighborhood Greenspace and Health in a large Urban Center≪, in: Nature, Scientific Reports, 5(11610), 09.07.2015, www. nature.com/articles/srep11610.

4 Marek Kowalski und Barbara Majkowska-Wojciechowska 연구팀, Prevalence of Allergy, Patterns of Allergic Sensitization and Allergy Risk Factors in Rural and Urban Children, in: Allergy, September 2017, Vol. 62(9), 1044-1050쪽, online: https://www.ncbi.nlm.nih.gov/pubmed/17686107, 검색 01.09.2017.

5 Schizophrenia.com, Zusammenschluss von Wissenschaftlern zur Bereitstellung von Information über Schizophrenie, Country and Rural life (vs. City Living) before age 15 is Associated with lower Rates of Schizophrenia, online: http://www.schizophrenia.com/prevention/country. html, 검색 30.08.2017, 또 Kristina Sundquist und Mitarbeiter, Urbanisation and Incidence of Psychosis and Depression: Follow-Up Study of 4.4 Million Women and Men in Sweden, in: The British Journal of Psychiatry, April 2004, Vol. 184, 293-298쪽, online: https://www.ncbi.nlm.nih.gov/pubmed/15056572?dopt=Abstract, 검색 30.08.2017.

6 Kristine Hahn, Community Gardens can be Anti-Crime-Agents, in: Michigan State university Online, 08.03.2013, online: http://msue.anr.msu.edu/news/community_gardens_can_be_anti-crime_agents, 검색 10.09.2017.

7 Christa Müller, Intercultural Gardens: Urban Places for Subsistence Production and

Diversity, in: German Journal of Urban Studies, Vol. 46, 2007, No. 1, online: http://www.eugolearning.org/learning/outcomes/intercultural-garden, 검색 10.09.2017.

8 영어 원문: ≫Water is the perfect traveller, because when it travels it becomes the path itself≪, azquotes.com, online: www.azquotes.com/author/63464-Mehmet_Murat_Ildan, 검색 02.12.2017.

9 Josef Glanz, ORF Science, Gesundheitselixier Wasserfälle, in: Human Research Online, Human Research Institut für Gesundheitstechnologie und Präventionsforschung, Weiz, 17.09.2004, online: http://humanresearch.at/newwebcontent/wp-content/uploads/2012/11/26GW.pdf, 검색 13.07.2017.

10 Physikalische Charakterisierung 2008 – 2010, Drei Wasserfälle im Vergleich, redaktioneller Beitrag in: Hohe Tauern Health Online, Hohe Tauern Health e.V., Krimml, online: http://www.hohe-tauern-health. at/de/wissenschaft, 검색 13.07.2017.

11 Stefan Stohl, Plasmaforschung: Der vierte Aggregatszustand, in: Deutsche Physikalische Gesellschaft, Welt der Physik, Onlinebeitrag, Bad Honnef, 21.12.2010, online: http://www.weltderphysik.de/gebiet/teilchen/experimente/teilchenbeschleuniger/fair/plasmaforschung/, 검색 13.07.2017.

12 Josef Glanz, Wasserfälle gut für Immunsystem und Allergiker, in: ORF.at Science, Modern Times Gesundheit Wien, 01.01.2010, online: http://sciencev1.orf.at/news/123958.html, 검색 08.07.2017.

13 Waltraud Eder, Walt Klimecki 연구팀, Association between Exposure to Farming, Allergies and Genetic Variation in CARD4/NOD1, in: European Journal of Allergy and Clinical Immunology, Sep; 61(9), 1117-1124쪽, Zürich 2006, online: https://www.ncbi.nlm.nih.gov/pubmed/16918516, 검색 14.07.2017, 그 밖에 Waltraud Eder, Walt Klimecki und Mitarbeiter, Toll-like Receptor 2 as a Major Gene for Asthma in Children of European Farmers, in: The Journal of Allergy and Clinical Immunology, Mar; 113(3), St. Louis, Mosby 2004, 482-488쪽, online: http://www.jacionline.org/article/S0091-6749(03)03184-1/전문, 검색 14.07.2017.

14 Marek Kowalski und Barbara Majkowska-Wojciechowska 연구팀, Prevalence of Allergy, Patterns of Allergic Sensitization and Allergy Risk Factors in Rural and Urban Children, in: Allergy, September 2017, Vol. 62(9), 1044-1050쪽, online: https://www.ncbi.nlm.nih.gov/pubmed/17686107, 검색 01.09.2017.

15 Michael Friedman 연구팀, Impact of Changes in Transportation and Commuting Behaviors during the 1996 Summer Olympic Games in Atlanta on Air Quality and Childhood Asthma, in: Journal of the American Medical Association, 285(7), 2001, 897-905쪽.

16 Arnulf Hartl, Krimmler Wasserfälle – Therapie von Asthma bronchiale, 3-17쪽, Paracelsus Medizinische Privatuniversität, Salzburg, 2010, online: http://www.wasserfalltherapie.at/docs/2010_pmu-studie.pdf, 검색 14.07.2017.

17 Arnulf Hartl, Krimmler Wasserfälle-Therapie von Asthma bronchiale, Paracelsus Medizinische Privatuniversität, Salzburg 2010, 6 – 8쪽, online: http://www.wasserfalltherapie.at/docs/2010_pmu-studie.pdf 검색 14.07.2017.

18 Peter Wallner 연구팀, Exposure to Air Ions in Indoor Environments: Experimental Study with Healthy Adults, in: International Journal of Environmental Research and Public Health, Basel, 2015 Nov; 12(11), 14301 – 14311, doi: 10.3390/ijerph121114301, online: https://www.ncbi.nlm.nih.gov/pmc/articles/PMC4661648/, 검색 19.07.2017, 그 밖에 Dominik Alexander und Mitarbeiter, Air Ions and Respiratory Function Outcomes: a comprehensive Review, in: Journal of Negative Results in Biomedicine, 2013, 12:14, online: https://jnrbm.biomedcentral.com/articles/10.1186/1477-5751-12-14, 검색 09.08.2017.

19 Maximilian Moser가 저자에게 개인적으로 전해줌, 12. 07. 2017.

20 영어 원문: ≫Generally speaking, negative ions increase the flow of oxygen to the brain, resulting in higher alertness, decreased drowsiness, and more mental energy≪, in: Denise Mann, Negative Ions Create Positive Vibes, in: WebMD Online, Atlanta, 02.06.2013, online: http://www.webmd.com/balance/features/negative-ions-create-positivevibes#2, 검색 19.07.2017.

21 영어 원문: ≫Negative ions can make us feel like we are walking on air≪, in: Denise Mann, Negative Ions Create Positive Vibes, in: WebMD Online, Atlanta, 02.06.2013, online: http://www.webmd.com/balance/features/negative-ions-create-positive-vibes#2, 검색 19.07.2017.

22 여기서는 해밀턴 우울증 평가척도(Hamilton Depression Rating Scale)를 근거로 했다.

23 Namni Goel und Mitarbeiter, Controlled Trial of Bright Light and Negative Air Ions

for Chronic Depression, in: Psychological Medicine, 2005, 35, Cambridge University Press, Cambridge 2005, 1-11쪽, online: http://www.chronotherapeutics.org/docs/term/Goel%202005%20Psych%20Med.pdf, 다음도 참고: https://www.ncbi.nlm.nih.gov/pubmed/16045061, 검색 09.08.2017.

24 영어 원문: ≫…… negative air ions are effective for treatment of chronic depression≪, in: Namni Goel und Mitarbeiter, Controlled Trial of Bright Light and Negative Air Ions for Chronic Depression, Psychological Medicine, 06, 2005, 35(7), 945-55쪽, online: https://www.ncbi.nlm.nih.gov/pubmed/16045061, 검색 09.08.2017.

25 Dominik Alexander, Vanessa Perez 연구팀, Air Ions and Mood Outcomes: a review and meta-analysis, in: BMC Psychiatry, 2013, 13:29, doi 10.1186/1471-244X-13-29, Springer, Heidelberg/New York, 2013, online: https://www.ncbi.nlm.nih.gov/pmc/articles/PMC3598548/, 검색 09.08.2017.

26 Hans-Peter Hutter 연구팀, Exposure to Air Ions in Indoor Environments: Experimental Study with Healthy Adults, in: International Journal of Environmental Research and Public Health, 2015(Nov.), 12(11), 14301-14311쪽, online: https://www.ncbi.nlm.nih.gov/pmc/articles/PMC4661648/, 검색 13.08.2017.

27 Hans-Peter Hutter, 공기 중 이온을 주제로 한 기고 논문, in: Meine Raumluft Online, Wien, Veröffentlichung auf der Homepage, online: https://www.meineraumluft.at/fachbeitrag-von-oa-assoz-prof-priv-dozdi-rer-nat-tech-dr-med-univ-hans-peter-hutter-oberarzt-am-institutfur-umwelthygiene-der-medizinischen-universitat-wien-zum-themaluftionen/, 검색 26.07.2017.

28 Josef Glanz, ORF Science, Gesundheitselixier Wasserfälle, in: Human Research Online, Human Research Institut für Gesundheitstechnologie und Präventionsforschung, Weiz, 17.09.2004, online: http://humanresearch.at/newwebcontent/wp-content/uploads/2012/11/26GW.pdf, 검색 09.08.2017.

29 Josef Glanz, Wasserfälle gut für Immunsystem und Allergiker, in: ORF.at Science, Modern Times Gesundheit Wien, 01.01.2010, online: http://sciencev1.orf.at/news/123958.html, 검색 08.07.2017.

30 Abraham Haim und Boris Portnov, Light Pollution and Hormone-Dependent Cancers: A Summary of Accumulated Empirical Evidence, in: Light Pollution as a new Risk Factor for Human Breast and Prostate Cancer, Springer 출판사, Heidelberg/

New York 2013, 77 – 102쪽.

31 그레이엄 루크의 영어 원문: ≫The idea that a bacterium found in soil could prevent serious mental health problems might sound far-fetched, but bacteria can have a profound effect on both mental and physical health≪, 재인용, Harry Dayantis, in: Bacterial Immunization prevents PTSD-like symptoms in mice, UCL Online, London's Global University, 17.05.2016, online: http://www.ucl.ac.uk/news/news-articles/0516/170516-bacteria-prevent-ptsd, 검색 30.08.2017.

32 Pariente Sarah und Mitarbeiter, Urban Park Soil and Vegetation: Effects of Natural and Anthropogenic Factors, in: Pedosphere, 25(3), Elsevier, Amsterdam/Nanjing 2015, 392-404쪽.

33 Pedro Antunes, Miranda Hart 연구팀, 토양의 생물 다양성과 인간의 건강과 관련하여: Do Arbuscular Mycorrhizal Fungi Contribute to Food Nutrition?, in: Diana Wall und Mitarbeiter(편), Soil Ecology and Ecosystems, Oxford University Press, Oxford 2012, 153-164쪽.

34 영어 원문: ≫It may be necessary to rethink some common agricultural practises, such as tillage and monocropping, which can negatively affect the diversity and functioning of soil microbes≪, Pedro Antunes, Miranda Hart und Mitarbeiter, Linking Soil Biodiversity and Human Health: Do Arbuscular Mycorrhizal Fungi Contribute to Food Nutrition?, in: Diana Wall und Mitarbeiter(편), Soil Ecology and Ecosystems, Oxford University Press, Oxford 2012, 153-164쪽.

35 Manuela Giovannetti, Christina Sbrana und Mitarbeiter, Beneficial Mycorrhizal Symbionts affecting the Production of Health-Promoting Phytochemicals, in: Electrophoresis, 06, 2014, Vol. 35(11), 1535-1646쪽, online: https://www.ncbi.nlm.nih.gov/pubmed/25025092, 검색 03.09.2017.

36 NBC News Online, Soil Bacteria can boost Immune System, 13.04.2017, online: http://www.nbcnews.com/id/18082129/ns/health-livescience/t/soil-bacteria-can-boost-immune-system/#.WaWBHNF8uM8, 검색 29.08.2017.

37 Xiaoyan Yang 연구팀, Mycobacterium vaccae as Adjuvant Therapy to Anti-Tuberculosis Chemotherapy in never-treated Tuberculosis Patients: A Meta-Analysis, in: PLOS one – A Peer Reviewed Open Access Journal, 2011, 6(9), online: https://www.ncbi.nlm.nih.gov/pmc/articles/PMC3167806/, 검색 29.08.2017, 그 밖에 Xi-

aoyan Yang 연구팀, Mycobacterium vaccae Vaccine to prevent Tuberculosis in High Risk People: A Meta-Analysis, in: The Journal of Infection, Mai 2010, 60(5), 320-330쪽, online: https://www.ncbi.nlm.nih.gov/pubmed/20156481, 검색 29.08.2017.

38 영어 원문: ≫Our findings confirm that residence of rural area is associated with a significant lower prevalence of allergic sensitization and symptoms in school children≪. Marek Kowalski und Barbara Majkowska-Wojciechowska und Mitarbeiter, Prevalence of Allergy, Patterns of Allergic Sensitization and Allergy Risk Factors in Rural and Urban Children, in: Allergy, September 2017, Vol. 62(9), 1044.1050쪽, online: https://www.ncbi.nlm.nih.gov/pubmed/17686107, 검색 01.09.2017

39 A. Lehrer, Immunotherapy with Mycobacterium vaccae in the Treatment of Psoriasis, in: Immunology and Medical Microbiology, 05, 1998, 21(1), 71-77쪽, online: https://www.ncbi.nlm.nih.gov/pubmed/9657323, 검색 30.08.2017.

40 Neue Zürcher Zeitung, Wie der Bauernhof-Effekt vor Allergien schützt, Zürich, 08.03.2017, online: https://www.nzz.ch/wissenschaft/medizin/immunsystem-ld.149898, 검색 29.08.2017.

41 Jianhua Zheng 연구팀, Proteogenomic Analysis and Discovery of Immune Antigenes in Mycobacterium vaccae, in: MCP – Molecular and Cellular Proteomics, 21. 07. 2017, American Society for Biochemistry and Molecular Biology, Maryland, 2017, online: http://www.mcponline.org/content/early/2017/07/21/mcp.M116.065813.full.pdf, 검색 29.08.2017.

42 Marina Elli 연구팀, Survival of Yoghurt Bacteria in the Human Gut, in: Applied Environmental Microbiology(AEM), 07/2006, 72(7), American Society of Microbiology, Washington, DC, 2006, 5113-5117쪽, online: https://www.ncbi.nlm.nih.gov/pmc/articles/PMC1489325/, 검색 21.08.2017, 그 밖에 M. Alander 연구팀, Recovery of Lactobacillus rhamnosus GG from human colonic biopsies, in: Applied Microbiology, 5/1997, 10.1046/j.1472-765X.1997.00140.x, online: http://onlinelibrary.wiley.com/doi/10.1046/j.1472-765X.1997.00140.x/초록, 검색 27.08.2017, 또 S. Fujiwara 연구팀, Intestinal transit of an orally administered streptomycin-rifampicin-resistant variant of Bifidobacterium longum SBT2928: its long-term survival and effect on the intestinal microflora and metabolism, in: Applied Microbiology, 1/2001, 10.1046/j.1365-2672.2001.01205.x, online: http://onlinelibrary.wiley.com/

doi/10.1046/j.1365-2672.2001.01205.x/전체, 검색 27.08.2017, 그 밖에 Nana Valeur 연구팀, Colonization and Immunomodulation by Lactobacillus reuteri ATCC 55730 in the Human Gastrointestinal Tract, in: Applied and Environmental Microbiology, Vol. 70, 2/2004, doi: 10.1128/AEM.70.2.1176-1181.2004, online: http://aem.asm.org/content/70/2/1176. 발췌, 검색 27.08.2017.

43 D. M. Matthews und S. M. Jenks, Ingestion of Mycobacterium vaccae decreases anxiety-related behavior and improves learning in mice, in: Behavioural Processes, 6/2013, Vol. 96, 27, 35쪽, online: https://www.ncbi.nlm.nih.gov/pubmed/23454729, 검색 27.08.2017. 특히 다음 주석 참고: 이 증거는 바람직하지는 않지만 인간과 똑같은 농도로 시행한 쥐의 위산 검사에서 드러났다. 이 결과는 비록 동물실험의 방법이 일반적이고 이런 질문에 대한 방법으로 적절한지 의문의 여지가 있다고 해도 인간에 적용하지 못할 것이 없다.

44 ISNPR – International Society for Nutritional Psychiatry Research, Mental Health – What does Gut Bacteria have to do with it? An Interview with ISNPR Executive Committee Member Alan C. Logan, online: http://www.isnpr.org/blog/mental-health-gut-bacteria-interview-isnpr-executive-committee-member-alan-c-logan, 검색 31.08.2017.

45 Peter Andrey Smith, Die Darm-Hirn-Achse, in: Spektrum der Wissenschaft Online, 26.11.2015, online: http://www.spektrum.de/news/die-darm-hirn-achse/1378268, 검색 30.08.2017.

46 Graham Rook, wiedergegeben von Harry Dayantis, in: Bacterial Immunization prevents PTSD-like symptoms in mice, UCL Online, London's Global University, 17.05.2016, online: http://www.ucl.ac.uk/news/news-articles/0516/170516-bacteria-prevent-ptsd, 검색 30.08.2017.

47 Harry Dayantis, in: Bacterial Immunization prevents PTSD-like symptoms in mice, UCL Online, London's Global University, 17.05.2016, online: http://www.ucl.ac.uk/news/news-articles/0516/170516-bacteria-prevent-ptsd, 검색 30.08.2017.

48 영어 원문: ≫It's not clear if it is birth in cities, or upbringing in cities, but there is something about city living that increases risk [of Schizophrenia]≪, Schizophrenia.com, Zusammenschluss von Wissenschaftlern zur Bereitstellung von Information über Schizophrenie, Country and Rural life(vs. City Living) before age 15 is Asso-

ciated with lower Rates of Schizophrenia에서 재인용, online: http://www.schizophrenia.com/prevention/country.html, 검색 30.08.2017.

49 Schizophrenia.com, Zusammenschluss von Wissenschaftlern zur Bereitstellung von Information über Schizophrenie, Country and Rural life(vs. City Living) before age 15 is Associated with lower Rates of Schizophrenia, online: http://www.schizophrenia.com/prevention/country. html, 검색 30.08.2017.

50 Kristina Sundquist 연구팀, Urbanisation and Incidence of Psychosis and Depression: Follow-Up Study of 4.4 Million Women and Men in Sweden, in: The British Journal of Psychiatry, 04. 2004, Vol. 184, 293-298쪽, online: https://www.ncbi.nlm.nih.gov/pubmed/15056572?dopt=초록, 검색 30.08.2017.

51 Artikel der University of Colorado in Boulder: Study linking beneficial Bacteria to Mental Health makes Top 10 List for Brain Research, 05.01.2017, online: http://www.colorado.edu/today/2017/01/05/study-linking-beneficial-bacteria-mental-health-makes-top-10-listbrain-research, 검색 30.08.2017.

52 Dorothy Matthews und Susan Jenks, Ingestion of Mycobacterium Vaccae decreases Anxiety-Related Behavior and improves Learning in Mice, in: Behavioral Processes, 06. 2013, Vol. 96, 27-35쪽, online: https://www.ncbi.nlm.nih.gov/pubmed/23454729, 검색 31.08.2017.

53 The Guardian, Sick Cities: Why Urban Living can be bad for your Mental Health, 25.02.2014, online: https://www.theguardian.com/cities/2014/feb/25/city-stress-mental-health-rural-kind, 검색 30.08.2017.

54 영어 원문: ≫Mycobacterium vaccae is a natural soil bacterium which people likely ingest or breath in when they spend time in nature≪, wiedergegeben in: Science Daily Online, 25.05.2010, Can Bacteria make you smarter?, online: https://www.sciencedaily.com/releases/2010/05/100524143416.htm, 검색 31.08.2017.

55 영어 원문: ≫It is interesting to speculate that creating learning environments in schools that include time in the outdoors where M. vaccae is present may decrease anxiety and improve the ability to learn new tasks≪, in: Science Daily Online, 25.05.2010, Can Bacteria make you smarter?에서 재인용, online: https://www.sciencedaily.com/releases/2010/05/100524143416.htm, 검색 31.08.2017.

56 Christian Schubert와의 통신교환은 14.10.2017에 이루어졌다. 이 책의 슈베르트 인

용 부분은 모두 이 통신에서 나온 것이다.

57 저자와의 개인통신, 09.10.2017.

58 Rüdiger Knapp, Einführung in die Pflanzensoziologie, Eugen Ulmer 출판사, Stuttgart 1971.

59 킹 리와의 통신은 09.10.2017에 있었다. 이 책에 나오는 모든 인용문은 이 통신을 기반으로 한다.

60 Qing Li und Tomoyuki Kawada, ≫Effect of Forest Environment on Human Immune Function≪, in: Qing Li(편), Forest Medicine, Nova Biomedical, New York 2013, 69-89쪽.

61 Qing Li und Tomoyuki Kawada, ≫Effect of Forest Environment on Human Immune Function≪, in: Qing Li(편), Forest Medicine, Nova Biomedical, New York 2013, 74-86쪽, 160-164쪽.

62 Qing Li und Tomoyuki Kawada, ≫Effect of Forest Environment on Human Immune Function≪, in: Qing Li(편), Forest Medicine, Nova Biomedical, New York 2013, 69-89쪽.

63 Qing Li, Maiko Kobayashi und Tomoyuki Kawada, ≫Relationships between Percentage of Forest Coverage and Standardized Mortality Ratios(SMR) of Cancers in all Prefectures in Japan≪, in: The Open Public Health Journal 1/2008, Beijing 2008, 1-7쪽.

64 Martin Marszalek, Stephan Madersbacher und Mitarbeiter, Impact of Rural/Urban Residence on Relative Survival(RS) in Patients with Kidney Cancer: An Analysis of 14 576 Patients from the Austrian National Cancer Registry(ANCR), in: Journal of Clinical Oncology, Vol. 35, Alexandria, VA, 02. 2017, 491쪽.

65 Marc G. Berman, Omid Kardan, Peter Gozdyra, Bratislav Misic, Faisal Moola, Lyle J. Palmers und Tomáš Paus, ≫Neighborhood Greenspace and Health in a large Urban Center≪, in: Nature, Scientific Reports, 5(11610), 9.7.2015, www.nature.com/articles/srep11610.

66 Tatsuro Ohira und Naoyuki Matsui, Phytoncides in forest atmosphere, in: Qing Li(편), Forest Medicine, Nova Biomedical, New York 2013, 27-36쪽.

67 Qing Li und Tomoyuki Kawada, ≫Effect of Forest Environment on Human Immune Function≪, in: Qing Li(편), Forest Medicine, Nova Biomedical, New York

2013, 162-165쪽.

68 Qing Li 연구팀, Phytoncides (Wood Essential Oils) induce Human Natural Killer Cell Activity, Journal of Immunopharmacology and Immunotoxicology, 2006, Vol. 28(2), 319-333쪽, online: https://www.ncbi.nlm.nih.gov/pubmed/16873099, 검색 12.10.2017.

69 Roslin Thoppil und Anupam Bishayee, ≫Terpenoids as potential Chemopreventive and Therapeutic Agents in Liver Cancer≪, in: World Journal of Hepatology, Rockville, 27.9.2011, 3(9), 228-249쪽, US National Library of Medicine, doi: 10.4254/wjh.v3.i9.228, online: www.ncbi. nlm.nih.gov/pmc/articles/PMC3182282, 검색 13.10.2017.

70 S. L. Da Silva, P. M. Fiqueiredo und T. Yano, ≫Chemotherapeutic Potential of the Volatile Oils from Zanthoxylum rhoifolium Lam Leaves ≪, in: European Journal of Pharmacology, 8.12.2007, 576(1-3), 180 - 188쪽.

71 D-리모넨은 삼림의학뿐 아니라 국제적인 암 연구가들의 실험실 연구에서도 종양 세포 퇴치에 가장 효과가 뛰어난 물질의 하나임이 입증되었다.

72 Dietrich Wabner und Christine Beier(편), Aromatherapie - Grundlagen, Wirkprinzipien, Praxis, Urban & Fischer(Elsevier), München 2012, 496쪽, 또 P. L. Crowell, ≫Monoterpenes in Breast Cancer Chemoprevention ≪, in: Journal of Breast Cancer Research and Treatment, 46(1997), 191-197쪽.

73 J. J. Mills, R. S. Chari, I. J. Boyer, M. N. Gould und R. L. Jirtle, ≫Induction of Apoptosis in Liver Tumors by the Monoterpene Perillyl Alcohol ≪, in: Journal of Cancer Research, 66(1995), 979-983쪽, 또 Dietrich Wabner und Christine Beier(편), Aromatherapie-Grundlagen, Wirkprinzipien, Praxis, Urban & Fischer (Elsevier), München 2012, 496쪽, 그 밖에 P. L. Crowell, ≫Monoterpenes in Breast Cancer Chemoprevention≪, in: Journal of Breast Cancer Research and Treatment, 46(1997), 191-197쪽.

74 택솔이라는 테르펜은 이른바 탁산에 속하는 것으로 앞에서 언급한 피넨과 가깝다.

75 Spektrum Lexikon der Biologie Online, Spektrum Akademischer 출판사, Heidelberg, 1999, online: http://www.spektrum.de/lexikon/biologie/taxol/65569, 검색 13.10.2017 그 밖에 PharmWiki-Medikamente und Gesundheit, online: http://www.pharmawiki.ch/wiki/index.php?wiki=Paclitaxel, 검색 13.10.2017.

76 Daniel Hayes, Donald Berry und Mitarbeiter, HER2 and Response to Paclitaxel in Node-Positive Breast Cancer, The New England Journal of Medicine, 357, Oktober 11, 2007, DOI: 10.1056/NEJMoa071167, 1496-1506쪽, online: http://www.nejm.org/doi/full/10.1056/NEJMoa071167#t=article, 검색 09.11.2017.

77 조경상 연구팀, Terpenes from Forests and Human Health, in: Toxicological Research, 04. 2017, 33(2), 97-106쪽, online: https://www.ncbi.nlm.nih.gov/pmc/articles/PMC5402865/, 검색 17.10.2017.

78 Qing Li, Toshiaki Otsuka, Maiko Kobayashi 외, ≫Effects of Forest Environments on Cardiovascular and Metabolic Parameters≪, in: Qing Li 외(편), Forest Medicine, Nova Biomedical, New York 2013, 124쪽.

79 William Borrie 연구팀, Wilderness Experiences as Sanctuary and Refuge from Society, in: Wilderness Visitor Experiences – Progress in Research and Management, United States Department of Agriculture, 2011, 71쪽.

80 영어 원문: ≫People's dependence on contact with nature reflects the reality of having evolved in a largely natural, not articifical or constructed, world≪. Stephen R. Kellert, Dimensions, Elements, and Attributes of Biophilic Design, in: Stephen R. Kellert und Mitarbeiter, Biophilic Design-The Theory, Science, and Practice of bringing Buildings to Life, Wiley, Hoboken 2008, 3쪽.

81 Marco Völklein, Verbuddelt im Grunewald, Süddeutsche Zeitung, 17.05.2010, online: www.sueddeutsche.de/geld/schatzsucher-die-brueder-sass-verbuddelt-im-grunewald-1.40381, 검색 16.12.2017.

82 Berliner Bezirksamt Steglitz-Zehlendorf, online: https://www.berlin.de/ba-steglitz-zehlendorf/ueber-den-bezirk/sehenswertes/den-bezirkentdecken/artikel.37516. php, 검색 21.10.2017.

83 Peter Thormeyer, Wölfe nehmen Kurs auf Dresden, BILD, 29.09.2016, online: www.bild.de/regional/dresden/wolf/nehmen-kurs-auf-48048002. bild.html, 검색 31.01.2018, 그 밖에 Jens Fitzsche, Toter Wolf in der Dresdner Heide, Sächsische Zeitung, 01.11.2017, online: www.sz-online. de/sachsen/toter-wolf-in-der-dresdner-heide-3807446.html, 검색 01.01.2018.

84 Sächsische Zeitung, Der erste Dresdner Wolf im Foto, 27.09.2017, online: www.sz-online.de/nachrichten/der-erste-dresdner-wolf-imfoto-3783844.html, 검색

31.01.2018.

85 National Parks and Wildlife Service Australia (NSW), Department of Environment and Climate Change, Yellomundee Regional Park-Plan of Management, Katoomba 2009.

86 Henry David Thoreau, Vom Spazieren(영어 원제: Walking), Diogenes, Zürich 2004, 46-51쪽.

87 Clemens G. Arvay, Der Biophilia-Effekt – Heilung aus dem Wald, Edition a, Wien 2015, 16-18쪽. 나는 특별한 의미를 고려해 안드레아스 단처의 이야기를 이 책에서 다시 언급할 것이다.

88 Ulrich Gebhard, Kind und Natur – die Bedeutung der Natur für die psychische Entwicklung, Springer Fachmedien, Wiesbaden 2013, 9쪽.

89 WHO의 분류체계는 ICD(국제질병사인분류International Statistical Classification of Diseases and Related Health Problems)라고 불린다.

90 저자에 대한 Kurt Aeschbacher의 개인적인 전언, 29.11.2017.

91 영어 원문: ≫[…… this dear sacred Switzerland, whose mountains, trees and grass and waters are so pure, so good, and as it seemed to me so honest, so absolutely honest, all got mixed up in my mood, and in one torrent of adoration for them, for you, and for virtue, I rose toward the window to look out at the scene. Over the right hand near a mountain the Milky Way rose, sloping slightly toward the left, with big stars burning in it and the smaller ones scattered all about≪, Robert Richardson, William James: In the Maelstrom of American Modernism, 210쪽, Mariner Books, Wilmington, MA, 2007에서 재인용.

92 영어 원문: ≫I felt ten years younger the next morning although I'd slept so little and nature, god and man all seemed fused together […….≪

93 내 지역 온라인, 젠프텐베르크에 들어서는 치유림, 21.11.2017, www.meinbezirk.at/krems/wirtschaft/heilwald-entsteht-in-senftenbergd2324013. html, 검색 12.12.2017.

94 Stephen Kaplan in: Rebecca Clay, Green is good for you, Monitor on Psychology Volume 32, Nr. 4, Washington 2001, 45쪽, 그리고 Rachel Kaplan, Stephen Kaplan und Robert Ryan, With people in mind – Design and management of everyday nature, Island Press, Washington DC 1998.

95 Patrik Grahn, Ute pa dagis, Stad und Land 145, Norra Skane Offset, Hassleholm, 1997, 48쪽, 그 밖에 Andrea Faber Taylor, Frances Kuo und William Sullivan, Coping with ADD – The surprising connection to green play settings, in: Environment and Behavior 33, Nr. 1, 2001, 54-77쪽; 또 Richard Louv, Das letzte Kind im Wald – Geben wir unseren Kindern die Natur zurück, Herder 출판사, Freiburg/Basel/Wien 2013, 138–139쪽.

96 Richard Louv, Das letzte Kind im Wald - Geben wir unseren Kindern die Natur zurück, Herder출판사, Freiburg/Basel/Wien 2013, 136-137쪽.

97 Rodney Matsuoka, High School Landscapes and Student Performance, Dissertation, University of Michigan, Ann Arbor 2008, 78-92쪽, http://deepblue.lib. umich. edu/handle/2027.42/61641, 검색 09.11.2017.

98 Richard Louv, Das Prinzip Natur. Grünes Leben im digitalen Zeitalter, Beltz, Weinheim 2012, 50쪽.

99 영어 원문: ≫It's important to grab the instant thought≪, 출처: Hilary Mantel: The Novelist in Action, Publishers Weekly, Volume 244, 10.05.1988, online: https://www.publishersweekly.com/pw/print/19981005/24212-hilary-mantel-the-novelist-in-action. html, 검색 17.11.2017.

100 Richard Louv, The Nature Principle – Reconnecting with Life in a Virtual Age, Algonquin Books, New York 2012, 35쪽.

101 영어 원문: ≫I am awed at the powerful effect that nature has to promote healing≪, 출처: Richard Louv, The Nature Principle – Reconnecting with Life in a Virtual Age, Algonquin Books, New York 2012, 66쪽.

102 영어 원문: ≫I have not seen any anti-anxiety medication work this quickly!≪, 출처: Richard Louv, The Nature Principle – Reconnecting with Life in a Virtual Age, Algonquin Books, New York 2012, 66쪽.

103 가명사용, 출처: Clemens G. Arvay, Der Biophilia-Effekt – Heilung aus dem Wald, Edition a, Wien 2015, 179-181쪽.

104 Roger Ulrich, ≫View through a Window may influence Recovery from Surgery≪, in: Science, 27.4.1984, v224 p420(2), American Association for the Advancement of Science, Washington, D. C., 1984.

105 박범진 연구팀, Effect of the Forest Environment on Physiological Relaxation us-

ing Results of Field Tests at 35 Sites throughout Japan, in: Qing Li(편), Forest Medicine, Nova Biomedical 출판사, New York 2013, 57-67쪽.
106 박범진 연구팀, Effect of the Forest Environment on Physiological Relaxation using Results of Field Tests at 35 Sites throughout Japan, in: Qing Li(편), Forest Medicine, Nova Biomedical 출판사 New York 2013, 57-67쪽.
107 Richard Louv, The Nature Principle – Reconnecting with Life in a Virtual Age, Algonquin Books, New York 2012. 56-77쪽.
108 Jo Barton und Jules Pretty, What is the best Dose of Nature and Green Exercise for improving Mental Health – A Multi-Study Analysis, in: Journal of Environmental Science and Technology, 44, Vol. 10, 2010, 3947-3955쪽.
109 Max-Planck-Institut für Bildungsforschung, Stadtleben: Wer am Wald wohnt, hat eine gesündere Amygdala, 04.10.2017, online: www.mpibberlin. mpg.de/de/presse/2017/10/stadtleben-wer-am-wald-wohnthat-eine-gesuendere-amygdala, 검색 17.12.2017.
110 Jean-Jacques Rousseau, Emile oder über die Erziehung, 10쪽, Ferdinand Schöningh, 1978.
111 Ulrich Gebhard, Kind und Natur – die Bedeutung der Natur für die psychische Entwicklung, Springer Fachmedien, Wiesbaden 2013, 90쪽.
112 United Nations Children's Fund(UNICEF), Children in an Urban World, The State of the Worlds Children – Executive Summary, New York 2012, 1쪽.
113 Steven Stearns und Jacob Koella(편), Evolution in Health and Disease, Oxford University Press, Oxford 2008, 279쪽.
114 Robin Moore and Claare Cooper Marcus, Healthy Planet, Healthy Children: Designing Nature into the Daily Spaces of Children, in: Stephen R. Kellert 연구팀, Biophilic Design – The Theory, Science and Practice of Bringing Buildings to Life, Wiley, Hoboken 2008, 157쪽.
115 참고. https://www.bmbf.de/de/mit-dem-digitalpakt-schulen-zukunftsfaehig-machen-4272.html, 검색 12.01.2018.
116 ORF News Online, Gratistablet für jedes Kind, http://orf.at/stories/2376304/2376305/
117 Alexander Mitscherlich, Die Unwirtlichkeit unserer Städte, Suhrkamp, Frankfurt

am Main, 1965, 25쪽.

118 Arvay diskutiert – der Talk im Wald, Folge 1: Gesunder Planet – Gesunde Menschen, mit dem Ökologen Univ.-Doz. Dr. Peter Weish, Wien 2016, online: https://www.youtube.com/watch?v=13q-IbzDygs, 검색 29.11.2017.

119 Clemens G. Arvay, Der Heilungscode der Natur – die verborgenen Kräfte von Pflanzen und Tieren entdecken, Riemann Verlag, München 2016, 225–229쪽.

120 Andrea Faber Taylor, Frances Kuo und William Sullivan, Coping with ADD – The surprising Connection to Green Play Settings, in: Environment and Behavior 33, Nr. 1, 2001, 54-77쪽.

121 Patrik Grahn, Ute pa dagis, Stad und Land 145, Norra Skane Offset, Hassleholm 1997.

122 영어 원문: ≫The outdoor experience exerts a powerful effect on childhood development, especially when parents actively encourage such encounters≪, Stephen R. Kellert, Birthright – People and Nature in the Modern World, Yale University Press, New Haven 2012, 135쪽.

123 Jean-Jacques Rousseau, Emile oder über die Erziehung, Ferdinand Schöningh, Paderborn 1978, 10쪽.

124 안드레 슈테른과 클레멘스 아르바이의 사적인 대화는 30.11.2017에 있었다.

125 영어 원문: ≫No one has learned more about the intricate relations of the human to nature≪, Edward O. Wilson, in: Stephen Kellert, Birthright – People and Nature in the Modern World, Yale University Press, New Haven 2012, 135쪽, 뒤표지.

126 Stephen R. Kellert, Birthright – People and Nature in the Modern World, Yale University Press, New Haven 2012, 136–138쪽.

127 아인슈타인의 두 가지 인용 출처: Albert Einstein, Mein Weltbild, Ullstein, Frankfurt am Main 1981.

128 영어 원문: ≫Wilderness is the raw material out of which man has hammered the artefact known as civilization≪, Eva Selhub und Alan Logan, Your Brain on Nature – The Science of Nature's Influence on your Health, Happiness, and Vitality, Collins, Ontario, 2014, 35쪽에서 재인용.

129 Richard Pott, Vorwort des Herausgebers, in: Rüdiger Wittig, Siedlungsvegetation, 7쪽, Ulmer, Stuttgart 2002.

130 Marc G. Berman 연구팀, ≫Neighborhood greenspace and health in a large urban center≪, in: Nature, Scientific Reports, 5 (11610), 9.7.2015, www. nature.com/articles/srep11610.

131 영어 원문: ≫It's a pretty magical solution, for peanuts≪, Geoffrey Vendeville, Living on Tree – Lined Streets have Health Benefits, Study finds에서 재인용, in: The Star Online, 13.07.2015, online: https://www.thestar.com/news/gta/2015/07/13/living-on-treelined-streets-has-health-benefits-study-finds.html, 검색 03.12.2017.

132 세 가지 연구 결과 모두, Eva Selhub und Alan Logan, Your Brain on Nature – The Science of Nature's Influence on your Health, Happiness, and Vitality, Collins, Ontario 2014, 26쪽에서 재인용.

133 독일 연방환경청, 수많은 독일 도시의 미세먼지 농도가 높다, 보도 15.04.2014.

134 Hans Schuh, Feinstaub im Hirn, Zeit Online, 19.02.2009, online: www.zeit.de/2009/09/Feinstaeube?page=1, 검색 03.12.2017.

135 CAFE CBA, Baseline Analysis, 2000 to 2020, Service Contract for Carrying out Cost-Benefit Analysis of Air Quality Related Issues, in particular in the Clean Air for Europe (CAFE) Programme, 04. 2005, online: http://ec.europa.eu/environment/archives/cafe/activities/pdf/cba_baseline_results2000_2020.pdf, 검색 03.12.2017.

136 미세먼지와 질소산화물은 2013년에도 건강을 해치고 있다-해마다 약 4만 7,000명이 오염된 공기로 사망한다. 연방환경청 언론보도, 16. 02. 2014, online: www.umweltbundesamt.de/presse/pressemitteilungen/feinstaub-stickstoffdioxid-belasten-auch-2013, 검색 31.02.2018.

137 Holger Dambeck und Philipp Seibt, In diesen Städten ist die Luft am schlechtesten, Spiegel Online, 31.01.2017, online: http://www.spiegel. de/wissenschaft/mensch/luftverschmutzung-2016-zahlreiche-staedteueberschreiten-grenzwert-a-1132445.html, 검색 03.12.2017.

138 Katherine J. Willis und Gillian Petrokofsky, The Natural Capital of Cities, in: Science, Vol. 356, Issue 6336, 28.04.2017, 374-376쪽, online: http://science.sciencemag.org/content/356/6336/374, 검색 03.12.2017.

139 Anne Ellaway und Mitarbeiter, Graffity, Greenery and Obesity in Adults, Second-

ary Analysis of European Cross Sectional Survey, BMJ, 2005, 611-612쪽.

140 Hoerr Schaudt Chicago Online, Notes on Landscape Design, Morningstar's Green Roof Terrace, 24.06.2017, online: https://www.hoerrschaudt.com/notes-on-landscape-design-morningstars-green-roof-terrace/, 검색 04.12.2017.

141 Baulinks, 독립적인 건축전문지, '10년간의 최우수 녹색 지붕'은 카를스루에에 있는 민간 '인근 휴양구역'이다, 15.12.2012, online: https://www.baulinks.de/webplugin/2012/2206.php4, 검색 04.12.2017.

142 EPA - United States Environmental Protection Agency, Green Parking Lot Ressource Guide, EPA, 2008, online: http://www.streamteamok.net/Doc_link/Green%20Parking%20Lot%20Guide%20(final).PDF, 검색 04.12.2017.

143 Stadt Nürnberg, SÖR - Servicebetrieb Öffentlicher Raum, Baumpatenschaft, online: https://www.nuernberg.de/internet/soer_nbg/baumpatenschaft.html, 검색 04.12.2017.

144 Green City e.V., Wanderbaumallee, online: https://www.greencity.de/projekt/wanderbaumallee/, 검색 11.12.2017.

145 Magdalena Stolarczyk 연구팀, Extracts from Epilobium sp. Herbs Induce Apoptosis in Human Hormone-Dependent Prostate Cancer Cells by Activating the Mitochondrial Pathway, Journal of Pharmacy and Pharmacology, 10.1111/jphp.12063, 21.04.2017,online:http://onlinelibrary.wiley.com/doi/10.1111/jphp.12063/abstract;jsessionid=90ECEF2FB8B983E3AAA7A540FEF05B2A.f02t01,검색 04.12.2017.

146 Heilpflanzenwissen, Königskerze, online: http://heilpflanzenwissen.at/pflanzen/koenigskerze/, 검색 04.12.2017.

147 Spektrum Lexikon der Arzneipflanzen und Drogen, Lithospermum ruderale, online: http://www.spektrum.de/lexikon/arzneipflanzen-drogen/lithospermum-ruderale/8783, 검색 04.12.2017.

148 Elisabeth Cranston, The Effect of Lithospermum ruderale on the Oestrous Cycle of Mice, University of Minnesota, Medical School, Minneapolis 1945.

149 BSBI Species Accounts, Senecio inaequidens, 09.06.2010, online: http://sppaccounts.bsbi.org/content/senecio-inaequidens-0.html, 검색 04.12.2017.

150 Global Invasive Species Database, Senecio inaequidens, 04.10.2010, online: http://

www.iucngisd.org/gisd/species.php?sc=1458, 검색 04.12.2017.

151 Rüdiger Wittig, Siedlungsvegetation, Ulmer, Stuttgart 2002, 172-173쪽.

152 ARD, Ärger im Paradies, 12.06.2014, online: http://programm.ard.de/TV/Programm/Jetzt-im-TV/?sendung=2848712222719824, 검색 05.12.2017.

153 영어 원문: ≫If we stray too far from our inherited dependence on the natural world, we do so at our own peril≪, Kevin Dennehy, Remembering Stephen Kellert, Who Explored Links between People and Nature, Yale University Online에서 재인용: http://environment.yale.edu/news/article/remembering-stephen-kellert-longtime-professorof-social-ecology/, 검색 05.12.2107.

154 영어 원문: ≫Ecological changes and conditions play central roles in urban public health≪, Richard T. T. Forman, Urban Ecology – Science of Cities, Cambridge University Press, Cambridge 2014, 24쪽.

155 Christian Kirstges, Hier wächst der neue Autobahn-Wald, Augsburger Allgemeine, 04.07.2015, online:http://www.augsburger-allgemeine.de/guenzburg/Hier-waechst-der-neue-Autobahn-Wald-id34653222.html, 검색 11.12.2017.

156 Barbara Czimmer-Gauss, Stadtwald bekommt Refugien, Stuttgarter Nachrichten,17.11.2014,online: https://www.stuttgarter-nachrichten. de/inhalt.waldwirtschaft-stadtwald-bekommt-refugien.db1f953b-0d38-4853-983b-53186f604b0a.html, 검색 06.12.2017.

157 Martin Rasper, Deutschland soll wieder wild werden, Der Spiegel Online, 09.03.2013, online:http://www.spiegel.de/wissenschaft/natur/neue-wildnis-in-deutschland-soll-wieder-urwald-entstehen-a-887697. html, 검색 06.12.2017.

158 Brian Handwerk, Santa Fe Tops 2007 List of most Endangered Rivers, National Geographic News, 18.04.2007, online: https://news.nationalgeographic.com/news/2007/04/070418-ten-rivers.html, 검색 06.12.2017.

159 Auckland Council, La Rosa Gardens Reserve Stream Daylighting Project wins Major Award, 31.07.2017, online: http://temp.aucklandcouncil. govt.nz/EN/newseventsculture/OurAuckland/mediareleases/Pages/larosagardensreservestreamdaylightingprojectwinsmajoraward.aspx, 검색 06.12.2017.

160 Jens Rometsch, Leipziger Volkszeitung Online, Start für die vorletzte Etappe: Elstermühlgraben in Leipzig wird weiter freigelegt, 18.11.2017, online: http://

www.lvz.de/Leipzig/Lokales/Start-fuer-die-vorletzte-Etappe-Elstermuehlgraben-in-Leipzig-wird-weiter-freigelegt, 검색 06.12.2017.

161 Leipziger Volkszeitung, Zukünftiger Verlauf des Pleißemühlgrabens – Stadt lädt zur Diskussion ein, 23.11.2017, online: http://www.lvz.de/ Leipzig/Lokales/ Zukuenftiger-Verlauf-des-Pleissemuehlgrabens-Stadtlaedt-zur-Diskussion-ein, 검색 06.12.2017.

162 Grenzecho, Der Fluss Senne soll zurück ans Tageslicht, 21.05.2017, online: http:// www.grenzecho.net/region/inland/der-fluss-senne-sollzurueck-ans-tageslicht, 검색 06.12.2017.

163 Dave McGinn, The Highline Effect – Why Cities around the World (including Toronto) are building parks in the sky, The Globe and Mail, 01.10.2014, online: www.theglobeandmail.com/life/home-and-garden/ architecture/the-high-line-effect-why-cities-around-the-world-including-toronto-are-building-parks-in-the-sky/article20877673/, 검색 01.02.2018.

164 Charlottenburg-Wilmersdorf 지방청, Westkreuzpark, online: www.berlin.de/ ba-charlottenburg-wilmersdorf/verwaltung/aemter/umweltund-naturschutzamt/ naturschutz/freiraumplanung/artikel.563334.php, 검색 01.02.2018.

165 Ecowoman, Revolutionär: Abfallplastik statt Asphalt, online: http://www.ecowoman.de/24-natur-umwelt/4330-plastikmuell-wird-zubodenbelag-plastik-statt-asphalt, 검색 11.12.2017.

166 영어 원문: ≫Beautiful, benevolent, and soul restoring, nature waits for us to bring her home≪, Edward O. Wilson, 머리말 in: Timothy Beatley, Biophilic Cities – Integrating Nature into Urban Design and Planning, Island Press, Washington, DC, 2011, XV쪽.

167 영어 원문: ≫Peoples dependence on contact with nature reflects the reality of having evolved in a largely natural world≪, Stephen Kellert, Dimensions, Elements, and Attributes of Biophilic Design, in: Stephen Kellert, Judith Heerwagen und Martin Mador, Biophilic Design – The Theory, Science and Practice of bringing Buildings to life, Wiley, Hoboken 2008, 3쪽.

168 Michael Bond, The hidden ways that architecture affects how you feel, BBC online, 06.06.2017, online: http://www.bbc.com/future/ story/20170605-the-psycholo-

gy-behind-your-citys-design, 검색 11.12.2017.

169 Ricarda Richter, Die Waldstadt, in: Zeit Online, 12.07.2017, online: http://www.zeit.de/2017/29/china-stadtplanung-liuzhou-baeumefeinstaub, 검색 12.12.2017.

170 Suzanne Krause, Vertikale Gärten – Ein Besuch bei Patrick Blanc, Deutschlandfunk, 1.7.2017, http://www.deutschlandfunk.de/vertikalegaerten. 772.de.html?dram:article_id=115488, 검색 12.12.2017.

171 David Schumacher, Dschungel in der Großstadt – der Steilwandgärtner, in: Financial Times Deutschland, 13.10.2009.

172 SWR Online, Kampf gegen den Feinstaub in Stuttgart. Ist Moos das ≫Wundermittel≪?, 20.02.2017, online: https://www.swr.de/swraktuell/ bw/stuttgart/kampf-gegen-den-feinstaub-in-stuttgart-ist-moos-daswundermittel/-/id=1592/did=19044856/nid=1592/kg9m34/index. html, 검색 15.12.2017.

173 Lidija Grozdanic, World's Largest Vertical Garden Sets Guinness Record at Singapore's Tree House, 06.08.2014, Inhabitat Online, https://inhabitat.com/worlds-largest-vertical-garden-at-the-singaporetree-house-condominium-sets-new-guinness-record, 검색 12.12.2017.

174 Robin Gerst, Wolkenkratzer aus Lehm, Spektrum der Wissenschaft Online, 14.10.2018, online: http://www.spektrum.de/news/wolkenkratzer-aus-lehm/970182, 검색 12.12.2017.

175 Horst Schroeder, Lehmbau – mit Lehm ökologisch planen und bauen, Springer Vieweg, Wiesbaden 2013, 51쪽.

176 Eva Selhub und Alan Logan, Your Brain on Nature – The Science of Nature's Influence on your Health, Happiness, and Vitality, Collins, Ontario 2014, 20쪽.

177 Tobias Heymann, Das erste Berliner Lehmhaus – auf diese ≫Pampe≪ können Sie bauen, Berliner Kurier, 25.09.2000, https://www.berlinerkurier. de/das-erste-berliner-lehmhaus---auf-diese--pampe--koennensie-bauen----17164522, 검색 12.12.2017.

178 Kent Bloomer, The Picture Window – The Problem of Viewing Nature Through Glass, in: Stephen R. Kellert und Mitarbeiter, Biophilic Design – The Theory, Science, and Practice of bringing Buildings to Life, Wiley, Hoboken 2008, 259쪽.

179 Ya Li, Sha Li, Yue Zhou, Xiao Meng, Jiao-Jiao Zhang, Dong-Ping Xu, und Hua-

Bin Li, Melatonin for the Prevention and Treatment of Cancer, in: Oncotarget, 13.06.2017, Vol. 8 (24), 39896-39921쪽, online: www.ncbi.nlm.nih.gov/pmc/articles/PMC5503661/, 검색 02.02.2018.

180 Abraham Haim und Boris Portnov, Light Pollution and Hormone-Dependent Cancers: A Summary of Accumulated Empirical Evidence, in: Light Pollution as a new Risk Factor for Human Breast and Prostate Cancer, Springer, Heidelberg/New York 2013, 77-102쪽.

181 Abraham Haim und Boris Portnov, Geographic Patterns of Breast and Prostate Cancer (BC&PC) Worldwide, in: Light Pollution as a New Risk Factor for Human Breast and Prostate Cancers, Springer, Heidelberg/New York, 2013, 105-111쪽, 그리고 Light Pollution and its Associations with BC&PC in Population-Level Studies, in: Abraham Haim und Boris Portnov, Light Pollution as a New Risk Factor for Human Breast and Prostate Cancers, Springer, Heidelberg/New York, 2013, 113-125쪽.

182 Abraham Haim und Boris Portnov, Light Pollution as a New Risk Factor for Human Breast and Prostate Cancers, Springer, Heidelberg/New York 2013, 2, 70, 139 그리고 141쪽.

183 Abraham Haim und Boris Portnov, Light Pollution as a New Risk Factor for Human Breast and Prostate Cancers, Springer, Heidelberg/New York 2013, 61-65, 67-70, 78, 95, 96, 99u. 100-102쪽.

184 Zentrum für Krebsregisterdaten, Deutsches Robert Koch-Institut, Krebsarten, Stand: 06.12.2017, online: www.krebsdaten.de/Krebs/DE/Content/Krebsarten/krebsarten_node.html, 검색 01.02.2018.

185 Linda Sharp, David Donnelly, Avril Hegarty, Harry Comber 연구팀, Risk of Several Cancers is higher in Urban Areas after Adjusting for Socioeconomic Status. Results from a Two-Country Population-Based Study of 18 Common Cancers, in: Journal of Urban Health, Vol. 91 (3), 29.01.2014, 510-525쪽, online: www.ncbi.nlm.nih.gov/pmc/articles/PMC4074316/, 검색 01.02.2018.

186 Chronobiologie Online, Wie Chronobiologie die Krebsbehandlung beeinflusst, Medichron Publications, Wilmington 2017, online: https://www.chronobiology.com/de/wie-chronobiologie-die-krebsbehandlungbeeinflusst/, 검색 13.12.2017.

187 Joachim Taelman und Mitarbeiter, Influence of Mental Stress on Heart Rate and Heart Rate Variability, in: European Conference of the International Federation of Medical and Biological Engineering, Springer, Antwerpen, November 2008, 1366-1369쪽, online: https://link. springer.com/chapter/10.1007/978-3-540-89208-3_324, 검색 01.02.2018, 그 밖에 B. Thielmann und I. Böckelmann, Heart Rate Variability as an Indicator of Mental Stress in Surgeons, in: Zentralblatt für Chirurgie, Thieme, 2016, Vol. 141(05), 577 -582쪽, online: www.thieme-connect.de/DOI/DOI?10.1055/s-0034-1396295, 검색 01.02.2018, 그리 고 Alfred Lohninger, Herzratenvariabilität - Das HRVPraxislehrbuch, Facultas, Wien 2017, 19 -24쪽.

188 박범진 외, Effect of Forest Environment on Physiological Relaxation using the Results of Field Tests at 35 Sites throughout Japan, in: Qing Li(편), Forest Medicine, Nova Biomedical 출판사, New York 2013, 37-54쪽.

189 Jeffrey Walch und Mitarbeiter, The Effect of Sunlight on Postoperative Analgesic Medication Use: A Prospective Study of Patients Undergoing Spinal Surgery, Journal of Psychosomatic Medicine, Vol. 67, 2005, 156-163쪽, 또 Joonho Choi, Study of the relationship between indoor daylight environments and patient average lenght of stay (ALOS) in healthcare facilities, Master's Thesis, Texas A&M University, 2005.

190 K.M. Beauchemin und P. Hays, Sunny Hospital Rooms Expedite Recovery from Severe and Refractory Depression, Journal of Affective Disorders, Vol. 40, 1996, 45-51쪽, 그리고 F. Benedetti und Mitarbeiter, Morning Sunlight Reduces Length of Hospitalization in Bipolar Depression, Journal of Affective Disorders, Vol. 62, 2001, 221-223쪽.

191 J.D. Bullough und Mitarbeiter, Of Mice and Women: Light as a Circadian Stimulus in Breast Cancer Research, Journal of Cancer Causes and Control, Vol. 17(4), 2006, 375-383쪽.

192 Roger Ulrich, Biophilic Theory and Research for Health Care Design, in: Stephen Kellert(편), Biophilic Design, The Theory, Science, and Practice of Bringing Buildings to Life, Wiley, Hoboken 2008, 93-96쪽.

193 NewsWise, Natural Sounds Improve Mood and Productivity, Study finds, 12.05.2015, online: http://www.newswise.com/articles/naturalsounds-im-

proves-mood-and-productivity-study-finds, 검색 14.12.2017.

194 Mocha Casa Online, New Trend Alert: Indoor Trees, 19.11.2014, online: http://www.mochacasa.com/blog/new-trend-alert-indoor-trees/, 검색 14.12.2017.

195 Bürowissen Online, In der Schweiz findet ein Wandel statt, online: http://www.buerowissen.ch/Zukunftsvisionen/Innovative-Burokonzepte-/#!prettyPhoto, abgerufen am 14.12.2017.

196 Office Snapshots, 31.01.2013, Inside the New Google Tel Aviv Office, online: https://officesnapshots.com/2013/01/31/google-tel-avivoffice-design/, 검색 14.12.2017.

197 Juyoung Lee und Mitarbeiter, Forests and Human Health – Recent Trends in Japan, in: Qing Li(편), Forest Medicine, Nova Biomedical, New York 2013, 245-248쪽.

198 Stephen R. Kellert und Mitarbeiter, Biophilic Design – The Theory, Science, and Practice of bringing Buildings to Life, Wiley, Hoboken 2008, 190-191쪽.

199 Wikipedia, Gaylord Opryland Resort & Convention Center, online: https://en.wikipedia.org/wiki/Gaylord_Opryland_Resort_%26_Convention_Center, 검색 14.12.2017.

200 Kelsey Pudloski, Luxury Layover, World's Tallest Indoor Waterfall to be built in Singapore Airport, Buzz Buzz News US, 27.12.2014, http://news.buzzbuzzhome.com/2014/12/indoor-waterfall-singapore-airport. html, 검색 15.12.2017.

201 영어 원문: ≫Human society and the beauty of nature are meant to be enjoyed together. The two must be made one≪, Ebenezer Howard, Garden Cities of To-morrow, MIT Press, Cambridge, Massachusetts 1965, 48쪽.

202 영어 원문: ≫As a minority ethnic group, Native Hawaiian youth and young adults face an array of issues associated with colonization, such as persistent structural discrimination and the loss of land and indigenous ways of knowing≪, Alma Trinidad, Toward Kuleana(Responsibility): A Case Study of Contextually Grounded Intervention for Native Hawaiian Youth and Young Adults, in: Journal of Aggression and Violent Behavior, 01.11.2009, Vol. 14(6), 488-498쪽, online: https://www.ncbi.nlm.nih.gov/pmc/articles/PMC2790198/, 검색 14.12.2017.

203 Hans Jonas, Das Prinzip Verantwortung – Versuch einer Ethik für die technolo-

gische Zivilisation, Suhrkamp, Berlin 2003, 33쪽.

204 영어 원문: ≫Hawai'i needs more progressive government leaders who value 'Aina and people ahead of corporate profit≪, HAPA – Hawai'i Alliance for Progressive Action, online: http://www.hapahi. org/kuleana-academy/, 검색 03.12.2017.

205 참고, http://www.thegardenprojectswcolorado.org/okcg_design

206 Der Tagesspiegel, Urban Gardening in Berlin – Das ≫Himmelbeet≪ in Wedding muss umziehen, 05.05.2017, online: http://www.tagesspiegel. de/berlin/urban-gardening-in-berlin-das-himmelbeet-in-wedding-mussumziehen/ 19763308.html, 검색 14.12.2017.

207 http://www.gartendeck.de, abgerufen am 14.12.2017.

208 Stadt Andernach Online, Besondere Auszeichnung für die essbare Stadt, online: http://www.andernach.de/de/leben_in_andernach/essbare_stadt. html, 검색 15.12.2017.

209 3sat, Gärtnern für Alle, Dokumentarfilm.

210 참고, www.beaconfoodforest.org

211 Steve Holt, Look Out, SXSW – This Food Forest could be the Coolest Thing in Austin, TakePart Online, 07.03.2014, online: http://www. takepart.com/article/2014/03/07/austin-hotbed-music-technologyandforaging, 검색 15.12.2017.

212 Arte Thema, Chronisch vergiftet – Monsanto und Glyphosat, Arte, 2016.

213 Gartenpolylog Wien, Was sind Gemeinschaftsgärten, www.gartenpolylog.org/de/gartenpolylog-gemeinschaftsgarten/was-sind-gemeinschaftsgarten, 검색 15.12.2017.

214 영어 원문: ≫The results have tremendous potential for supporting future successful ageing programs and applicability to larger populations≪, Hui Yu Chan, Ee Heok Kua 연구팀, Effects of Horticultural Therapy on Elderly's Health: Protocol of a Randomized Controlled Trial, BMC Geriatrics, 2017, Vol. 17, 192쪽, online: www.ncbi.nlm.nih.gov/pmc/articles/PMC5576101, 검색 15.12.2017.

215 Takehito Takane und Mitarbeiter, Tokyo Medical and Dental University, Urban Residential Environments and Senior Citizen's Longevity in Megacity Areas: The Importance of Walkable Green Spaces, in: Journal and Epidemiology and Community Health, Vol. 56, Issue 12, online: www.jech.bmj.com/content/56/12/913, 검색

15.12.2017.

216 참고, http://wuhlegarten.de/wer-wir-sind/

217 영어 원문: ≫This place of interaction can be considered a human fundamental need that is essential for integration into a society. Intercultural gardens respond to a specific need of migrants, implying the active respect and collaboration of other societal actors and offering a space for practicing self- and mutual respect≪, Claire Moulin-Doos, Intercultural Gardens: The Use of Space by Migrants and the Practice of Respect, in: Journal of Urban Affairs, Vol. 36, Nr. 2, 2013, DOI: 10.1111/juaf.12027, 197-206쪽.

218 Zentrum ÜberLeben Online, https://www.ueberleben.org/unserearbeit/schwerpunkte/gartentherapie/, 검색 16.12.2017.

219 Jan Hassink und Majken van Dijk (Hrsg.), Farming for Health, Green-Care Farming Across Europe and the United States of America, Springer, Dordrecht 2006, 21 - 126쪽.

220 Chris Leck, Dominic Upton und Nick Evans, Social Aspects of Green Care, in: Christos Gallis(편): Green Care for Human Therapy, Social Innovation, Rural Economy, and Education, Nova Biomedical, New York 2013, 155 - 180쪽.

221 영어로 ≫anti-crime agents≪, Kristine Hahn, Michigan State University Online, 08.03.2013, www.msue.anr.msu.edu/news/community_gardens_can_be_anti-crime_agents, 검색 16.12.2017.

222 Gut Zitiert Online, www.gutzitiert.de/zitate_sprueche-gemeinschaft. html, 검색 16.12.2017.

223 편지 내용, 04.01.2018.

224 편지 내용, 21.12.2017.

225 영어 원문: ≫Until very recently, and for thirty-five years, I lived in the mountains just outside of the city of Boulder, in Colorado. I always felt blessed to coexist with many magnificent and inquisitive nonhuman animals. I remember, as I was writing one morning, a red fox ran in front of my office window, stopped, peered in, and trotted off≪, Marc Bekoff와 Clemens Arvay의 서신 의견교환, 04.02.2018.

226 영어 원문: ≫The fox was not my pet, and no good would come to him within his wild life by acclimating to my presence to that degree. He and the many other

animals in the mountains always brought a smile to my face, but I never forgot that this place was their home first. And I hope I was able to act in ways that kept their homes a safe and peaceful place to live≪, Marc Bekoff와 Clemens Arvay의 서신 의견교환, 04.02.2018.

227 Deutscher Naturschutzbund(NABU), Maßnahmen gegen den Vogeltod an Glas, online: www.nabu.de/tiere-und-pflanzen/voegel/helfen/01079. html, 검색 03.02.2018.

228 American Bird Conservancy, An End to Birds Dying at Windows, online: https://abcbirds.org/program/glass-collisions/, 검색 03.02.2018.

229 CBC Radio, A Million Birds die in Toronto every Year, 14.11.2017, online: www.cbc.ca/radio/docproject/travel-disasters-1.4389603/a-million-birds-die-in-toronto-every-year-and-she-s-trying-to-savethem-1.4391137, 검색 03.02.2018.

230 Clemens G. Arvay, Der Heilungscode der Natur – die verborgenen Kräfte von Pflanzen und Tieren entdecken, Riemann 출판사, München 2016, 224쪽.

옮긴이_ 박병화

고려대학교 대학원을 졸업하고 독일 뮌스터 대학에서 문학 박사 과정을 수학했다. 고려대학교와 건국대학교에서 독문학을 강의했고, 현재는 전문번역가로 일하며 저술활동을 겸하고 있다. 옮긴 책으로《공정사회란 무엇인가》《구글은 어떻게 일하는가》《유럽의 명문서점》《소설의 이론》《최고들이 사는 법》《하버드 글쓰기 강의》《자연은 왜 이런 선택을 했을까》《석기시대 인간처럼 건강하게》《슬로우》《단 한 줄의 역사》《마야의 달력》《천국의 저녁식사》《십자가에 매달린 원숭이》《두려움 없는 미래》《에바 브라운 히틀러의 거울》《의사의 한마디가 병을 부른다》 등 다수가 있다.

초판 1쇄 발행일 2020년 4월 10일

지은이 클레멘스 아르바이
옮긴이 박병화
펴낸이 김현관
펴낸곳 율리시즈

책임편집 U&J(글씸)
캘리그라피 임재승
디자인 U&J(글씸)
종이 세종페이퍼
인쇄 및 제본 올인피앤비

주소 서울시 양천구 목동중앙서로7길 16-12 102호
전화 (02) 2655-0166/0167
팩스 (02) 6499-0230
E-mail ulyssesbook@naver.com
ISBN 978-89-98229-77-1 03470

등록 2010년 8월 23일 제2010-000046호

이 도서의 국립중앙도서관 출판시도서목록(CIP)은 서지정보유통지원시스템
홈페이지(http://seoji.nl.go.kr)와
국가자료공동목록시스템(http://www.nl.go.kr/kolisnet)에서
이용하실 수 있습니다.(CIP제어번호: 2020011562)

책값은 뒤표지에 있습니다.